Logik und Grundlagen der Mathematik

Herausgegeben von

Prof. Dr. Dieter Rödding, Münster

Band 3

Band 1

L. Félix, Elementarmathematik in moderner Darstellung

Band 2

A. A. Sinowjew, Über mehrwertige Logik

Band 3

J. E. Whitesitt, Boolesche Algebra und ihre Anwendungen

Band 4

G. Choquet, Neue Elementargeometrie

Band 5

A. Monjallon, Einführung in die moderne Mathematik

Band 6

S. W. Jablonski, G. P. Gawrilow und W. B. Kudrjawzew

Boolesche Funktionen und Postsche Klassen

Band 7

A. A. Sinowjew, Komplexe Logik

J. Eldon Whitesitt

Boolesche Algebra und ihre Anwendungen

Mit 123 Bildern

2. Auflage

FRIEDR. VIEWEG + SOHN

BRAUNSCHWEIG

Deutsche Übersetzung des Bandes
BOOLEAN ALGEBRA AND ITS APPLICATIONS
von J. E. Whitesitt
Veröffentlichungs- und Weltvertriebsrechte der deutschen
Ausgabe mit Genehmigung des Verlages Addison-Wesley
Publishing Company, Inc., Reading, Massachusetts, USA
als Inhaber aller Rechte

Übersetzer: Dr. rer. nat. *Uwe Klemm*, Berlin
Verlagsredaktion: *Alfred Schubert*

ISBN-13: 978-3-528-08184-3   e-ISBN-13: 978-3-322-89440-3
DOI: 10.1007/978-3-322-89440-3

1970

2. Nachdruck

Best.-Nr. 8184

Vorwort

George Boole (1815—1864) führte in seinem Buch „The Laws of Thought"
die erste systematische Behandlung der Logik ein und entwickelte
zu diesem Zweck die algebraische Struktur, die heute als Boolesche
Algebra bekannt ist. Nur wenige mathematische Werke der vergan-
genen hundert Jahre haben auf die Mathematik und Philosophie einen
größeren Einfluß ausgeübt als dieses berühmte Buch. Die Bedeutung
dieses Werkes hat *Augustus De Morgan* mit folgenden Worten zum
Ausdruck gebracht:

„Daß die symbolischen Prozesse der Algebra, ursprünglich zum Zweck numerischer
Rechnungen erfunden, fähig sein sollten, jeden Akt des Denkens auszudrücken
und Grammatik und Wörterbuch eines allumfassenden Systems der Logik zu liefern,
dieses hätte niemand geglaubt, bevor es in „Laws of Thought" bewiesen wurde."

Außer in der Logik hat die Boolesche Algebra in der Hauptsache zwei
andere wichtige Anwendungen gefunden. Die erste rührt von der Tatsache her, daß die Boolesche Algebra das naturgegebene Werkzeug
für die Behandlung der Verknüpfungen von Mengen von Elementen
durch die Operationen von Durchschnitt und Vereinigung darstellt.
Zusammen mit dem Begriff der „Anzahl der Elemente" einer Menge
gibt die Boolesche Algebra auch die Grundlage für die Theorie der
Wahrscheinlichkeitsrechnung ab. Darüber hinaus ist die Mengenalgebra
auch in vielen anderen Zweigen der Mathematik von Bedeutung.
Vor etwa zwanzig Jahren erschloß *Claude E. Shannon* in zwei Arbeiten
der Booleschen Algebra einen neuen Anwendungsbereich, indem er
nachwies, daß sie sich zur Darstellung der grundlegenden Eigenschaften
von Serien- und Parallelschaltungen bistabiler elektrischer Elemente,
wie Schalter und Relais, besonders gut eignet.
Seither spielt die Boolesche Algebra eine bedeutende Rolle bei der
wichtigen und komplizierten Aufgabe, Telefonwählanlagen, auto-
matische Steuerungen und elektronische Rechenanlagen zu konstruieren.
Gegenwärtig zieht dieses Anwendungsgebiet der Booleschen Algebra
mehr Aufmerksamkeit auf sich als alle anderen.
Dieses Buch ist als Lehrbuch für eine einsemestrige Vorlesung gedacht
und ist aus Notizen entstanden, die in einem solchen Kurs am Montana
State College während der letzten zwei Jahre benutzt wurden. In einem
einzigen Buch ist es unmöglich, über die Booleschen Algebra und
all ihre Anwendungen erschöpfend zu berichten. Der Zweck dieses
Buches ist, eine Einführung in die Materie zu geben, die auch Lesern
mit begrenzten mathematischen Vorkenntnissen zugänglich ist, und
die Anwendungsgebiete bis in genügende Einzelheiten hinein zu ver-

folgen, sodaß der Leser eine Übersicht über die Breite und Nützlichkeit des Gebietes erhält. Das Buch könnte auch als Grundlage für Spezialvorlesungen über die Hauptanwendungsgebiete der Booleschen Algebra dienen.

Das erste Kapitel befaßt sich mit der Algebra der naiven Mengenlehre, da diese Anwendung der Booleschen Algebra auch für weniger Geschulte am leichtesten verständlich ist. Wenn dieser Weg auch den versierten Mathematiker weniger befriedigen wird, als eine axiomatische Behandlung, so besteht dafür die Hoffnung, daß durch diesen ersten Abschnitt die exakte Entwicklung des Materials, die in Kapitel 2 erfolgt, motiviert wird.

In Kap. 2 wird die Boolesche Algebra als abstraktes algebraisches System dargestellt, ohne Beziehung zu irgendeiner Anwendung. Viele Leser werden hier erstmals der modernen Mathematik begegnen; die Schulung in der axiomatischen Methode ist für jede spätere Arbeit in mathematischen Disziplinen von großem Wert.

Kap. 3 führt die symbolische Logik ein, unter besonderer Berücksichtigung derjenigen Teile der Logik, die hauptsächlich auf der Aussagenalgebra, einer Booleschen Algebra, basieren. Über die Darstellung als Anwendungsgebiet der Booleschen Algebra hinaus legt dieses Kapitel eine besondere Betonung auf die in der Elementarmathematik am häufigsten gebrauchten Elemente der Logik. Die Begriffe des gültigen Schlusses und indirekten Beweises werden ausführlich behandelt.

Kap. 4, 5 und 6 stehen zueinander in enger Beziehung. Sie beschäftigen sich sämtlich mit dem dritten erwähnten Anwendungsgebiet der Booleschen Algebra, der Schaltalgebra. In Kap. 4 werden zunächst die Schaltkreise als einfachste Beispiele der algebraisch erfaßbaren Schaltungen behandelt. In Kap. 5 erweitern wir den Kreis unserer Betrachtungen auf Relaisschaltungen, die, wenngleich ähnlich im Prinzip, doch wesentlich flexibler in ihrer Anwendung sind. Kap. 6 endlich behandelt kurz einige der arithmetischen Schaltungen, wie sie in modernen Rechenautomaten verwendet werden. Hierbei liegt die Betonung eher auf dem logischen Entwurf als auf dem physikalischen Eigenschaften der Bauelemente.

Kap. 7 wurde hinzugefügt, um denjenigen Lesern entgegenzukommen, die die Mengenalgebra etwas weiter verfolgen möchten, und die sich mit der Anwendung auf die Wahrscheinlichkeitstheorie befassen wollen. Trotz recht kurzer Behandlung des Themas werden viele grundlegende Begriffe der Wahrscheinlichkeitsrechnung eingeführt, und es wird gezeigt, wie diese auf der Mengenalgebra aufbaut.

Da sich in allen drei Anwendungsgebieten der Booleschen Algebra keine einheitliche Bezeichnungsweise eingebürgert hat, wurden die hier angewandten Bezeichnungen unter dem Gesichtspunkt der Einfachheit in der Handhabung ausgewählt. Für das Verständnis der Anwendungsgebiete ist eine gewisse Fertigkeit im Rechnen mit diesen Symbolen wesentlich, und es ist zu hoffen, daß die durchgehende Benutzung einer einheitlichen Symbolik den Prozeß der Erlangung solcher Fertigkeiten beschleunigen wird. Die hier benutzte Schreibweise ist in den (amerikanischen; d.Ü.) Arbeiten über Schaltalgebra allgemein üblich, sie erfüllt ihren Zweck jedoch ebensogut in den anderen Anwendungen.

Zu großem Dank bin ich *John W. Hurst*, Head of the Department of Mathematics, Montana State College, verpflichtet, der mich ständig ermutigte und mir die Möglichkeit gab, dieses Material in seinen verschiedenen Entwicklungsstadien zu Vorlesungszwecken zu benutzen. Ferner danke ich Mrs. *Janet Bierrum*, die mir mit ihrer großen Erfahrung bei der Niederschrift und Vorbereitung des Buches behilflich war. Schließlich widme ich dieses Werk meiner Frau, *Doris Whitesitt*, für ihre verständnisvolle Geduld während der Entstehungszeit dieses Buches.

Montana State College

März 1960   *J. Eldon Whitesitt*

Inhaltsverzeichnis

VIII

1. Mengenalgebra

1.1 Einleitung

Die Boolesche Algebra ist, wie schon der Name sagt, ein Teil jenes Zweiges der Mathematik, der als „moderne" oder „abstrakte" Algebra bekannt ist. Wegen ihrer Einfachheit und der Fülle von Anwendungen, die sich als Beispiele für die Theorie anbieten, ist sie eines der leichtest verständlichen algebraischen Systeme, die gewöhnlich in einer Grundlagenvorlesung behandelt werden. Zum Studium dieses Buches sind keine besonderen Fachkenntnisse erforderlich, freilich wird sich eine auf anderen mathematischen Gebieten erworbene Reife als nützlich erweisen.

Um die Boolesche Algebra in einer für den Anfänger leicht faßlichen Form darzustellen, befaßt sich dieses Kapitel lediglich mit einem speziellen Beispiel der Booleschen Algebra, nämlich der Mengenalgebra. Dieses Beispiel wurde gewählt, weil es einesteils das vielleicht anschaulichste Anwendungsgebiet der Booleschen Algebra, zum anderen aber hinreichend komplex ist, um alle wesentlichen Züge dieser Algebra aufzuzeigen. Der Stoff wird hier ganz intuitiv entwickelt, insofern als alle Beweise mehr auf einleuchtende Begriffsbildungen als auf formale Axiome gegründet werden. Der formale Aufbau wird bis Kap. 2 zurückgestellt. Diese Reihenfolge wird den Berufsmathematiker vielleicht weniger befriedigen, jedoch bleibt zu hoffen, daß der Leser die exakte Formulierung besser zu würdigen weiß, wenn er sich mit den durch die Axiome gegebenen Eigenschaften einer Booleschen Algebra vertraut gemacht hat.

1.2 Element und Menge

In der gesamten Mathematik spielen die Begriffe „Element" und „Menge (oder Klasse) von Elementen" bei zahllosen Gelegenheiten eine entscheidende Rolle. Jeder Mathematikstudent der ersten Semester kennt bereits die Menge der ganzen Zahlen, die Menge aller rechtwinkligen Dreiecke, die Menge der zu einer gegebenen Ebene senkrechten Geraden und die Menge der Punkte auf einer Geraden. Der Begriff der Menge ist jedoch nicht auf die Mathematik beschränkt. Beispiele für Mengen sind etwa die Gesamtheit aller Bücher in einer Bibliothek, aller Menschen in einem Raum und aller Fische in einem bestimmten Fluß. Zweck dieses Kapitels ist, das Wesen der Mengen und die Art und Weise, in der sie miteinander verknüpft werden können, zu untersuchen.

Auf den ersten Blick mag es seltsam erscheinen, daß die Mengen algebraischen Gesetzen unterworfen sind, die denen für reelle Zahlen wenn auch nicht gleichen so doch ähnlich sind. Diese Tatsache wird sich aber im Folgenden als sehr einleuchtend und brauchbar erweisen. In jedem Zweig der Mathematik gibt es Begriffe, die so fundamental sind, daß ihre Definition nicht möglich ist. In der ebenen Geometrie sind die Ausdrücke *Punkt* und *Gerade* undefiniert, obwohl jeder Geometriestudent gehalten ist, sich von der Bedeutung der Worte eine Vorstellung zu machen. Wir werden als undefinierte Grundbegriffe der Mengenalgebra die Worte *Element* und *Menge* nehmen. Dabei stellen wir uns die Elemente als Grundobjekte vor, deren Zusammenfassungen die Mengen ergeben. Als Symbole für Elemente benutzen wir kleine Kursivbuchstaben (a, b, c, x, y, usw.), für Mengen verwenden wir große Kursivbuchstaben (A, B, X, Y, usw.). Ein weiteres Symbol, $\in$, wird zur Bezeichnung einer undefinierten Relation benutzt, die zwischen einem bestimmten Element und einer bestimmten Menge in dieser Reihenfolge gelten kann oder nicht. Wir können z.B. schreiben: $m \in X$ und lesen „m ist ein Element der Menge X". Es wird angenommen, daß man für jedes Element m und jede Menge X immer entscheiden kann, ob die Relation $m \in X$ gilt oder nicht.

Wir sagen, zwei Mengen X und Y sind *gleich*, und schreiben $X = Y$, wenn und nur wenn die beiden Mengen identisch sind, d.h., wenn sie genau die gleichen Elemente enthalten. Wenn eine Menge X nur aus Elementen besteht, die sämtlich einer zweiten Menge Y angehören, dann nennen wir X eine *Untermenge* von Y[1], und schreiben $X \subseteq Y$. Wenn Y zusätzlich Elemente enthält, die nicht in X enthalten sind, dann sprechen wir von X als von einer *echten Untermenge* von Y.

Für zwei spezielle Mengen, die in der Mengenalgebra immer wieder auftauchen, ist es bequem, besondere Namen einzuführen. Die eine nennt man *Universalmenge*, sie wird als diejenige Menge definiert, die alle in Rede stehenden Elemente enthält. Man spricht auch vom Untersuchungsbereich oder vom Fundamentalbereich. Die Universalmenge erhält das Symbol 1. Wir bemerken, daß jede Menge eine Untermenge der Universalmenge ist. Die andere spezielle Menge, genannt *Nullmenge*[2], wird definiert als die Menge, die überhaupt kein Element enthält. Nach dieser Definition ist die Nullmenge eine Untermenge jeder anderen Menge. Die Bezeichnung für die Nullmenge ist 0. Wir stellen noch einmal fest, daß 0 und 1 hier keine Zahlen sind, sondern Namen für zwei spezielle Mengen.

Die Algebra, die wir hier entwickeln wollen, ist eine Algebra für Mengen,

---

[1] Vielfach ist auch die Bezeichnung Teilmenge gebräuchlich. A.d.Ü.

[2] Vielfach auch *leere Menge* genannt. A.d.Ü.

nicht für Elemente von Mengen. Z.B. kann die Relation $m \in X$ nicht in diese Algebra eingeführt werden. Häufig jedoch ist es notwendig, mit einzelnen Elementen einer Menge zu arbeiten. Da wir mit Elementen als solchen in der Algebra nichts anfangen können, ist es praktisch, den Begriff der Einsmenge einzuführen. Eine *Einsmenge* besteht nur aus einem einzelnen Element. Wenn also x ein Element ist, dann bezeichnen wir die Einsmenge mit $\{x\}$. Bei anderen Gelegenheiten bezeichnen wir eine Menge, die wir durch Aufzählung ihrer Elemente angeben, mit Hilfe der Symbole $\{\ \}$. Z.B. ist $\{a, b, c\}$ die Menge, die aus den Elementen a, b und c besteht.

Jeder Menge X ordnen wir eine Menge X' zu, genannt das *Komplement* von X. Sie wird als die Menge aller Elemente definiert, die in der Universalmenge, aber nicht in X enthalten sind.

Beispiel

Man stelle sich ein Regal mit Büchern vor, von denen einige rot eingebunden sind, einige schwarz und der Rest gelb. Angenommen, alle roten Bücher und einige schwarze sind englisch geschrieben, der Rest der schwarzen ist deutsch gedruckt, und die gelben Bücher französisch. Die Menge aller Bücher in diesem Regal sei die Universalmenge. Wir bezeichnen mit

R die Menge der roten Bücher,

G die Menge der gelben Bücher,

S die Menge der schwarzen Bücher,

E die Menge der englischen Bücher,

F die Menge der französischen Bücher,

D die Menge der deutschen Bücher.

In diesem Beispiel gilt: $G = F$ und $R \subseteq E$. Tatsächlich ist R eine echte Untermenge von E. Wenn wir ein spezielles rotes Buch mit m bezeichnen, könnten wir schreiben $m \in R$ und $m \in E$ oder $\{m\} \subseteq R$ und $\{m\} \subseteq E$. E' ist die Menge, die aus allen gelben Büchern und aus allen denjenigen schwarzen Büchern besteht, die deutsch geschrieben sind.

Übungen

1. Man zähle alle Untermengen der Menge $\{a, b, c\}$ auf. (Es gibt acht Untermengen, sieben von ihnen sind echte Untermengen, einschließlich der Nullmenge.)
2. Man beweise unter Benutzung der Definition des Komplementes, daß $(X')' = X$ für jede Menge X ist.
3. Man beschreibe das Komplement jeder der in dem Beispiel angegebenen Büchermengen.
4. Wie viele verschiedene Untermengen hat eine Menge mit n Elementen (n ganze Zahl)? (*Anleitung*: Man schreibe die Anzahl der Untermengen mit u Elementen, $u \leqslant n$, als Symbol der Kombinatorik und benutze den binomischen Lehrsatz, um über u von 0 bis n zu summieren.)

1.3 Die Verknüpfung von Mengen

In diesem Abschnitt wollen wir die Regeln besprechen, nach denen man durch Verknüpfung gegebener Mengen neue Mengen erhalten kann. Zuerst definieren wir für beliebige Mengen X und Y die *Vereinigung* von X und Y als die Menge aller Elemente, die entweder in X oder in Y oder aber in beiden zugleich enthalten sind. Diese neue Menge wird mit $X+Y$ bezeichnet. Im Beispiel von Abschn. 1.2 ist $R+G$ die Menge aller roten und aller gelben Bücher, $G+E+D$ ist die Universalmenge aller Bücher im Regal, und $R+E$ ist gerade E, die Menge aller englisch geschriebenen Bücher.

Für beliebige Mengen X und Y definieren wir außerdem den *Durchschnitt* von X und Y als die Menge aller Elemente, die zugleich in X und in Y vorkommen. Den Durchschnitt von X und Y bezeichnen wir mit XY oder $X \cdot Y$. Wir werden auf den Punkt $(\cdot)$ Bezug nehmen, wenn immer der Prozeß einer Durchschnittsbildung zur Diskussion steht, genau wie das Zeichen $(+)$ auf eine Vereinigungsbildung hinweist. Der Einfachheit halber wird der Punkt in algebraischen Formeln gewöhnlich weggelassen, wie es in der Zahlenalgebra üblich ist. Um auf das Beispiel in Abschn. 1.2 zurückzukommen, bemerken wir, daß ES die Menge der in Englisch geschriebenen schwarzen Bücher bedeutet, RG die Nullmenge und RE gerade R, die Menge der roten Bücher, darstellt.

Als unmittelbare Folgerung aus den Definitionen für $(+)$, $(\cdot)$ und $(')$ merken wir an, daß für eine beliebige Menge X gilt: $X+X' = 1$, $XX' = 0$. Auch folgender Satz ergibt sich direkt aus den Definitionen:

Satz. Ist m irgend ein Element der Universalmenge, und sind X, Y zwei beliebige Mengen, dann ist m ein Element aus genau einer von den Mengen XY, XY', $X'Y$ und $X'Y'$.

Beweis. Nach der Definition des Komplementes ist m ein Element von X oder von X', aber nicht von beiden. Ebenso ist m entweder in Y oder in Y' enthalten. Gilt $m \in X$, dann ist also m ein Element von entweder XY oder XY', aber nicht von beiden (nach der Definition des Durchschnitts). Analog, wenn $m \in X'$, dann ist m in $X'Y$ oder $X'Y'$ enthalten, aber nicht in beiden zugleich, womit der Beweis vollständig erbracht ist.

Die soeben definierten Operationen sind nicht völlig unabhängig von den in Abschn. 1.2 definierten Symbolen und Relationen. Bei einiger Überlegung zeigt sich, daß die fünf Bedingungen $X \subseteq Y$, $XY = X$, $X+Y = Y$, $XY' = 0$ und $X'+Y = 1$ alle dieselbe Bedingung für die Mengen X und Y darstellen, nämlich, daß jedes Element der Menge X ein Element der Menge Y ist. Ferner kann man die Menge $X+Y$ schreiben als $(X'Y')'$. Diese Beziehungen erläutern einfach die Tatsache, daß wir mehr Symbole eingeführt haben, als für die Mengenalgebra unbedingt notwendig sind. Die Bedeutung dieses Umstandes wird in einem späteren Abschnitt genauer untersucht werden. Vorerst wird es sich als praktisch erweisen, alle Symbole zu benutzen.

Die in diesem Kapitel verwendeten Symbole für Durchschnitt, Vereinigung und Komplement sind keineswegs allgemein gebräuchlich. Es schien jedoch wünschenswert, nur eine einzige Bezeichnungsweise das ganze Buch hindurch für die verschiedenen Anwendungen der Booleschen Algebra zu benutzen. Die gewählte Bezeichnungsweise ist in der Anwendung auf die Schaltalgebra am gebräuchlichsten. Die in der Literatur am häufigsten benutzten Zeichen sind in der folgenden Tabelle zusammengestellt.

Gebräuchliche Symbole

Bedeutung	*Symbolische Bezeichnung*
Vereinigung der Mengen X und Y	$X + Y, X \cup Y, X \vee Y$
Durchschnitt der Mengen X und Y	$XY, X \cap Y, X \wedge Y$
Komplement der Menge X	$X', \overline{X}, \sim X$

Übungen

1. Auf das Beispiel in Abschn. 1.2 zurückgreifend, beschreibe man in einfachen Worten die folgenden Mengen:
    a) $G+D$ b) RS' c) $D(S+R)$ d) $S+SR$
2. Man zeige für das gleiche Beispiel, daß
    a) $(D+R)' = D'R'$ b) $(DS)' = D'+S'$
3. Man mache sich anschaulich klar, ohne Beweise zu geben, welche der folgenden Gleichungen für beliebige Mengen X, Y und Z gelten.
    a) $X+XY = X$ b) $X(X+Y) = X$
    c) $X(Y+Z) = XY+XZ$ d) $X+YZ = (X+Y)(X+Z)$
4. Ein Element m gehört weder zur Menge X noch zur Menge Y'. Man beschreibe die Menge, zu der m gehört und gebe den symbolischen Ausdruck für diese Menge an.
5. Die Menge aller positiven ganzen Zahlen sei die Universalmenge. Die Mengen S, G, D seien wie folgt definiert:
    S ist die Menge aller ganzen Zahlen kleiner als oder gleich 6.
    G ist die Menge aller positiven geraden Zahlen, also 2, 4, 6 usw.
    D ist die Menge aller Vielfachen von 3, also 3, 6, 9 usw.
    Man gebe einfache algebraische Ausdrücke, bestehend aus S, G und D für folgende Mengen an:
    a) $\{3, 6\}$ b) $\{1, 3, 5\}$
    c) Alle positiven ganzzahligen Vielfachen von 6.

d) Alle geraden Zahlen größer als 6.

e) Die Menge aller Vielfachen von 3 und aller ungeraden Zahlen.

1.4 Vennsche Diagramme

Eine formale Darstellung der Booleschen Algebra, wie wir sie in Kap. 2 geben werden, beginnt mit einer Beschreibung der zu benutzenden Symbole und einer Aufstellung der Axiome, welche die Zeichen erfüllen sollen. Auf diesem Fundament wird ein Gebäude von Definitionen und Lehrsätzen konstruiert, das als mathematisches Modell für alle Anwendungen dient, auf die das Modell zu passen scheint. Wie weit die durch die Anwendung des Modells gewonnenen Ergebnisse in der Praxis Gültigkeit haben, hängt davon ab, wie genau das Modell eine gegebene Situation wiedergibt.

In Kap. 1 jedoch ist ein anderer Weg zur Einführung in die Boolesche Algebra eingeschlagen worden. In der Hoffnung, die Lektüre angenehmer zu machen, und um die folgende axiomatische Behandlung stärker zu motivieren, betrachten wir zunächst ein Anwendungsbeispiel. Natürlich hat dieses Vorgehen auch seine Schwächen. Der größte Nachteil ist, daß wir keine formale Basis haben, auf die wir unsere Beweise aufbauen können. Da wir keine Axiome zur Ableitung von Beweisen haben, müssen wir uns auf eine intuitive Vorstellung von der Bedeutung solcher Worte wie „Menge" und „Element" verlassen. Um diese Vorstellung zu verschärfen und um die Grundgesetze der Mengenalgebra einleuchtend darzustellen und bis zu einem gewissen Grad zu rechtfertigen, führen wir den Begriff des *Venn—Diagramms*[1] ein. Es sollte dabei beachtet werden, daß diese Diagramme keine Beweise darstellen, sondern lediglich Illustrationen sind, die die Gesetze plausibel machen.

In einem Venn-Diagramm wird die Menge aller Punkte innerhalb eines Rechtecks als Universalmenge genommen. Beliebige Mengen im Bereich dieser Universalmenge werden durch die Mengen von Punkten innerhalb von Kreisen (oder anderen geschlossenen Gebieten), die in diesen Rechtecken liegen, dargestellt. Wenn nichts Spezielles über die vorkommenden Mengen ausgesagt ist, werden die Kreise so gezeichnet, daß alle Möglichkeiten Durchschnitte zu bilden, in dem Bild dargestellt werden. Durch das Schraffieren geeigneter Gebiete kann jede Verknüpfung der Mengen graphisch veranschaulicht werden. Als Beispiel für die Nützlichkeit von Venn-Diagrammen betrachten wir Bild 1.1, das zwei Mengen X und Y mit nicht leerem Durchschnitt

---

[1] Mengenbilder in Form von Kreisen verwendete schon *L. Euler*. Man spricht daher in Deutschland oft auch von den *Euler-Diagrammen* oder von *Eulerschen Kreisen*. A.d.Ü.

6

darstellt[1]. In diesem Bild wird X', das Komplement von X, mit horizontalen Linien schraffiert, Y' dagegen vertikal. Die Menge $X'Y'$ erscheint als das kreuzweise schraffierte Gebiet, welches, wie man leicht sieht,

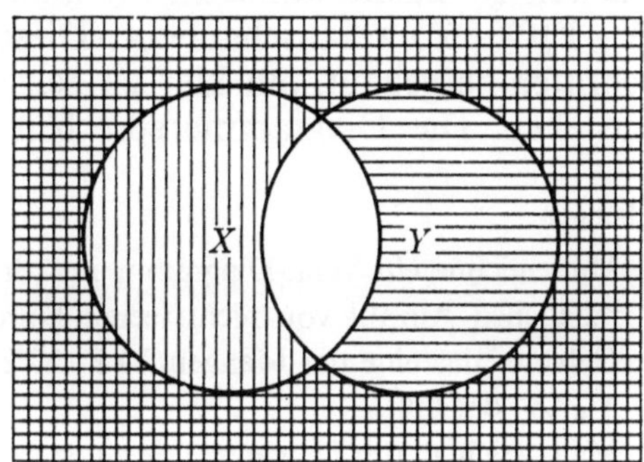

Bild 1.1
Ein Venndiagramm mit zwei Mengen X und Y

das Komplement von $X+Y$ ist. Auf diese Weise haben wir ein Grundgesetz illustriert, nämlich $(X+Y)' = X'Y'$. — In dem Bild stellt das nicht schraffierte Gebiet die Menge XY dar, die, wie man leicht feststellt, das Komplement von $X'+Y'$ ist, nämlich das Komplement

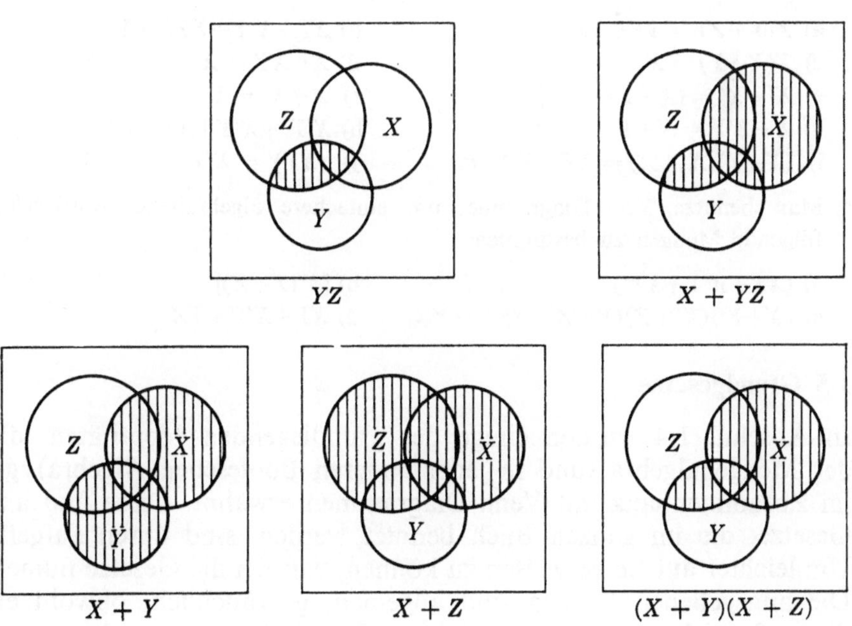

Bild 1.2 Venndiagramme für das Gesetz $X+YZ = (X+Y)(X+Z)$

---

[1] Zwei Mengen X und Y haben *leeren Durchschnitt*, wenn $XY = 0$. A.d.Ü.

desjenigen Gebietes, das im Bild 1.1 entweder horizontal oder vertikal oder auf beide Arten schraffiert ist. Hierdurch wird ein zweites Grundgesetz, nämlich $(XY)' = X' + Y'$ veranschaulicht.

Als weitere Illustration betrachte man Bild 1.2, das das Gesetz $X + YZ = (X+Y)(X+Z)$ veranschaulicht. Dieses Diagramm wurde in mehreren Schritten aufgebaut, um klar zu zeigen, wie die erforderlichen Mengen entstehen. Die Diagramme sprechen für sich selbst.

Übungen

1. Man zeichne ein Venn-Diagramm mit drei Mengen X, Y und Z mit der größtmöglichen Anzahl von nicht leeren Durchschnitten und kennzeichne jedes der Gebiete, das eine der Mengen XYZ, XYZ', $XY'Z$, $X'YZ$, $XY'Z'$, $X'YZ'$, $X'Y'Z$, $X'Y'Z'$ darstellt.

2. Man zeichne für jede der folgenden Verknüpfungen ein geeignetes Venn-Diagramm und schraffiere das durch die jeweilige Beziehung gegebene Gebiet.

   a) $X + X'YZ$ b) $(X+Y')(X'+Y)$

   c) $(X+Y')(X'+Z)$ d) $XY + XZ + YZ$

3. Man benutze Venn-Diagramme, um festzustellen, welche der folgenden Gleichungen für beliebige Mengen X, Y und Z gelten.

   a) $X(Y+Z) = XY + XZ$ b) $XY + X'Y + XY' = 1$

   c) $X(X+Y) = X$ d) $X + XY = X$

   e) $X' + Y' = (X+Y)'$ f) $X + X' = 1$

   g) $X + X'Y = X + Y$ h) $X'Y' + X'Y + XY' = 1$

   i) $(X+Y)(X'+Z) = XZ + X'Y$ j) $(XY)' = X'Y'$

4. Man benutze Venn-Diagramme, um einfachere algebraische Ausdrücke für folgende Mengen zu bestimmen:

   a) $(XY + X'Y + XY')'$ b) $[X'(Y+Z)]'$

   c) $(X+Y')(X'+Z)(Y+Z')$ d) $XY + X'Z + YZ$

1.5 Grundgesetze

In Abschn. 1.4 wurden einige der grundlegenden Identitäten, die in der Mengenalgebra (und in jeder anderen Booleschen Algebra) gelten im Zusammenhang mit Venn-Diagrammen erwähnt. Diese und andere Gesetze, die im ganzen Buch benutzt werden, sind unten aufgeführt. Um leichter auf sie verweisen zu können, wurden die Gesetze numeriert. Die angegebenen Namen sind allgemein gebräuchlich, obwohl einige dieser Bezeichnungen eher andeuten, daß sie besonderen Anwendungsgebieten entstammen, als daß sie der allgemeinen Booleschen Algebra angehören. Zum Beispiel weist „Komplement" auf die Mengenalgebra hin, dagegen kommt „Tautologie" aus der symbolischen Logik. Für die Gesetze werden keine Beweise gegeben, aber man kann jedes durch geeignete Venn-Diagramme aus der Anschauung rechtfertigen.

Bezeichnet 1 die Universalmenge und 0 die Nullmenge, dann gelten folgende Identitäten in der Mengenalgebra für beliebige Mengen X, Y und Z:

Kommutative Gesetze

1a) $XY = YX$ 1b) $X+Y = Y+X$

Assoziative Gesetze

2a) $X(YZ) = (XY)Z$ 2b) $X+(Y+Z) = (X+Y)+Z$

Distributive Gesetze

3a) $X(Y+Z) = XY+XZ$ 3b) $X+YZ = (X+Y)(X+Z)$

Gesetze der Tautologie[1]

4a) $XX = X$ 4b) $X+X = X$

Absorptionsgesetze

5a) $X(X+Y) = X$ 5b) $X+XY = X$

Gesetze für das Komplement

6a) $XX' = 0$ 6b) $X+X' = 1$

Gesetze des doppelten Komplements

7) $(X')' = X$

De Morgans Gesetze

8a) $(XY)' = X'+Y'$ 8b) $(X+Y)' = X'Y'$

Operationen mit 0 und 1

9a) $0X = 0$ 9b) $1+X = 1$

10a) $1X = X$ 10b) $0+X = X$

11a) $0' = 1$ 11b) $1' = 0$

Wir bemerken, daß uns viele dieser Gesetze schon aus der Zahlenalgebra vertraut sind. Jedoch gelten 3b), 4a), 4b), 5a) und 5b) nicht für Zahlen, und die Komplementierung tritt bei Zahlen überhaupt nicht auf. Vielleicht überrascht es, daß überhaupt irgendeine Ähnlichkeit zu sehen ist. Da nun aber Ähnlichkeiten bestehen, ist es besonders wichtig zu untersuchen, worin sich die Boolesche Algebra von der gewöhnlichen unterscheidet. Unter den Abweichungen ist die Tatsache hervorzuheben, daß Ausdrücke wie $2X$ und X^2 in der Mengenalgebra niemals vorkommen. Die Gesetze der Tautologie machen solche Ausdrücke überflüssig. Eine interessante und nützliche Eigenschaft der Booleschen Algebra ist das *Prinzip der Dualität*. Eine Durchsicht der Gesetze zeigt: Vertauscht man in irgend einer Identität Vereinigung

---

[1] Vielfach auch *Gesetze der Idempotenz* genannt. A.d.Ü.

und Durchschnitt, sowie 0 und 1, dann ist die sich ergebende Gleichung wieder eine Identität. Diese Regel gilt allgemein in der Mengenalgebra und darüber hinaus, wie wir in Kap. 2 zeigen werden, in jeder beliebigen Booleschen Algebra.

Übungen

1. Man prüfe die Gültigkeit jedes Fundamentalgesetzes mit Hilfe geeigneter Venn-Diagramme, soweit dies nicht schon in Abschn. 1.4. geschehen ist.

1.6 Polynomentwicklung, Faktorzerlegung, Vereinfachung

Ein *Monom* ist entweder ein einzelner Buchstabe, der eine Menge darstellt, mit oder ohne Komplementstrich, oder ein Produkt aus zwei oder mehreren Zeichen, das den Durchschnitt dieser Mengen vertritt, z.B. sind X, Y', XY', Z Monome. Ein *Polynom* ist eine Summe von Monomen, von denen jedes auch ein *Glied* des Polynoms heißt. Das Polynom stellt die Vereinigung derjenigen Mengen dar, die den einzelnen Gliedern entsprechen; $X+Y'+XY'Z$ ist ein Beispiel für ein Polynom. In jedem Ausdruck, der einen Durchschnitt von Mengen darstellt, heißt jede einzelne dieser Mengen ein *Faktor* des Durchschnitts. Die Faktoren der Menge $X'(Y+Z)$ sind X' und $Y+Z$. Insbesondere nennen wir einen Faktor *linear*, wenn er entweder ein einzelner Buchstabe ist, mit oder ohne Strich, oder eine Summe solcher Symbole. $X+Y'$ ist linear, dagegen nicht $Z+XY$ oder $(X+Y)'$. Allgemein übernehmen wir alle brauchbaren Termini aus der Zahlenalgebra in unsere Mengenalgebra.

Viele algebraische Ausdrücke, die in der Mengenalgebra vorkommen, eignen sich für bemerkenswerte Vereinfachungen. Man kann die gewöhnliche Entwicklung in Produkte oder Summen, wie sie uns von der Zahlenalgebra her vertraut ist, mit jedem Ausdruck der Mengenalgebra durchführen. Dieses Verfahren beruht auf dem ersten distributiven Gesetz 3a) und ist an den folgenden Beispielen erläutert.

Beispiel 1

Entwickle $(X+Y)(Z'+W)$ in ein Polynom.

Lösung

Die Schritte der Entwicklung als Polynom sind folgende:

$$\begin{aligned}
(X+Y)(Z'+W) &= (X+Y)Z'+(X+Y)W && \text{mit 3a)} \\
&= Z'(X+Y)+W(X+Y) && \text{mit 1a)} \\
&= Z'X+Z'Y+WX+WY && \text{mit 3a)}
\end{aligned}$$

Es sollte klar sein, daß aus dem kommutativen, assoziativen und dem ersten distributiven Gesetz die Methode der Entwicklung eines Polynoms folgt, wie man sie gewöhnlich in der Zahlenalgebra benutzt. D.h., daß im obigen Beispiel das Endresultat sofort hingeschrieben werden kann, indem man einfach alle möglichen Produkte von Termen des linken Faktors mit Termen des rechten bildet.

Beispiel 2

Man zerlege das Polynom $AC + AD + BC + BD$ in lineare Faktoren.

Lösung

$$\begin{aligned} AC+AD+BC+BD &= A(C+D)+B(C+D) && \text{mit 3a)} \\ &= (A+B)(C+D) && \text{mit 1a) und 3a)} \end{aligned}$$

In Beispiel 2 wurde die Faktorzerlegung unter Benutzung von 3a) genau wie in der Zahlenalgebra vorgenommen. Die Mengenalgebra unterscheidet sich jedoch von der Zahlenalgebra darin, daß jeder Ausdruck in lineare Faktoren zerlegbar ist. 3a) allein genügt für diesen Zweck gewöhnlich nicht. Es kann gezeigt werden, was wir hier nicht tun werden, daß jeder Ausdruck durch wiederholte Anwendung des zweiten distributiven Gesetzes 3b) in lineare Faktoren zerlegt werden kann. Das nächste Beispiel erläutert die Methode und deutet an, wie ein solcher Beweis konstruiert werden könnte.

Beispiel 3

Man zerlege $XY + ZW$ in lineare Faktoren.

Lösung

$$\begin{aligned} XY+ZW &= (XY+Z)(XY+W) && \text{mit 3b)} \\ &= (Z+XY)(W+XY) && \text{mit 1b)} \\ &= (Z+X)(Z+Y)(W+X)(W+Y) && \text{mit 3b)} \end{aligned}$$

Vergleicht man diesen Prozeß der Faktorzerlegung mit der Entwicklung von Beispiel 1, dann sieht man, daß die Faktorzerlegung ganz analog durch bloßes Hinsehen geleistet werden kann, indem man ein zur Entwicklung eines Produktes in ein Polynom duales Verfahren anwendet. Um eine Summe von zwei Monomen in Faktoren zu zerlegen, schreibt man alle möglichen Summen aus einem Faktor des ersten Monoms und einem des anderen Monoms an. Dieser Prozeß kann auf Summen von drei oder mehr Monomen erweitert werden. Mit etwas Übung sollte die Faktorzerlegung genau so leicht sein wie die Entwicklung von Produkten in Polynome.

Zusätzlich zu den Prozessen der Polynomentwicklung und Faktorzerlegung, von denen jeder auf eine Vereinfachung eines gegebenen Ausdrucks führen kann, gibt es noch mehrere andere Gesetze, die der Booleschen Algebra eigen sind und sich als äußerst brauchbar erweisen.

Insbesondere die Gesetze 4a), 4b), 5a), 5b) und 6a), 6b) ergeben, wenn anwendbar, oft erstaunliche Vereinfachungen. Während man an einem einzelnen Beispiel kaum alle möglichen Anwendungen dieser Gesetze zeigen kann, deutet das Folgende doch an, welcher Art die erreichbaren Vereinfachungen sein können. Diese Gesetze sollten sorgfältig studiert werden, damit man alle ihre Möglichkeiten erkennt. Sie werden sich als brauchbar erweisen, wenn es um Vereinfachungen geht.

Beispiel 4

Man vereinfache den Ausdruck $X(X'+Y)+Y(Y+Z)+Y$.

Lösung

$$\begin{aligned}
X(X'+Y)+Y(Y+Z)+Y &= XX'+XY+Y(Y+Z)+Y &\qquad\text{mit } 3a)\\
&= 0+XY+Y(Y+Z)+Y &\qquad\text{mit } 6a)\\
&= XY+Y(Y+Z)+Y &\qquad\text{mit } 10b)\\
&= XY+Y+Y &\qquad\text{mit } 5a)\\
&= XY+Y &\qquad\text{mit } 4b)\\
&= Y &\qquad\text{mit } 5b)
\end{aligned}$$

Eine weitere Identität, die meist nicht als Grundgesetz aufgeführt wird, läßt sich so oft für Vereinfachungen verwenden, daß sie einer besonderen Erwähnung wert ist. Sie wird durch den folgenden Satz gegeben.

Satz. Für beliebige Mengen X und Y gilt: $X+X'Y = X+Y$.

Beweis.
$$\begin{aligned}
X+X'Y &= (X+X')(X+Y) &\qquad\text{mit } 3b)\\
&= 1(X+Y) &\qquad\text{mit } 6b)\\
&= X+Y &\qquad\text{mit } 10a)
\end{aligned}$$

Nicht immer ist es klar, welche Form eines algebraischen Ausdrucks als die einfachste angesehen werden kann. Wir nehmen als willkürliche Regel an, daß die *einfachste Form* eines Ausdrucks diejenige mit der kleinsten Anzahl von Symbolen ist. Dabei zählen wir jedes vorkommende[1] Durchschnitts-, Vereinigungs- und Komplementzeichen als ein Symbol. Ebenso wird jeder Buchstabe, der für eine Menge steht, und jedes Klammerpaar als ein Symbol gezählt. So enthält der Ausdruck $X(Y+Z')$ sieben Symbole, dagegen $XY+XZ'$ acht Symbole. Darum sehen wir die erste Form für einfacher an als die zweite.

Zum Schluß eine Bemerkung über die Verwendung von De Morgans Gesetzen bei Vereinfachungen. In Ausdrücken, in denen ein Strich außerhalb einer Klammer steht, muß man im allgemeinen 8a) oder 8b) anwenden, wie in Beispiel 5 gezeigt wird.

---

[1] Auch das nichtgeschriebene Durchschnittszeichen wird gezählt. A.d.Ü.

Diese Gesetze lassen sich leicht auf Summen oder Produkte von mehr als zwei Termen erweitern. Zum Beispiel,
$$(A+B+C)' = [(A+B)+C]' = (A+B)'C' = A'B'C',$$
und analog
$$(ABC)' = A'+B'+C'$$

Beispiel 5

Man vereinfache $(AB+AC+A'X'Y)(AB'C+A'X'Y'+A'BY)'$

Lösung

(Der Leser möge die einzelnen Schritte motivieren.)

$$(AB+AC+A'X'Y)(AB'C+A'X'Y'+A'BY)'$$
$$= (AB+AC+A'X'Y)(AB'C)'(A'X'Y')'(A'BY)'$$
$$= (AB+AC+A'X'Y)(A'+B+C')(A+X+Y)(A+B'+Y')$$
$$= (A'X'Y+AB+ABC+ABC'+A'BX'Y+A'C'X'Y)$$
$$\quad (A+AB'+AY'+AX+B'X+XY'+AY+B'Y)$$
$$= AB+A'B'X'Y+ABXY'$$
$$= AB+A'B'X'Y.$$

Übungen

1. Man entwickle das Folgende in Polynome mit möglichst wenig Gliedern:

   a) $(X+Y'X)(X+YZ)$

   b) $(X+Y)(X'+Y)(X+Y')(X'+Y')$

   c) $(XY'+YZ)(X'Y'+XZ+YZ)$

   d) $(A+B+C'+A'X)[AC'(B'+X')]'$

2. Man zerlege das Folgende in lineare Faktoren:

   a) $X+Y'Z$ b) $XY+ZW$ c) $X+Y(Z+W)$

   d) $XY'+X'(Y+Z)$ e) $AX'+AY(X+Z)$ f) $ABC+A'D$

3. Man vereinfache das Folgende (Jeder Ausdruck ergibt ein einziges Symbol.)

   a) $AB'A'B$ b) $AB+AB'+A'B+A'B'$

   c) $AC'+ABC+AC$ d) $ABC+A'+B'+C'$

   e) $(A+B)(A'+B)$ f) $(A+AB+ABC)(A+B+C)$

   g) $(AB'+A'B)'(AB+A'B')'$

   h) $ABC+ABC'+AB'C+A'BC+AB'C'+A'BC'+A'B'C+A'B'C'$

4. Man vereinfache das Folgende:

   a) $(AB+AB'+A'B)'$

   b) $(A+B'+C)(AB+A'C')'$

   c) $A'C+B'C+ABCD'$

   d) $(XY+XY'+X'Y)'(X'Y'+ZW)$

   e) $(A'BC')'(AB'C')'$

   f) $XY(XZ'+XY+XYZ)$

   g) $(XY+ABC)(XY+A'+B'+C')$

h) $ABX+AB'X+X'ABX$

i) $(XY+XY'+X'Y)(X+Y+Z+X'Y'Z')$

j) $(XY+X'Y'+XY')'[(X'+Y')(X+Y')]'$

1.7 Eigenschaften der Inklusion

In Abschn. 1.2 definierten wir die Schreibweise $A \subseteq B$ als gleichbedeutend mit: Die Menge A ist in der Menge B enthalten. Wir nennen das Zeichen $\subseteq$ *Inklusion*, genau wie wir $(+)$ als Vereinigung bezeichnen. Die Gesetze in Abschn. 1.5 beziehen sich nur auf Durchschnitt, Vereinigung und Komplement. Auch die Inklusion erfüllt gewisse interessante und nützliche Grundgesetze. Diese kann man entweder direkt aus der Definition herleiten oder unter Zuhilfenahme von Venn-Diagrammen. Ein anderer Weg führt über die in Abschn. 1.3 angedeutete Tatsache, daß $X \subseteq Y$ gleichbedeutend ist mit $XY' = 0$. Die hier gegebenen Beweise basieren auf der Definition des Zeichens $\subseteq$.

Satz 1. Wenn $X \subseteq Y$ und $Y \subseteq Z$, dann $X \subseteq Z$. (Das nennt man die *Transitivität* der Inklusion.)

Beweis. Sei x ein beliebiges Element von X, dann haben wir wegen $X \subseteq Y$ und nach der Definition von $\subseteq$, $x \in Y$. Daraus ergibt sich wegen $Y \subseteq Z$ nach analoger Schlußfolgerung, daß $x \in Z$ ist. x war aber beliebig in X, daraus folgt $X \subseteq Z$.

Satz 2. Aus $X \subseteq Y$ und $X \subseteq Z$ folgt $X \subseteq YZ$.

Beweis. Sei x ein beliebiges Element von X. Aus $X \subseteq Y$ folgt $x \in Y$, aus $X \subseteq Z$ folgt $x \in Z$. Diese beiden Aussagen ergeben zusammen nach der Definition des Durchschnitts, daß $x \in YZ$ ist. Daher $X \subseteq YZ$.

Satz 3. Wenn $X \subseteq Y$, dann ist $X \subseteq Y + Z$ für jedes Z.

Beweis. Nach der Definition der Vereinigung gilt $Y \subseteq Y + Z$. Mit Satz 1 folgt daraus sofort $X \subseteq Y + Z$.

Satz 4. $X \subseteq Y$ gilt genau dann, wenn $Y' \subseteq X'$ ist.

Beweis. Nehmen wir als erstes an, daß $X \subseteq Y$ ist, sei ferner y' ein beliebiges Element in Y'. Dann ist nach Definition des Komplements y' kein Element von Y. Nun ist aber jedes Element von X auch ein Element von Y, daher kann y' kein Element von X sein. Also gilt $y' \in X'$. Da y' ein beliebiges Element von Y' ist, ergibt sich $Y' \subseteq X'$.
Als nächstes nehmen wir an, daß $Y' \subseteq X'$ sei. Dann ist nach dem ersten Teil des Beweises $(X')' \subseteq (Y')'$. Nach dem Gesetz des doppelten Komplements erhält man daraus $X \subseteq Y$, womit der Beweis vollständig erbracht ist.

Diese Sätze, die leicht zu beweisen waren, haben interessante Anwen-

14

dungen, insbesondere auf logische Probleme. Obwohl wir uns in diesem Kapitel nicht in erster Linie für Logik interessieren, ist die logische Algebra der Mengenalgebra sehr nahe verwandt. Z.B. ist eines der Grundgesetze der Logik das Gesetz des *Syllogismus,* welches zu Satz 1 äquivalent ist. Klassisch für die Anwendung dieses Gesetzes ist folgendes Beispiel:

Beispiel 1

Sokrates ist ein Mensch, und alle Menschen sind sterblich. Man will zeigen, daß Sokrates sterblich ist. Obwohl für diese Art zu schließen jeder Beweis überflüssig erscheint, geben wir hier noch einmal die notwendigen Schritte für den formalen Beweis unter Benutzung von Satz 1 an, um die allgemeine Methode zu veranschaulichen.

Lösung

Als Universalmenge nehmen wir die Menge der beseelten Wesen; X möge die Menge aller Menschen, Y die Menge aller sterblichen Wesen sein und S die Einsmenge, deren einziges Element Sokrates ist. Gegeben ist uns, daß $S \subseteq X$ und $X \subseteq Y$ ist. Daraus folgt nach Satz 1, daß $S \subseteq Y$, und das ist die gewünschte Antwort: Sokrates ist sterblich.

Das Prinzip des Syllogismus ist jedem geläufig. Probleme ähnlicher Art, die auf Satz 2,3 oder 4 führen, sind weniger bekannt. Das folgende Beispiel und einige der Übungsaufgaben benötigen zur Lösung mehrere dieser Sätze gleichzeitig. Die Probleme sind wirklichkeitsfremd, aber sie machen anschaulich, wie die Mengenalgebra bei der Interpretation komplizierter Aussagensysteme helfen kann. Die symbolische Schreibweise macht das sonst so langwierige logische Schließen zu einer trivialen Angelegenheit.

Beispiel 2

Welcher Schluß kann aus folgenden Aussagen gezogen werden?
a) Ein unglücklicher Mann ist nicht sein eigener Chef.
b) Alle verheirateten Männer haben Pflichten.
c) Jeder Mann ist entweder verheiratet oder sein eigener Chef (oder beides).
d) Kein Mann mit Pflichten kann jeden Tag angeln gehen.

Lösung

Als Universalmenge nehmen wir die Menge aller Männer und führen folgende Mengen ein:
G ist die Menge aller glücklichen Männer,
C ist die Menge aller „Chefs ihrer selbst",
V ist die Menge aller verheirateten Männer,
P ist die Menge aller Männer mit Pflichten,
A ist die Menge aller Männer, die alle Tage angeln gehen.

Aussage a) kann unmittelbar in $G' \subseteq C'$ übersetzt werden. Durch Anwendung von Satz 4 ergibt sich jedoch sofort:

a) $C \subseteq G$.

Aussage b) geht über in $V \subseteq P$ oder ebenfalls mit Satz 4

b) $P' \subseteq V'$.

c) ergibt $V+C = 1$ oder, wenn wir das als Inklusion schreiben,

c) $V' \subseteq C$.

Aus d) erhalten wir endlich $PA = 0$, das ist aber gleichbedeutend mit

d) $A \subseteq P'$.

d) und b) ergeben zusammen nach Satz 1e) $A \subseteq V'$. e) und c) zusammen ergeben

f) $A \subseteq C$. Endlich ergeben f) und a) zusammen g) $A \subseteq G$. Wir wollen g) als endgültigen Schluß ansehen, in Worten: Alle Männer, die jeden Tag angeln gehen, sind glücklich. Wir bemerken noch, daß auch e) und f) Schlüsse aus den gegebenen Aussagen sind.

Übungen

1. Man beweise Satz 1 und 2 unter Verwendung der Äquivalenz von $X \subseteq Y$ und $XY' = 0$.

2. Man schreibe die folgenden Bedingungen für die drei Mengen X, Y und Z ohne das Zeichen $\subseteq$:

   a) $X'Y \subseteq Z$ b) $X+Y' \subseteq Z$

   c) $XY'+X'Y \subseteq Y'+Z$ d) $X \subseteq Y' \subseteq Z$

3. Man schreibe das Folgende in Inklusionen um:

   a) $(X'+Y)(Z+W')' = 0$ b) $(X'+Y)(Z+W') = 0$

   c) $X+Y'+Z'+W' = 1$ d) $XY'+Z'W = 0$

4. Für gewisse Mengen A, B, C, D und E gelten folgende Bedingungen:

   $A \subseteq C$, $B' \subseteq A'$, $CD' = 0$. Man zeige, daß gilt: $A \subseteq BD + E$.

5. Für gewisse Mengen gilt: $C' \subseteq A'$, $BC' = 0$, $C'+D = 1$, $CE = C$, man zeige: $D'+E' \subseteq A'B'$.

6. Angenommen:

   a) Alle Eingeborenen von Mindanao fressen Weiße.

   b) Alle Eingeborenen von Borneo fressen Schwarze.

   c) Niemand frißt Schwarze und Weiße zugleich.

   d) Hans frißt Schwarze.

   Man entscheide, welche von den beiden folgenden Aussagen A) und B) wahr ist und beweise die Wahrheit mit Hilfe der Sätze dieses Abschn. Als Universalmenge sei die Menge aller Menschen gegeben. Man setze nur a) bis d) als gegeben voraus.

   A) Hans ist ein Eingeborener von Borneo.

   B) Hans ist kein Eingeborener von Mindanao.

7. Welcher Schluß kann aus folgenden Aussagen gezogen werden?
   a) Ein Student, der nicht fleißig studiert, ist kein guter Student.
   b) Gute Studenten machen gute Examina.
   c) Ein Student, der fleißig studiert und gute Examina ablegt, sichert sich eine
      gute Stellung.
8. Welche Schlüsse kann man aus folgenden Aussagen ziehen?
   a) Ein unehrenhafter Mensch ist niemals vollkommen.
   b) Ein ehrenhafter Mensch lügt niemals.
   c) Ein Mensch ist nicht vollkommen, wenn er nicht taktvoll ist.
   d) Jeder taktvolle Mensch lügt gelegentlich.
9. Gegeben vier Aussagen über die Studentenschaft einer Technischen Universität.
   1) Alle Ingenieurstudenten hören Mathematik.
   2) An der TU gibt es keine weiblichen Ingenieurstudenten.
   3) Studenten, die keine Mathematik hören, sind keine Chemiker.
   4) Jeder Student ist entweder weiblich, oder er hört Wehrtechnik oder beides.
   Man entscheide für jede der folgenden Aussagen, ob sie aus den gegebenen ableitbar ist. Wenn ja, so gebe man die notwendigen Schritte des Beweises an und
   übersetze die Aussagen in symbolische Schreibweise.
   a) Studenten, die keine Mathematik hören, sind keine Ingenieurstudenten.
   b) Kein Ingenieurstudent ist Chemiker.
   c) Alle Ingenieurstudenten hören sowohl Mathematik als auch Wehrtechnik.
   d) Alle Ingenieurstudenten sind Chemiker.
   e) Alle Chemiker, die Pädagogik hören, hören auch Mathematik.
   f) Jeder weibliche Ingenieurstudent ist Chemiker.

1.8 Bedingungsgleichungen

Unter einer *Bedingungsgleichung* verstehen wir eine symbolische
Aussage, in der die Gleichheit zweier Mengen festgestellt wird, und
welche nicht, wie die Grundgesetze von Abschn. 1.4 für alle Mengen
identisch erfüllt ist, sondern die nur für spezielle Mengen Gültigkeit
besitzt. Viele Probleme der Mengenalgebra führen auf Bedingungsgleichungen, in denen unbekannte Mengen eine Rolle spielen, die es nun
zu bestimmen gilt.

Wenn wir zwei Gleichungen haben, dann sagen wir, daß die zweite
aus der ersten *ableitbar* ist, wenn wir die zweite durch Anwendung
mindestens einer der folgenden vier Regeln auf die erste Gleichung
erhalten können.

Regel 1. Jeder Ausdruck auf der linken oder rechten Seite einer Gleichung kann durch irgendeinen anderen ersetzt werden, der mit ihm
identisch ist. D.h., man kann die Ausdrücke links und rechts unabhängig
voneinander vereinfachen, erweitern usw.

Regel 2. Die rechte und linke Seite einer Gleichung können gleichzeitig durch ihre Komplemente ersetzt werden.

Regel 3. Jede Seite einer Gleichung kann mit derselben Menge oder mit gleichen Mengen multipliziert werden.

Regel 4. Dieselbe Menge oder gleiche Mengen können zu jeder Seite der Gleichung addiert werden.

Diese Regeln sind also so zu verstehen, daß ihre Anwendung auf eine Gleichung eine andere Gleichung ergibt, die für dieselben Mengen gültig ist wie die erste. Der Beweis für diese Aussage ergibt sich für Regel 1 aus den Grundgesetzen, für die anderen Regeln daraus, das Komplement, Durchschnitt und Vereinigung eindeutig definiert sind. Zum Beispiel ist jede der folgenden Gleichungen von der vorhergehenden ableitbar und damit auch von der ersten:

$Y+X = XZ$	als gegeben vorausgesetzt
$(Y+X)' = (XZ)'$	nach Regel 2
$X'Y' = X'+Z'$	nach Regel 1, mit 8a) und 8b)
$WX'Y' = W(X'+Z')$	nach Regel 3
$WX'Y' = WX'+WZ'$	nach Regel 1, mit 3a)
$U+WX'Y' = U+WX'+WZ'$	nach Regel 4

Zwei zusätzliche Regeln gelten für Gleichungssysteme. Die Ableitung dieser Regeln ist trivial.

Regel 5. Eine Gleichung der Form $A+B = 0$ ist durch zwei Gleichungen: $A = 0$, $B = 0$ ersetzbar und umgekehrt.

Regel 6. Eine Gleichung [der Form $AB = 1$ kann durch die beiden Gleichungen $A = 1$, $B = 1$ ersetzt werden und umgekehrt. Wenn man zwei Systeme von simultanen Gleichungen hat, wollen wir sagen, daß das zweite aus dem ersten ableitbar ist, wenn jede Gleichung des zweiten Systems aus Gleichungen des ersten durch die Anwendung mindestens einer der Regeln 1 bis 6 erhalten werden kann.

Nachdem wir nun angegeben haben, welche Operationen mit Gleichungen durchgeführt werden können, müssen wir noch auf zwei *nicht* erlaubte Operationen hinweisen. Keine der beiden Kürzungsregeln für Addition und Multiplikation sind in der Mengenalgebra gültig. D.h., weder aus $X+Y = X+Z$ noch aus $XY = XZ$ mit $X \neq 0$ kann man schließen, daß $Y = Z$ ist. Da also Regel 3 und 4 nicht umkehrbar sind, müssen wir noch eine andere Beziehung zwischen Gleichungssystemen einführen, die stärker ist als die Relation der Ableitbarkeit. Wir wollen sagen, daß zwei Gleichungssysteme *äquivalent* sind, wenn jedes System aus dem anderen ableitbar ist. Äquivalente Gleichungssysteme stellen für die Mengen, die in ihnen vorkommen, identische Einschränkungen dar.

Der folgende Satz erläutert die wichtige Rolle der Bedingungsgleichungen in der Mengenalgebra:

Satz. Ein beliebig gegebenes System von Bedingungen, die man Mengen auferlegen kann, und die in der Schreibweise der Mengenalgebra dargestellt werden können, ist äquivalent zu einer einzigen Gleichung, auf deren rechter Seite eine 0 steht.

Beweis. Zunächst bemerken wir, daß jede in algebraischer Schreibweise ausdrückbare Bedingung notwendig entweder eine Gleichung darstellt, die die Gleichheit zweier Mengen ausdrückt, oder eine Inklusion zwischen Mengen ist. Da die Bedingung $X \subseteq Y$ der Gleichung $XY' = 0$ äquivalent ist, können wir uns auf Systeme von Gleichungen beschränken.

Als nächstes zeigen wir, daß jede Gleichung einer solchen äquivalent ist, auf deren rechter Seite 0 steht. Eine beliebige Gleichung kann man in der Form $A = B$ schreiben. Durch Multiplizieren beider Seiten mit B' bekommen wir $AB' = 0$. Multiplizieren wir dagegen beide Seiten mit A', dann ergibt sich $A'B = 0$. Wir können diese Gleichungen nach Regel 5 zu der Gleichung $AB' + A'B = 0$ zusammenfassen, also einer Gleichung mit 0 als rechter Seite, die aus der gegebenen ableitbar ist. Umgekehrt nehmen wir an, daß $AB' + A'B = 0$ ist, dann bekommen wir durch Multiplikation mit B' die Gleichung $AB' = 0$. Das Komplement auf beiden Seiten von $A'B + AB' = 0$ liefert $AB + A'B' = 1$. Mit B multipliziert ergibt das $AB = B$. Addieren wir dies zu der Gleichung $AB' = 0$, dann bekommen wir $AB + AB' = B$ oder $A(B + B') = B$ oder $A = B$. Daher ist die Gleichung $A = B$ aus $AB' + A'B = 0$ ableitbar, und zusammen mit dem ersten Teil des Beweises zeigt dies, daß die zwei Gleichungen äquivalent sind.

Endlich, wenn alle Gleichungen des Systems auf die Form $X = 0$ gebracht worden sind, ergibt Regel 5, daß dieses System einer einzigen Gleichung mit der rechten Seite 0 äquivalent ist. Damit ist der Beweis vollständig erbracht.

Im Verlauf des obigen Beweises wurde eine Methode hergeleitet, um eine Gleichung der Form $A = B$ in eine äquivalente Gleichung der Form $C = 0$ zu verwandeln. Da diese Methode kein Teil des Satzes war, wird sie zur leichteren Bezugnahme in dem folgenden Korollar angeführt.

Korollar. Die Gleichung $A = B$ ist äquivalent mit der Gleichung $AB' + A'B = 0$.

Beispiel 1

Man ersetze Gleichungssystem a) $X \subseteq Y$, b) $X + Y = Z$ und c) $Z + W = 1$ durch eine einzige äquivalente Gleichung der Form $A = 0$.

Lösung

$X \subseteq Y$ ist mit $XY' = 0$ äquivalent.

Nach dem Korollar ist ferner $X+Y = Z$ äquivalent mit $(X+Y)Z'+(X+Y)'Z = 0$.

$Z+W = 1$ verwandelt sich durch Komplementieren auf beiden Seiten in das äquivalente $Z'W' = 0$.

Durch Addition der Gleichungen erhalten wir die gesuchte äquivalente Gleichung $XY'+XZ'+YZ'+X'Y'Z+Z'W' = 0$. Diese kann man auch in anderer Form schreiben.

Beispiel 2

Man zeige daß folgendes Gleichungssystem widerspruchsvoll ist.

a) $A' \subseteq B$, b) $A = B$, c) $A'+B' = 1$.

Lösung

Um ein System von Gleichungen und Inklusionen auf Widerspruchsfreiheit zu prüfen, ersetzen wir es durch eine äquivalente Gleichung mit 0 auf der rechten Seite. Führt das auf $1 = 0$, dann ist das System natürlich widerspruchsvoll, andernfalls stellt die Gleichung nur eine Vereinfachung des gegebenen Systems dar. In unserem Falle ersetzen wir a) durch $A'B' = 0$, b) durch $AB'+A'B = 0$ und c) durch $AB = 0$. Addition ergibt $AB+AB'+A'B+A'B' = 0$. Die linke Seite ergibt 1, daher kommt es zum Widerspruch $1 = 0$. Das gegebene System ist also widerspruchsvoll.

Übungen

1. Man zeige, daß jede der drei Gleichungen $A = 1$, $X' + Y' = 1$ und $X + Y = 1$ aus der Gleichung $A(X'Y+XY') = 1$ ableitbar ist.
2. Man zeige, daß das Gleichungssystem $X = Y$, $AX = BY$, $X \subseteq Z$ der einen Gleichung $X(Y'+AB'+Z')+Y(X'+A'B) = 0$ äquivalent ist.
3. Man suche die einfachste Form einer Gleichung mit 0 auf der rechten Seite, die zu folgendem System äquivalent ist.

    a) $X+Y \subseteq X'Y$ b) $A+X = B+X$ c) $B+X' = 1$.

4. Man suche und vereinfache eine einzige Gleichung mit 0 auf der rechten Seite, die zu folgendem System äquivalent ist.

    a) $XY \subseteq Z$ b) $X+Y = YZ$ c) $XZ' = 0$ d) $X \subseteq Z'Y$

5. Man zeige, daß das folgende System widerspruchsvoll ist:

    a) $Y+Z' \subseteq X$ .b) $X+W' = 1$ c) $(X+Y'Z)(X+W') = 0$

6. Folgende Statuten regeln die Wahl von Ausschußmitgliedern in einer gewissen Gesellschaft. Man vereinfache diese Regeln; d.h., ersetze sie durch ein einfacheres System von Vorschriften, die den gleichen Inhalt wiedergeben.

    a) Die Mitglieder des Sozialausschusses sollen aus der Mitgliederschaft des Exekutivrates gewählt werden.

b) Kein Mitglied des Exekutivrates darf gleichzeitig dem Sozialausschuß und Finanzausschuß angehören.

c) Jedes Mitglied, das sowohl dem Finanzausschuß als auch dem Exekutivrat angehört, ist automatisch Mitglied des Sozialausschusses.

d) Kein Mitglied des Presseausschusses darf dem Sozialausschuß angehören, wenn es nicht gleichzeitig dem Exekutivrat angehört.

7. Das mythische Königreich Mu ist gut gegen Eindringlinge geschützt. Aus diesem Grund sind die Berichte über das Leben in Mu recht spärlich. Vier Abenteurer brachten die folgenden Nachrichten von Mu nach Hause.

Erster Bericht: Jeder Einwohner von Mu, der eine rote Feder trägt, ist entweder verheiratet oder Eigentümer eines Hundes (oder beides).

Zweiter Bericht: Es gibt keine verheiratete Person in Mu, die keine rote Feder trägt, ausgenommen, wenn diese Person eine Hexe ist.

Dritter Bericht: Alle Hundebesitzer, die rote Federn tragen, sind verheiratet.

Vierter Bericht: In Mu gibt es keine Hexen.

Unter der Annahme, daß alle Berichte stimmen, stelle man genau fest, welche Tatsachen über Mu bekannt sind. Diese fasse man so kurz als möglich und in vernünftigem Deutsch zusammen (also nicht in Symbolen).

8. Ein Reporter, der von einem gewissen Kostümfest kommt, reicht einen Bericht ein, welcher vier Aussagen, die Gäste betreffend, enthält.

1) Alle Frauen der Gesellschaft trugen Perücken.

2) Kein Mann der Gesellschaft trug einen Hut.

3) Jeder, der auf der Party eine Perücke trug, war ein Mann, und darüber hinaus trug jeder Mann einen Schirm, aber keinen Stock.

4) Jeder Mann, der auf dem Fest einen Schirm bei sich hatte, trug auch einen Hut oder einen Stock (oder beides).

Als Ergebnis dieses Berichtes wurde der Reporter entlassen. Man erkläre, warum der Bericht nicht korrekt sein kann. Man benutze im Beweis die Boolesche Algebra, definiere die Bedeutung jedes benutzten Symbols und zeige alle Schritte klar auf.

1.9 Lösung von Gleichungen

Bei der Betrachtung von Bedingungsgleichungen drängt sich die Frage auf, ob es möglich ist, eine gegebene Gleichung zu lösen, in der eine unbekannte Menge vorkommt, wenn ja, welche Lösungstypen man erwarten sollte. Wir werden sehen, daß die Lösung von Gleichungen stets möglich ist, daß aber im allgemeinen die Lösung nicht eindeutig ist, sondern daß sie eine obere und eine untere Grenze für die unbekannte Menge darstellt.

Angenommen, eine Gleichung mit einer Unbekannten X ist gegeben, und alle Buchstaben außer X, die in der Gleichung vorkommen, stellen bekannte Mengen dar; dann kann man die Gleichung in der Form schreiben $p(X) = 0$, wo $p(X)$ ein Polynom darstellt. Enthält $p(X)$ Glieder, in denen weder X noch X' vorkommen, dann kann man jedes derartige Glied mit $X+X'$ multiplizieren, um eine äquivalente Gleichung der Form $AX+BX' = 0$ zu bekommen. Diese Gleichung ist mit den beiden Gleichungen $AX = 0$ und $BX' = 0$ äquivalent, oder, was dasselbe ist, mit der Bedingung $B \subseteq X \subseteq A'$. Jede Menge, die diese Bedingung erfüllt, ist eine Lösung der Gleichung. B nennt man die *kleinste* und A' die *größte Lösung* der Gleichung. Eine Lösung existiert natürlich genau dann, wenn $B \subseteq A'$, oder anders ausgedrückt, wenn $AB = 0$ ist. Diese Gleichung heißt die *Eliminante* von X oder die Bedingung für die Widerspruchsfreiheit der gegebenen Gleichung.

Ob eine Gleichung widerspruchsfrei ist oder nicht, hängt im allgemeinen von der Bedeutung der Mengen A und B ab. Es gibt jedoch Fälle, in denen die Gleichung $AB = 0$ unabhängig von der Bedeutung von A und B stets erfüllt ist (oder nicht erfüllt werden kann). Z.B. ist die Gleichung $CDX+C'X' = 0$ widerspruchsfrei für beliebige Mengen C und D, da stets $(CD)(C') = 0$ ist, gleichgültig, welche Bedeutungen C und D haben. Andererseits stellt die Gleichung $(M+M')X+X' = 0$ einen Widerspruch dar, unabhängig von der Bedeutung der Menge M. Die Lösung einer Gleichung ist nur im Falle $B = A'$ eindeutig. Das Lösen von Gleichungen spielt aber vor allem deshalb in der Mengenalgebra keine große Rolle, weil die Lösungen selten eindeutig sind. Man kann selbstverständlich erkünstelte Probleme mit eindeutiger Lösung konstruieren, aber diese haben keine praktische Bedeutung.

Beispiel 1

Man löse die Gleichung $BX = C$ nach X auf.

Lösung

Die Gleichung ist äquivalent zu $BC'X+B'C+CX' = 0$. Multipliziert man $B'C$ mit $X+X'$, so erhält man $(B'C+BC')X+CX' = 0$. Daher ist die allgemeine Lösung $C \subseteq X \subseteq (B'C'+BC)$. Die Eliminante ist $(B'C+BC')C = 0$ oder $B'C = 0$. D.h., die Gleichung ist konsistent, solange $C \subseteq B$ ist, dann erfüllt jede Menge zwischen C und $B'C' + BC$ die Gleichung.

Man kann nicht nur einzelne Gleichungen nach einer unbekannten Menge X auflösen, sondern auch ganze Gleichungssysteme oder Systeme gemischter Bedingungen. Da wir in Abschn. 1.8 gezeigt haben, daß simultane Gleichungssysteme und Inklusionen einer einzigen Gleichung äquivalent sind, genügt es, diese einzige Gleichung aufzulösen.

Beispiel 2

Man bestimme die Menge X, wenn folgende Aussagen über X gemacht werden: $AX' \subseteq B$, $B'X+C = 1$.

Lösung

Die beiden Aussagen ergeben zusammen die einzige Gleichung $AB'X'+BC'+ + C'X' = 0$. Diese Gleichung ist äquivalent zu $BC'X+(AB'+C')X' = 0$. Daher lautet die allgemeine Lösung $(AB'+C') \subseteq X \subseteq (B'+C)$, und die Bedingung für Widerspruchsfreiheit ist $BC' = 0$. Wenn die Aussagen konsistent sind, erfüllt jede Menge X, welche die Menge $AB'+C'$ enthält, die beiden Aussagen.

Übungen

Man löse die folgenden Gleichungen nach X auf und suche in jedem Fall die allgemeine Lösung, wenn es eine gibt, und die Eliminante von X.

1. $A+X = B$ 2. $C+DX = 0$ 3. $AX+BX = A'B'X$
4. $AB+ABX'+A'BX = 0$ 5. $AX+BX' = CX+DX'$
6. $B'X = 0$, $C'X = 0$, und $A'+B'+C'+X = 1$ (simultanes Gleichungssystem)
7. $AX+BX' = AX+CX'$, und $DX+BX' = D'X+CX'$ (simultanes Gleichungssystem).

1.10 Die Anzahl der Elemente einer Menge

Verschiedene Anwendungen der Mengenalgebra, insbesondere in der Wahrscheinlichkeitsrechnung, basieren auf dem Begriff der Anzahl aller Elemente einer Menge. Wir bezeichnen die Anzahl der Elemente der Menge X mit $n(X)$.

Angenommen, wir wissen von zwei Mengen A und B, daß $n(A) = 50$ und $n(B) = 100$ ist. Was kann man dann über $n(A+B)$ und $n(AB)$ aussagen? Es leuchtet ein, daß, wenn A und B keine Elemente gemeinsam haben, $n(A+B) = 150$ und $n(AB) = 0$ ist. Im allgemeinen können wir aber nur sagen, daß $100 \leqslant n(A+B) \leqslant 150$ gilt, wobei $n(A+B) = 100$ nur dann zutrifft, wenn $A \subseteq B$ ist. Gleichermaßen kann man sagen, daß $0 \leqslant n(AB) \leqslant 50$, wobei $n(AB) = 50$ nur für $A \subseteq B$ erfüllt ist. Im allgemeinen sagen wir, die Mengen X und Y sind *disjunkt* zueinander, wenn sie keine Elemente gemeinsam haben und daher die Formel $n(X+Y) = n(X)+n(Y)$ gilt. In allen Fällen gilt jedoch folgender Satz.

Satz 1. X und Y seien beliebige Mengen. Dann gilt:
$n(X+Y) = n(X)+n(Y)-n(XY)$.

Beweis. Da XY und XY' disjunkte Mengen sind und $X = XY+XY'$ ist, ergibt sich $n(X) = n(XY)+n(XY')$. Analog ist $n(Y) = n(XY)+ n(X'Y)$. Wenn wir diese beiden Gleichungen addieren, bekommen wir $n(X)+n(Y) = n(XY')+n(X'Y)+2n(XY)$ oder $n(XY')+n(X'Y)= n(X)+n(Y)-2n(XY)$.
Nun sehen wir aber, daß XY', $X'Y$ und XY disjunkte Mengen sind, für welche gilt:
$$X+Y = X(Y+Y') + Y(X+X') = XY+XY'+XY+X'Y$$
$$= XY+XY'+X'Y.$$

Daher ist $n(X+Y) = n(XY) + n(XY') + n(X'Y)$ und, indem wir das Obige einsetzen, $n(X+Y) = n(X) + n(Y) - n(XY)$, was zu beweisen war.

Korollar. Es ist
$$n(X+Y+Z) = n(X) + n(Y) + n(Z) - n(XY) - n(XZ) - n(YZ) + n(XYZ)$$
für drei Mengen X, Y und Z.

Die Ergebnisse des Satzes und des Korollars könnten auf vier und mehr Mengen erweitert werden; die daraus entspringenden Formeln werden jedoch zusehends unhandlicher. Der Leser möge zur Übung versuchen die allgemeine Formel für m Mengen voll auszuschreiben. Diese Formel wird selten benutzt, wenn auch, wie wir sehen werden, die Verallgemeinerung der Methode, die in den ersten Zeilen des Beweises zu Satz 1 benutzt wurde, von großem Nutzen in der Wahrscheinlichkeitsrechnung ist. Die Verallgemeinerung ist im folgenden Satz gegeben:

Satz 2. Seien Y_1, Y_2 ..., Y_m beliebige paarweise disjunkte Mengen, die die Eigenschaft haben: $Y_1 + Y_2 + ... + Y_m = 1$, dann gilt für jede Menge X: $n(X) = n(XY_1) + n(XY_2) + ... + n(XY_m)$.

Beweis. $X = X(1) = X(Y_1 + Y_2 + ... + Y_m) = XY_1 + XY_2 + ... + XY_m$, wobei die Mengen XY_1, XY_2, ..., XY_m paarweise disjunkt sind. Daraus folgt der Satz.

Beispiel 1

(Aus der Joint Associateship-Prüfung für Versicherungsmathematiker, 1935. Teil 5, Frage 9B.) Von einer Gruppe von 1000 Arbeitern in einer Baumwollfabrik wurden inoffiziell folgende Daten aufgeschlüsselt nach Rasse, Geschlecht und Ehestand angegeben: 525 Farbige, 312 Männliche, 470 Verheiratete, 42 farbige Männer, 147 verheiratete Farbige, 86 verheiratete Männer, 25 verheiratete farbige Männer. Man prüfe diese Klassifikation daraufhin, ob die angegebenen Zahlenwerte für die einzelnen Gruppen widerspruchsfrei sind.

Lösung

Sei F die Menge der Farbigen, M die der männlichen Personen, V die der Verheirateten. Dann gilt:
$$\begin{aligned} n(F+M+V) &= n(F) + n(M) + n(V) - n(FM) - n(MV) \\ &\quad - n(FV) + n(FMV) \\ &= 525 + 312 + 470 - 42 - 86 - 147 + 25 \\ &= 1057. \end{aligned}$$

Daraus zieht man den Schluß, daß die Daten inkonsistent sind, denn sie bezogen sich nur auf 1000 Arbeiter.

Selbstverständlich könnte es in diesem Beispiel auch vorkommen, daß die Kontrolle eine kleinere Zahl als 1000 ergibt, wenn die Daten widerspruchsvoll sind. (Vgl. Aufgabe 3 unten). In einem solchen Fall und für die Lösung jedes Problems, bei dem es sich um die Anzahl der Elemente handelt, die in mindestens zwei Mengen und ihren Durchschnitten enthalten sind, ist es eine große Hilfe, wenn man sich ein geeignetes Venndiagramm zeichnet und die Anzahlen der Elemente in die entsprechenden disjunkten Mengen einträgt, die das Venndiagramm darstellt.

Beispiel 2

Über die Anzahlen der Elemente in den Untermengen A, B, C einer gewissen Menge mit 200 Elementen ist folgendes bekannt: $n(A) = 70$, $n(B) = 120$, $n(C) = 90$, $n(AB) = 50$, $n(AC) = 30$, $n(BC) = 40$ und $n(ABC) = 20$. Gesucht:
a) $n(A+B)$,   b) $n(A+B+C)$,   c) $n(A'BC)$ und d) $n(AB'C')$.

Lösung

Das geeignete Venndiagramm zeigt Bild 1.3. Zunächst wird jedes Gebiet im Diagramm entsprechend bezeichnet. Dann wird, beginnend mit Gebiet ABC, die richtige Zahl der Elemente eingetragen (hier 20). Nun kann man $n(ABC') = 30$ bestimmen, indem man $n(ABC)$ von $n(AB)$ abzieht, da $n(AB) = n(ABC)+n(ABC')$ ist. So kann

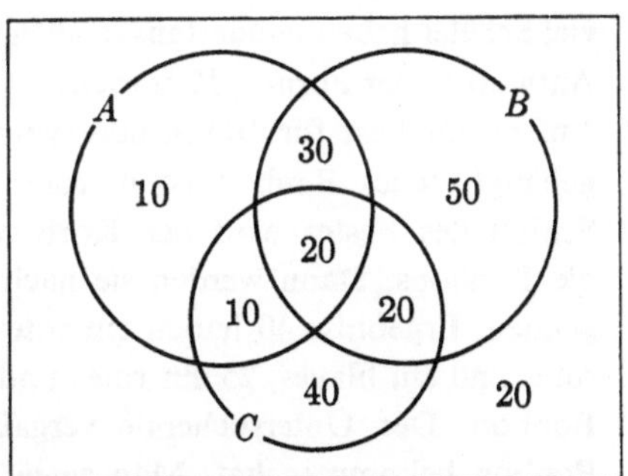

Bild 1.3
Beziffertes Venndiagramm zu Beispiel 2

man fortfahren und in jedem Gebiet die Anzahl der Elemente bestimmen. Tritt ein Widerspruch in den Daten auf, dann wird in irgend einem Gebiet die berechnete Anzahl der Elemente negativ und zeigt dadurch an, daß die gegebenen Zahlen nicht korrekt sein können. Ist kein Widerspruch vorhanden, so kann man die Lösung jedes Problems, das sich auf das Diagramm bezieht, ummittellbar am Diagramm ablesen. In diesem Beispiel sind die richtigen Antworten:
a) 140,   b) 180,   c) 20 und   d) 10.

Übungen

1. Führe den Beweis für das Korollar zu Satz 1 aus. (Man wende den Satz auf $n[X+(Y+Z)]$ an.)
2. Von den Mitgliedern einer bestimmten studentischen Verbindung belegen 70 Mann Englisch, 40 Mathematik, 40 Chemie, 20 Mathematik und Englisch, 15

Mathematik und Chemie, 25 Englisch und Chemie und 5 alle drei Fächer. Wenn jedes Mitglied der Verbindung mindestens eines der drei Fächer belegt, wieviele Mitglieder hat sie dann?

3. Man zeige, daß folgender Bericht inkonsistent ist. Bei einer Überprüfung von 100 Studenten auf ihre Fähigkeiten, Französich, Spanisch und Englisch zu lesen, konnten 46 Französisch, 25 Englisch, 8 Französisch und Spanisch, 10 Spanisch und Englisch und 3 alle drei Sprachen lesen.

4. Eine gewisse Anzahl roter, weißer und blauer Kennmarken werden auf einer Gesellschaft unter 100 Personen verteilt. Es ist bekannt, daß 45 Leute rote Marken bekommen, 45 weiße, 60 blaue, 15 rote und weiße, 25 weiße und blaue, 20 rote und blaue und 5 alle drei Farben.
   a) Wieviele bekommen keine Marke?
   b) Wieviele bekommen genau eine?
   c) Wieviele bekommen genau zwei?
   d) Wieviele bekommen eine weiße Marke, aber keine blaue?

5. In einer bestimmten Klasse sind 15 Schüler sitzengeblieben, davon 10 Jungen : 15 Jungen sind nicht sitzengeblieben; und 30 Mädchen befinden sich in der Klasse. Wieviel Schüler hat die Klasse?

6. In einer Schule haben mindestens 70 % der Schüler eine zwei in Deutsch, mindestens 75 % in Mathematik, mindestens 80 % in Englisch und mindestens 85 % in Sport. Wieviel Schüler haben mindestens in allen vier Fächern eine zwei? (Gib die bestmögliche Antwort in der Form : „Mindestens … % haben in allen Fächern eine zwei").

7. Auf einem Fest für 100 Kinder wird ein Korb mit Bonbons an der Decke aufgehängt. Jedes Bonbon ist in rotes, weißes oder blaues Papier gewickelt. Zum Schluß des Festes wird der Korb zerschlagen, und die Kinder balgen sich um die Bonbons. Dann werden sie nach den Farben ihrer Bonbons gefragt, mit folgendem Ergebnis: 40 haben ein rotes, 60 ein blaues, 70 ein weißes, 20 haben ein rotes und ein blaues, 25 ein rotes und ein weißes und 30 ein blaues und ein weißes Bonbon. Der Untersuchende vergaß zu fragen, ob jedes Kind wenigstens ein Bonbon bekommen hat. Man zeige, daß genau 5 Kinder ein Bonbon von jeder Farbe erhalten hatten.

8. Folgendes ist über eine Gruppe von 100 Studenten bekannt. Alle Männer sind über 20 Jahre alt. In der Gruppe sind 50 Frauen. 60 Studenten sind über 20 Jahre alt. 25 Frauen sind verheiratet, 15 verheiratete Studenten sind über 20 Jahre alt. 10 verheiratete Frauen sind über 20 Jahre alt. Man beziffere ein geeignetes Venndiagramm so vollständig wie möglich und beantworte folgende Fragen.
   a) Wieviele verheiratete Studenten gibt es in der Gruppe?
   b) Wieviele unverheiratete Frauen sind über 20 Jahre alt?
   c) Wieviele unverheiratete Männer sind unter 20 Jahre alt?
   d) Wieviele Männer sind verheiratet?
   e) Wieviele Studenten sind unter 20 Jahre alt?

2. Boolesche Algebra

2.1 Einleitung

Um die Einführung in die Boolesche Algebra so klar wie möglich zu gestalten, wurde in Kap. 1 der anschauliche Weg über die Mengenalgebra gewählt. Alle drei in diesem Buch erwähnten Anwendungen der Booleschen Algebra werden in elementarer Weise ausgiebig behandelt. Jedoch wäre es Zeitverschwendung, wollte man jedes der Gebiete gesondert abhandeln und jeden wichtigen Satz jeweils eigens beweisen. Zudem würde ein solches Vorgehen eher die Verschiedenheit der einzelnen Gebiete als ihre Zusammengehörigkeit hervorheben. Aus diesen und anderen Gründen bringt das vorliegende Kapitel eine allgemeine Behandlung der Booleschen Algebra, die auf einer Reihe von Axiomen und Definitionen aufbaut, aus denen dann alle übrigen Lehrsätze abgeleitet werden. Wir werden dabei einiges aus Kap. 1 wiederholen; während aber die Resultate in Kap. 1 auf anschaulichen Begriffen fußten und nur auf Mengen anwendbar waren, sind die Ergebnisse dieses Kapitels logisch streng abgeleitet und gelten in gleicher Weise für jede Boolesche Algebra.

Vielen Lesern wird dieses Kapitel die erste Bekanntschaft mit der axiomatischen Behandlung der Algebra vermitteln. Daher sollte es mehr enthalten als eine exakte Beschreibung der Booleschen Algebra. Wir werden daher in diesem Kapitel auch die Methoden erläutern, die bei der Entwicklung und zum Studium mathematischer Systeme gebraucht werden. Insbesondere wird durch Vergleiche auch das Verständnis für die Zahlenalgebra geweckt werden, die unglücklicherweise häufig als ein Wust mehr oder weniger unzusammenhängender Regeln und Beispiele behandelt wird, statt als geschlossenes logisches System.

2.2 Grundlegende Definitionen

Sehr viele Mengen, mit denen sich die Mathematik beschäftigt, haben eine algebraische Struktur. Das heißt, zwischen den Elementen der Menge sind eine oder mehrere Verknüpfungsregeln definiert. Die bekanntesten Beispiele solcher Mengen sind die verschiedenen Zusammenfassungen von Zahlen, wie die Menge aller ganzen Zahlen, die Menge aller reellen Zahlen, die Menge aller komplexen Zahlen. Für die reellen Zahlen gibt es vier Verknüpfungsarten: Addition, Subtraktion, Multiplikation und Division. (Die letztere ist so etwas wie eine Ausnahme, da Division durch 0 nicht erlaubt ist.) In der Mengenalgebra lernten wir zwei Verknüpfungsregeln kennen, Durchschnitt und Vereinigung.

Bevor wir eine axiomatische Definition der Booleschen Algebra aufstellen können, ist es notwendig, die Natur solcher Verknüpfungen zu untersuchen, die wir auch als *binäre Operationen* bezeichnen werden. In der folgenden Definition wird ein Symbol „∘" benutzt, um eine beliebige binäre Operation zu bezeichnen. Beispiele für „∘" sind etwa $(+)$, $(\cdot)$ und $(-)$.

Definition. Eine *binäre Operation* „∘" auf einer Menge M ist eine Vorschrift, die jedem geordneten Paar (a, b) von Elementen aus M ein eindeutig bestimmtes Element $c = a \circ b$ aus M zuordnet[1].

Beispiel 1

Die Operation der Subtraktion ist eine binäre Operation auf der Menge aller rationalen Zahlen (Zahlen der Form p/q, wo p und q ganze Zahlen sind und q von 0 verschieden ist), aber nicht auf der Menge aller positiven ganzen Zahlen. Für zwei beliebige rationale Zahlen $A = p/q$ und $B = r/s$ ist die Differenz $A - B$ eindeutig bestimmt und ist wieder eine rationale Zahl $(ps - rq)/qs$. Daher erfüllt $(-)$ die Bedingungen der Definition für eine binäre Operation auf der Menge aller rationalen Zahlen. Hingegen ist die Differenz zweier positiver ganzer Zahlen nicht immer auch eine positive ganze Zahl; daher stellt $(-)$ keine binäre Operation auf der Menge der positiven ganzen Zahlen dar.

Während Addition, Multiplikation, Subtraktion und Division altbekannte Beispiele für binäre Operationen sind, schränkt doch die Definition den Begriff nicht so weit ein, daß er notwendig eine anschauliche oder nützliche Bedeutung zu haben braucht. Um dem Leser jegliche Illusion in dieser Beziehung zu nehmen, bringen wir folgendes Beispiel.

Beispiel 2

Eine Menge M besteht aus drei Symbolen $\bigcirc$, $\square$ und $\triangle$ Auf M seien zwei binäre Operationen $(>)$ und $(<)$ definiert durch die folgenden „Multiplikationstafeln". Um z.B. die erste Tafel zu lesen, findet man das Ergebnis von $a > b$ in der Zeile, die a gegenüber liegt, und in der Spalte unter b, wobei a und b irgendwelche der drei Symbole in M sind. So ist etwa $\square > \triangle = \bigcirc$ und $\triangle < \bigcirc = \bigcirc$.

Unter den bekannten binären Operationen erfüllen viele einige einfache Identitäten oder Gesetze, die dem Leser von der elementaren

---

[1] Da das den Elementen a, $b \in M$ zugeordnete Element wieder ein Element c von M ist, spricht man von einer *inneren Operation*. „∘" ist also genauer eine *binäre innere-Operation*. A.d.Ü.

28

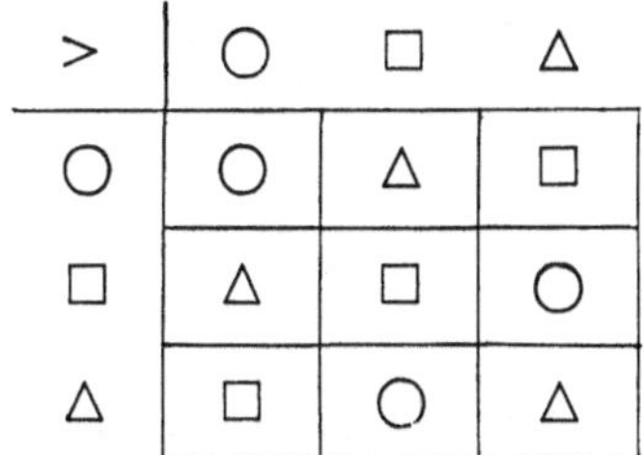 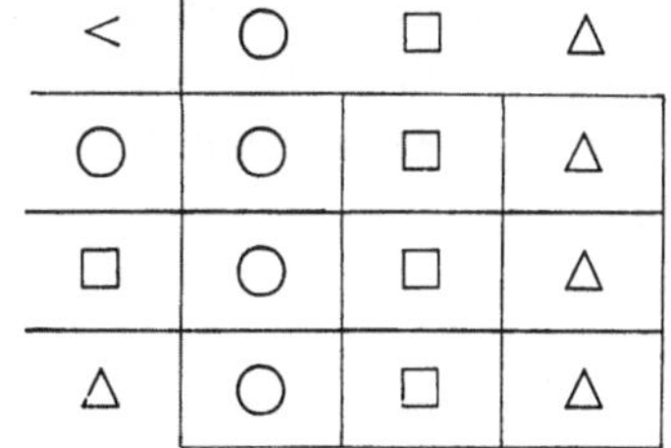

Algebra her oder aus Kap. 1 vertraut sind. Die Bezeichnungen dieser Gesetze sind nicht nur in der Booleschen Algebra, sondern in der gesamten Mathematik Standardausdrücke.

Definition. Eine binäre Operation $\circ$ auf einer Menge M ist *assoziativ* genau dann, wenn für alle a, b und c in M gilt:

$$a \circ (b \circ c) = (a \circ b) \circ c.$$

Definition. Eine binäre Operation $\circ$ auf einer Menge M ist *kommutativ* genau dann, wenn für jedes a und b in M gilt:

$$a \circ b = b \circ a.$$

Definition. Wenn $\circ$ und $*$ zwei binäre Operationen auf derselben Menge M sind, so ist $\circ$ *distributiv über* $*$ genau dann, wenn für alle a, b und c in M gilt:

$$a \circ (b * c) = (a \circ b) * (a \circ c).$$

Als Beispiele rufen wir uns wieder ins Gedächtnis, daß in der Mengenalgebra die Operationen Durchschnitt und Vereinigung beide kommutativ und assoziativ sind, und daß jedes von beiden distributiv über der anderen ist. Das distributive Gesetz für Durchschnitt über Vereinigung wird geschrieben als $a(b+c) = ab+ac$, und für Vereinigung über Durchschnitt als $a+bc = (a+b)(a+c)$.
Die Zahl 0 hebt sich aus der Menge aller ganzen Zahlen versehen mit der Operation Addition dadurch hervor, daß für *jede* ganze Zahl a gilt: $0+a = a$. Diese Eigenschaft der 0 ist äußerst wesentlich, denn algebraische Systeme mit einem Element, das diese Eigenschaft hat, unterscheiden sich sehr stark von Systemen ohne ein solches. Die folgende Definition gibt diesem Element seinen Namen.

Definition. Ein Element e in einer Menge M ist eine *Identität* (ein *Einselement* oder ein *neutrales Element*)[1] bezüglich der binären Operation genau dann, wenn für jedes a in M gilt $a \circ e = e \circ a = a$.

---

[1] Man unterscheide das „Einselement" von der „Einsmenge". Letztere ist eine einelementige Menge! A.d.Ü.

In der Menge aller ganzen Zahlen ist 0 das Einselement bezüglich der Addition, 1 dasjenige bezüglich der Multiplikation. Die Menge der geraden ganzen Zahlen hat kein Einselement bezüglich der Multiplikation.

Übungen

1. Welche der folgenden Operationen sind binäre Operationen auf der Menge aller ganzen Zahlen?

   a) Addition b) Multiplikation c) Subtraktion d) Division

2. Welche der folgenden sind binäre Operationen auf der Menge aller von 0 verschiedenen reellen Zahlen?

   a) Addition b) Multiplikation c) Subtraktion d) Division

3. Welche der binären Operationen in Aufgabe 1 und 2 sind

   a) kommutativ und b) assoziativ?

   Bezug nehmend auf Beispiel 2,

   a) Ist $>$ kommutativ? Assoziativ?

   b) Ist $<$ kommutativ? Assoziativ?

   c) Welche der beiden Operationen (wenn überhaupt) ist distributiv bezüglich der anderen?

4. Welches sind die Einselemente bezüglich $(+)$ und $(\cdot)$ in der Mengenalgebra?

2.3 Definition und Eigenschaften einer Booleschen Algebra

Die nachstehende Definition einer Booleschen Algebra hat Huntington im Jahre 1904 angegeben. Es gibt noch andere gleichwertige Axiomensysteme für die Boolesche Algebra. Das hier angeführte System hat zudem die Eigenschaft, daß keines der Axiome aus den übrigen abgeleitet werden kann.

Definition. Eine Menge von Elementen B mit zwei binären Operationen $(+)$ und $(\cdot)$ (wo $a \cdot b$ als ab geschrieben wird) ist eine Boolesche Algebra genau dann, wenn folgende Axiome gelten:

A_1. Die Operationen $(+)$ und $(\cdot)$ sind kommutativ.

A_2. In B existiert für jede der beiden Operationen $(+)$ und $(\cdot)$ ein Einselement (genannt 0 bzw. 1).

A_3. Jede Operation ist distributiv bezüglich der anderen.

A_4. Zu jedem a in B existiert ein Element a' in B, so daß gilt:

$$a + a' = 1 \quad \text{und} \quad aa' = 0.$$

Es ist kein Grund dafür vorhanden, daß die beiden in der Definition genannten Operationen unbedingt durch $(+)$ und $(\cdot)$ bezeichnet werden müssen. Zwei beliebige andere Symbole würden es auch tun. Wenn eine Menge mit den Operationen $\circ$ und $*$ oder $\cup$ und $\cap$ die entsprechenden Axiome erfüllte, wäre sie genau so eine Boolesche Algebra. (+) und (·) wurden nur gewählt, um mit der Bezeichnungsweise des ersten Kapitels in Einklang zu bleiben.

Wir bemerken unmittelbar, daß die Mengenalgebra alle diese Axiome erfüllt und daher eine Boolesche Algebra ist. Umgekehrt werden wir beweisen, daß jede Boolesche Algebra alle Grundgesetze erfüllt, die in Abschn. 1.5 für die Mengenalgebra zusammengestellt wurden. Darüber hinaus kann man jede Boolesche Algebra als eine Mengenalgebra interpretieren, wenn man nur die Universalmenge geeignet wählt. Es gibt jedoch viele Beispiele der Booleschen Algebra, in denen die Begriffe „Element" und „Menge" nicht explizit vorkommen. Das wichtigste ist die Boolesche Algebra mit nur zwei Elementen 0 und 1, die in Aufgabe 2 dieses Abschnitts beschrieben wird, und mit der wir uns in Kap. 3 und 4 eingehender befassen werden.

Der Rest dieses Abschnittes wird dem Beweis gewidmet, daß jede Boolesche Algebra die Grundgesetze von Kap. 1 erfüllt.

Satz 1. Jede Aussage oder algebraische Identität, die aus den Axiomen einer Booleschen Algebra ableitbar ist, bleibt gültig, wenn die Operationen (+) und (·) sowie die Einselemente 0 und 1 überall gleichzeitig miteinander vertauscht werden. (Dieser Satz ist als *Dualitätsprinzip* bekannt.)

Beweis. Der Beweis dieses Satzes folgt aus der Symmetrie der Axiome bezüglich der beiden Operationen und der beiden Einselemente. Wenn eine Aussage oder ein algebraischer Ausdruck aus einem anderen durch einmalige Anwendung des Dualitätsprinzips entsteht, sagt man, der zweite Ausdruck (die zweite Aussage) ist das *Duale* des (der) ersten. In diesem Falle ist natürlich das erste auch das Duale des zweiten.

Jeder der folgenden Sätze, mit Ausnahme eines Satzes, der sein eigenes Dual ist, enthält zwei duale Aussagen. Nach Satz 1 ist es nur notwendig, eine von zwei dualen Aussagen zu beweisen. Um jedoch das Wesen der Dualität klar zu machen, geben wir in Satz 2 beide Beweise.

Wir bemerken dazu, daß die Schritte des einen Beweises dual zu denen des anderen sind. Und die Rechtfertigung jedes Schrittes geschieht in beiden Beweisen durch das gleiche Axiom oder den gleichen Satz.

Satz 2. Für jedes Element a einer Booleschen Algebra B gilt:

$$a+a = a \quad \text{und} \quad aa = a.$$

Beweis.

$$
\begin{aligned}
a &= a+0 && \text{nach } A_2 \\
&= a+aa' && \text{nach } A_4 \\
&= (a+a)(a+a') && \text{nach } A_3
\end{aligned}
$$

$$= (a+a)(1) \qquad \text{nach } A_4$$
$$= a+a \qquad \text{nach } A_2$$

Analog,
$$a = a(1) \qquad \text{nach } A_2$$
$$= a(a+a') \qquad \text{nach } A_4$$
$$= aa+aa' \qquad \text{nach } A_3$$
$$= aa+0 \qquad \text{nach } A_4$$
$$= aa. \qquad \text{nach } A_2$$

Satz 3. Für jedes Element a einer Booleschen Algebra B gilt:

$$a+1 = 1 \quad \text{und} \quad a0 = 0.$$

Beweis.
$$1 = a+a' \qquad \text{nach } A_4$$
$$= a+a'(1) \qquad \text{nach } A_2$$
$$= (a+a')(a+1) \qquad \text{nach } A_3$$
$$= 1(a+1) \qquad \text{nach } A_4$$
$$= a+1 \qquad \text{nach } A_2$$

Satz 4. Für je zwei Elemente a und b einer Booleschen Algebra B gilt:

$$a+ab = a \quad \text{und} \quad a(a+b) = a$$

Beweis.
$$a = 1a \qquad \text{nach } A_2$$
$$= (1+b)a \qquad \text{nach Satz 3}$$
$$= 1a+ba \qquad \text{nach } A_3 \text{ und } A_1$$
$$= a+ba \qquad \text{nach } A_2$$
$$= a+ab. \qquad \text{nach } A_1$$

Satz 5. In jeder Booleschen Algebra B ist jede der beiden binären Operationen $(+)$ und $(\cdot)$ assoziativ. D.h., für jedes a, b und c in B gilt:

$$a+(b+c) = (a+b)+c \quad \text{und} \quad a(bc) = (ab)c.$$

Beweis. Wir zeigen zunächst, daß gilt: $a+a(bc) = a+(ab)c$

$$a+a(bc) = a \qquad \text{nach Satz 4}$$
$$= a(a+c) \qquad \text{nach Satz 4}$$
$$= (a+ab)(a+c) \qquad \text{nach Satz 4}$$
$$= a+(ab)c. \qquad \text{nach } A_3$$

Ferner zeigen wir, daß gilt: $a'+a(bc) = a'+(ab)c$.

$$a'+a(bc) = (a'+a)(a'+bc) \qquad \text{nach } A_3$$
$$= 1(a'+bc) \qquad \text{nach } A_4$$
$$= a'+bc \qquad \text{nach } A_2$$
$$= (a'+b)(a'+c) \qquad \text{nach } A_3$$

32

$$= [1(a'+b)](a'+c) \qquad \text{nach } A_2$$
$$= [(a'+a)(a'+b)](a'+c) \qquad \text{nach } A_4$$
$$= (a'+ab)(a'+c) \qquad \text{nach } A_3$$
$$= a'+(ab)c. \qquad \text{nach } A_3$$

Wenn wir nun die beiden Gleichungen multiplizieren, erhalten wir:

$$[a+a(bc)][a'+a(bc)] = [a+(ab)c][a'+(ab)c]. \tag{2.1}$$

Die linke Seite von Gleichung 2.1 reduziert sich, wie folgt:

$$[a+a(bc)][a'+a(bc)] = [a(bc)+a][a(bc)+a'] \qquad \text{nach } A_1$$
$$= a(bc)+aa' \qquad \text{nach } A_3$$
$$= a(bc)+0 \qquad \text{nach } A_4$$
$$= a(bc). \qquad \text{nach } A_2$$

Analog reduziert sich die rechte Seite von 2.1:

$$[a+(ab)c][a'+(ab)c] = [(ab)c+a][(ab)c+a'] \qquad \text{nach } A_1$$
$$= (ab)c+aa' \qquad \text{nach } A_3$$
$$= (ab)c+0 \qquad \text{nach } A_4$$
$$= (ab)c. \qquad \text{nach } A_2$$

Gleichung (2.1) lautet nach dieser Vereinfachung:

$$a(bc) = (ab)c,$$

und das ist das assoziative Gesetz, das wir beweisen wollten. Von jetzt an schreiben wir für $a(bc)$ und $(ab)c$ einfach abc und analog für $(a+b)+c$ und $a+(b+c)$ einfach $a+b+c$.

Satz 6. Das Element a', das in einer Booleschen Algebra B dem Element a zugeordnet wird, ist stets eindeutig bestimmt. (D.h., nur ein einziges Element a', erfüllt die Bedingungen von A_4).

Beweis. Wir nehmen an, daß $a+x = 1$, $ax = 0$, und daß außerdem $a+y = 1$, $ay = 0$ ist. Dann ergibt sich:

$$x = 1x \qquad \text{nach } A_2$$
$$= (a+y)x \qquad \text{nach Voraussetzung}$$
$$= (ax+yx) \qquad \text{nach } A_1 \text{ und } A_3$$
$$= 0+yx \qquad \text{nach Voraussetzung}$$
$$= yx \qquad \text{nach } A_2$$
$$= xy \qquad \text{nach } A_1$$
$$= xy+0 \qquad \text{nach } A_2$$
$$= xy+ay \qquad \text{nach Voraussetzung}$$
$$= (x+a)y \qquad \text{nach } A_3 \text{ und } A_1$$
$$= 1y \qquad \text{nach Voraussetzung}$$
$$= y. \qquad \text{nach } A_2$$

Daher sind zwei Elemente, die a zugeordnet sind, wie es A_4 verlangt, einander gleich. Mit anderen Worten, a' ist durch a eindeutig bestimmt. Wir werden es, wie in Kap. 1, als das *Komplement* von a bezeichnen.

Satz 7. Für jedes a in einer Booleschen Algebra B gilt: $(a')' = a$.

Beweis Nach A_4 ist $a+a' = 1$ und $aa' = 0$. Das ist aber genau die notwendige Bedingung dafür, daß $(a')' = a$ ist. Nach Satz 6 hat aber kein anderes Element diese Eigenschaft.

Satz 8. In jeder Booleschen Algebra gilt: $0' = 1$ und $1' = 0$.

Beweis. Nach Satz 3 gilt $1+0 = 1$ und $(1)(0) = 0$. Nach Satz 6 gibt es zu jedem a nur ein a'; daher gilt:
$0' = 1$ und $1' = 0$.

Satz 9. Für alle a und b in einer Booleschen Algebra B gilt:
$(ab)' = a'+b'$ und $(a+b)' = a'b'$.

Beweis. Zunächst gilt:

$$\begin{aligned}
(ab)(a'+b') &= aba'+abb' && \text{nach } A_3 \\
&= 0b+a0 = 0+0 = 0 && \text{nach } A_1, A_2, A_4, \text{ Satz } 3
\end{aligned}$$

Ferner,

$$\begin{aligned}
ab+a'+b' &= a'+b'+ab && \text{nach } A_1 \\
&= (a'+b'+a)(a'+b'+b) && \text{nach } A_3 \\
&= (1+b')(1+a') && \text{nach } A_4 \text{ und } A_1 \\
&= 1. && \text{nach } \text{Satz } 3 \text{ und } A_2
\end{aligned}$$

Nach A_4 und Satz 6 folgt aus diesen Gleichungen, daß $(ab)' = a'+b'$ ist. Das Duale folgt aus Satz 1.

Hiermit sind die Grundgesetze von Abschn. 1.5 vollständig bewiesen Daher gelten alle Sätze, die in Kap. 1 aus diesen Gesetzen hergeleitet worden sind, in jeder Booleschen Algebra. Insbesondere sind die Methoden der Vereinfachung, die wir gelernt haben, auch im allgemeinen Teil anwendbar. Um die Resultate von Abschn. 1.8 über Bedingungsgleichungen auf den allgemeinen Fall zu übertragen, ist es notwendig, die Relation $\subseteq$ auch für eine allgemeine Boolesche Algebra zu definieren. Dies geschieht folgendermaßen.

Definition. Die „Ordnungsrelation" $a \subseteq b$ ist definiert durch die Aussage: Für alle a und alle b in einer Booleschen Algebra B ist $a \subseteq b$ genau dann, wenn $ab' = 0$.

Der folgende Satz enthält die Aussagen der vier Sätze in Abschn. 1.7, die dort für Mengen anschaulich hergeleitet wurden. Hier stützt sich der Beweis auf die Definition der Relation.

Satz 10. Die Relation $\subseteq$ hat in jeder Booleschen Algebra folgende Eigenschaften, die für beliebige x, y und z gelten.

a) Wenn $x \subseteq y$ und $y \subseteq z$, dann $x \subseteq z$.
b) Wenn $x \subseteq y$ und $x \subseteq z$, dann $x \subseteq yz$.
c) Wenn $x \subseteq y$, dann $x \subseteq y+z$ für jedes z.
d) $x \subseteq y$ genau dann, wenn $y' \subseteq x'$.

Beweis. Die Begründungen der Beweisschritte sind weggelassen worden; der Leser möge sie ergänzen.

a) $x \subseteq y$ ist mit $xy' = 0$ äquivalent und $y \subseteq z$ ist gleichbedeutend mit $yz' = 0$. Daher $xz' = xz'(y+y') = xyz'+xy'z' = 0+0 = 0$. Aber $xz' = 0$ ist äquivalent mit $x \subseteq z$, was zu beweisen war.

b) Aus $x \subseteq y$ und $x \subseteq z$ erhalten wir $xy' = 0$ und $xz' = 0$. Daher $xy'+xz' = x(y'+z') = 0$. Nach Satz 9 ist $y'+z' = (yz)'$ und daher $x(yz)' = 0$ oder $x \subseteq yz$.

c) Aus $x \subseteq y$ folgt $xy' = 0$ und daher $x(y+z)' = x(y'z') = (xy')z' = 0$. $x(y+z)' = 0$ ist aber äquivalent mit $x \subseteq y+z$.

d) Erstens: $x \subseteq y$ ergibt $xy' = 0 = (x')'y' = y'(x')'$ und daher $y' \subseteq x'$. Umgekehrt, wenn $y' \subseteq x'$, dann kann man das eben Bewiesene anwenden: $(x')' \subseteq (y')'$ und nach Satz 7 $x \subseteq y$.

Übungen

1. Man führe den Beweis für $a0 = 0$ in Satz 3 vollständig aus und begründe jeden Schritt mit dem richtigen Axiom.

2. Man zeige, daß die Menge B, die nur aus 0 und 1 allein besteht, zusammen mit den in den folgenden Tafeln definierten binären Operationen eine Boolesche Algebra ist.

+	0	1		·	0	1
0	0	1		0	0	0
1	1	1		1	0	1

3. Man beweise für jede Boolesche Algebra: $a+a'b = a+b$ für jedes Paar von Elementen a und b.

4. Man beweise, daß aus $a+x = b+x$ und $a+x' = b+x'$ folgt: $a = b$. (Anleitung: vgl. den Beweis von Satz 5)

5. Man beweise, daß aus $ax = bx$ und $ax' = bx'$ die Gleichung $a = b$ folgt.

6. Man beweise, daß für beliebige a, b und c in einer Booleschen Algebra die folgenden vier Ausdrücke einander gleich sind:

   a) $(a+b)(a'+c)(b+c)$ b) $ac+a'b+bc$
   c) $(a+b)(a'+c)$ d) $ac+a'b$.

7. Man zeige, daß die Menge $\{a, b, c, d\}$ mit den unten definierten binären Operationen $(+)$ und $(\cdot)$ eine Boolesche Algebra ist.

$+$	a	b	c	d
a	a	b	c	d
b	b	b	b	b
c	c	b	c	b
d	d	b	b	d

$\cdot$	a	b	c	d
a	a	a	a	a
b	a	b	c	d
c	a	c	c	a
d	a	d	a	d

8. Man beweise, daß in einer Booleschen Algebra jedes Elemententripel a, b, c die Identität $ab+bc+ca = (a+b)(b+c)(c+a)$ erfüllt.

9. Man beweise: Wenn zwei Elemente a und b in einer Booleschen Algebra B die Relation $a \subseteq b$ erfüllen, dann gilt für jedes Element c in B: $a+bc = b(a+c)$. (Diese Eigenschaft nennt man auch das *modulare Gesetz*.)

10. Man beweise: Sind a, b und c Elemente in einer Booleschen Algebra B, für welche die Bedingungen gelten:

$ab = ac$ und $a+b = a+c$, dann folgt $b = c$.

11. Man beweise, daß keine Boolesche Algebra genau drei verschiedene Elemente haben kann.

2.4 Disjunktive Normalform

Die Wörter „Monom", „Polynom", „Glied" und „Faktor" aus Kap. 1 werden wir nun im Zusammenhang mit einer beliebigen Booleschen Algebra benutzen. Zusätzlich werden wir den Ausdruck *Konstante* für jedes Symbol benutzen, das ein fest gegebenes Element einer Booleschen Algebra darstellt. 0 und 1 sind Beispiele für Konstanten. Ferner bezeichnen wir mit dem Wort *Variable* ein Symbol (z.B. x, y usw.), das ein unbestimmtes oder beliebiges Element der Booleschen Algebra darstellt. Unter einer *Booleschen Funktion* verstehen wir einen beliebigen Ausdruck aus, endlich vielen Symbolen, der die Verknüpfung (einer endlichen Menge) von Konstanten und Variablen durch die Operationen $(+)$, $(\cdot)$ und $(')$ darstellt. So ist z.B. $(a'+b)'c+ab'x+0$ eine Boolesche Funktion, wenn jedes der Symbole a, b, c, x ein Element einer Booleschen Algebra darstellt. Analog ist jeder algebraische Ausdruck aus Kap. 1, der sich auf Mengen bezieht, eine Boolesche Funktion. Z.B. stellt die Gleichung $x+x' = 1$ die Aussage dar, daß eine Funktion $x+x'$ der Variablen x gleich der Konstanten 1 ist.

Unter den Funktionen von n Variablen $x_1, x_2, \dots x_n$ verdienen diejenigen besonderes Interesse, die man als Summe schreiben kann, deren sämtliche Glieder Produkte aller vorhandenen Variablen mit oder ohne Komplementstrich sind. Beispiele solcher Funktionen von einer, zwei, drei Variablen sind: $x+x'$, xy', $xyz'+x'yz+xy'z$. Folgende Definition gibt diesen Funktionen einen Namen.

Definition. Man sagt, eine Boolesche Funktion ist in *disjunktiver Normalform in n Variablen* $(n > 0)$, wenn die Funktion eine Summe von Gliedern der Form $f_1(x_1)f_2(x_2) \ldots f_n(x_n)$ ist, wo $f_i(x_i)$ entweder x_i oder x_i' für jedes i, $i = 1, 2, \ldots, n$ ist, und wenn in ihr keine zwei Glieder identisch sind. Ferner sollen 0 und 1 stets in disjunktiver Normalform von n Variablen heißen, für beliebiges $n \geqslant 0$.

Einige wesentliche Eigenschaften der disjunktiven Normalform sind in den folgenden Sätzen angegeben.

Satz 1. Jede Funktion in einer Booleschen Algebra, die keine Konstanten enthält, ist gleich einer Funktion in disjunktiver Normalform.

Beweis. f sei eine beliebige Funktion der Variablen $x_1, x_2, \ldots, x_n$ (ohne Konstante). Wenn f einen Ausdruck der Form $(A+B)'$ oder $(AB)'$ enthält, wobei A und B gewisse Funktionen sind, dann ergibt die Anwendung von Satz 9, Abschn. 2.3 $A'B'$ bzw. $A'+B'$. Das kann man solange wiederholen, bis jeder auftretende Komplementstrich nur noch bei einer einzigen Variablen steht.

Durch Anwendung des distributiven Gesetzes von $(\cdot)$ über $(+)$ kann man f als Polynom entwickeln.

Angenommen nun, ein Glied g enthält weder x_i noch x_i' für eine bestimmte Variable x_i. Die Funktion ändert sich nicht, wenn man dieses Glied g mit x_i+x_i' multipliziert. Wiederholt man diesen Prozeß für jede fehlende Variable mit jedem Glied der Funktion f, so geht f in eine äquivalente Funktion über, deren Glieder x_j oder x_j' für jedes $j = 1, 2, \ldots, n$ enthalten.

Endlich erlaubt Satz 2 in Abschn. 2.3 doppelt vorkommende Glieder wegzulassen, womit der Beweis vollständig erbracht ist.

Beispiel 1

Man schreibe die Funktion $f = (xy'+xz)'+x'$ in disjunktiver Normalform.

Lösung

$$
\begin{aligned}
(xy'+xz)'+x' &= (xy')'(xz)'+x' \\
&= (x'+y)(x'+z')+x' \\
&= x'+yz'+x' \\
&= x'(y+y')(z+z')+yz'(x+x') \\
&= x'yz+x'yz'+x'y'z+x'y'z'+xyz'+x'yz' \\
&= x'yz+xyz'+x'yz'+x'y'z+x'y'z'.
\end{aligned}
$$

Die Bedeutung der Normalform für die Anwendungen liegt hauptsächlich darin, daß jede Funktion eine Normalform mit einer gegebenen Anzahl von Variablen eindeutig bestimmt, wie wir in weiter unten aufgeführten Sätzen sehen werden. Jedoch kann jede Funktion in verschiedener Weise als Normalform dargestellt werden, indem man die Anzahl der Variablen ändert. Z.B. ist $f = xy$ in Normalform bezüglich x und y. Multipliziert man aber xy mit $z+z'$, so ist $f = xyz+xyz'$ gleichfalls in Normalform, aber für drei Variable x, y und z. Ebenso ist $g = x'yz+xyz+x'yz'+xyz'$ in Normalform in x, y und z; g reduziert sich jedoch durch eine Faktorenzerlegung auf $g = x'y+xy$, also auf eine Normalform in x und y. Wir werden von nun an, falls nichts anderes vorausgesetzt wird, annehmen, daß die Bezeichnung „disjunktive Normalform" sich auf diejenige Normalform bezieht, welche die kleinstmögliche Anzahl von Variablen besitzt. Mit dieser Einschränkung werden wir jedoch in der Lage sein zu zeigen, daß die Normalform einer Funktion durch diese eindeutig bestimmt ist.

Wir wählen jetzt ein einziges Glied aus der Menge aller möglichen Glieder einer disjunktiven Normalform in n Variablen. Dieses entspricht der Auswahl entweder von x_i oder x_i' für jede der n Variablen x_i, $i = 1, 2, \ldots, n$. Daher gibt es genau 2^n verschiedene Glieder, die in einer disjunktiven Normalform von n Variablen vorkommen können.

Definition. Diejenige disjunktive Normalform in n Variablen, die alle 2^n Glieder enthält, heißt die *vollständige disjunktive Normalform in n Variablen.*

Eine Folge des nächsten Satzes ist, daß die vollständige disjunktive Normalform identisch 1 ist. Ein einfacher Weg, dieses direkt zu beweisen ist anzumerken, daß die Koeffizienten von x_i und x_i' in der vollständigen Normalform identisch sein müssen. Und zwar sind beide Koeffizienten gleich der vollständigen Normalform in den restlichen $n-1$ Variablen. Durch Faktorenzerlegung verschwindet x_i. Dieser Prozeß kann mit jeder Variablen wiederholt werden, so daß sich die ganze Normalform auf 1 reduziert.

Satz 2. Wenn jeder der n Variablen der Wert 0 oder 1 in einer beliebigen, aber festen Weise zugeordnet wird, dann hat genau ein Glied der vollständigen disjunktiven Normalform in n Variablen den Wert 1, während alle anderen den Wert 0 haben.

Beweis. $a_1, a_2, \ldots, a_n$ mögen die Werte von $x_1, x_2, \ldots x_n$ in dieser Reihenfolge darstellen, wo jedes a_i 0 oder 1 ist. Man wähle ein Glied der vollständigen Normalform nach folgender Vorschrift: Wenn $a_i = 1$ ist, muß in dem zu wählenden Glied x_i enthalten sein, falls $a_i = 0$ ist, muß dagegen x_i' enthalten sein, und zwar für jedes $i = 1, 2, \ldots, n$. Das so ausgewählte Glied ist dann ein Produkt von n Einsen und also gleich 1. Alle anderen Glieder der vollständigen Normalform werden dagegen mindestens einen Faktor 0 enthalten und daher selbst gleich 0 sein.

Korollar. Zwei Funktionen sind genau dann gleich, wenn ihre disjunktiven Normalformen dieselben Glieder enthalten.

Beweis. Zwei Funktionen mit denselben Gliedern sind selbstverständlich gleich. Umgekehrt, wenn zwei Funktionen gleich sind, dann müssen sie für jede Auswahl von Werten für die Variablen denselben Wert annehmen, insbesondere für jede Menge von Werten 0 und 1, die man den Variablen zuordnen kann. Nach Satz 2 bestimmen die Kombinationen von Nullen und Einsen, die man für die Variablen einsetzen muß, damit eine gegebene Funktion den Wert 1 annimmt, die Glieder der disjunktiven Normalform dieser Funktion eindeutig. Daher haben beide Normalformen dieselben Glieder.

Korollar. Um eine Identität in einer Booleschen Algebra aufzustellen oder zu beweisen, genügt es, die Werte jeder Funktion für alle Kombinationen von 0 und 1, welche für die Variablen eingesetzt werden können, zu untersuchen.

Aus den vorangegangenen Sätzen haben wir ersehen, daß eine Funktion vollständig durch die Werte bestimmt ist, die sich für jede mögliche Einsetzung von 0 und 1 in die betreffenden Variablen ergibt. Es liegt daher nahe, daß die Funktionen bequem dadurch vorgegeben werden können, daß man Wertetabellen für alle Kombinationen aus Nullen und Einsen aufstellt. Genau auf diese Weise werden Boolesche Funktionen in ihren Anwendungen, besonders bei der Synthese von Schaltungen, konstruiert. Ist eine solche Tabelle gegeben, so kann man die Funktion in disjunktiver Normalform durch bloße Inspektion der Tabelle erhalten. Für jede Kombination von Werten 0 und 1, für welche die Funktion den Wert 1 annehmen soll, schreibt man das entsprechende Glied der disjunktiven Normalform an, wie es im Beweis von Satz 2 angedeutet wurde. Die Summe dieser Glieder ergibt dann die Funktion, wenn auch nicht notwendig in der einfachsten Form. In Kap. 5 werden noch einige abkürzende Methoden für die Vereinfachung solcher Funktionen angegeben, aber für den Augenblick genügt es, eventuelle Vereinfachungen in der üblichen Weise durchzuführen, nachdem man die Funktion in disjunktiver Normalform erhalten hat.

Beispiel 2

Man finde und vereinfache die Funktion $f(x, y, z)$, die durch Tabelle 2.1 gegeben ist. (Man beachte, daß die Tabelle die Werte für f zeigt, die f für jede der $2^3 = 8$ möglichen Einsetzungen von 0 und 1 für x, y und z annimmt.)

Lösung

Wir sehen, daß die Funktion für die durch Zeile 2, 3 und 7 dargestellten Kombinationen von 0 und 1 den Wert 1 hat. Die disjunktive Normalform von f enthält also drei Glieder. Nach dem Beweis von Satz 2 ergibt sich: $f(x, y, z) = xyz' + xy'z + x'y'z = xyz' + y'z$. Durch Nachprüfen dieser Funktion für jede Kombination der Tabelle verifiziert man, daß f die gewünschten Eigenschaften hat.

Tabelle 2.1 Werte von $f(x,y,z)$ zu Beispiel 2

Zeile	x	y	z	$f(x, y, z)$
1	1	1	1	0
2	1	1	0	1
3	1	0	1	1
4	1	0	0	0
5	0	1	1	0
6	0	1	0	0
7	0	0	1	1
8	0	0	0	0

Als einfache Anwendung der Resultate dieses Abschnitts erhalten wir eine bequeme Methode das Komplement einer in disjunktiver Normalform gegebenen Funktion unmittelbar ablesen und anschreiben zu können. Das Komplement enthält nämlich genau die Glieder der vollständigen Normalform, die in der gegebenen Funktion fehlen. Zum Beispiel, das Komplement von $a'b+ab'$ ist $ab+a'b'$ und das Komplement von $abc+ab'c+ab'c'+a'b'c'$ ist $a'bc+abc'+a'b'c+a'bc'$.

Übungen

1. Man schreibe jeden der folgenden Ausdrücke als disjunktive Normalform mit der kleinsten Anzahl von Variablen:

   a) $x+x'y$ b) $xy'+xz+xy$

   c) $(u+v+w)(uv+u'w)'$ d) $xyz+(x+y)(x+z)$

   e) $(x'y+xyz'+xy'z+x'y'z't+t')'$

   f) $(x+y')(y+z')(z+x')(x'+y')$

   g) $(x+y)(x+y')(x'+z)$ h) $x'yz+xy'z'+x'y'z+x'yz'+xy'z+x'y'z'$.

2. Man schreibe die vollständige disjunktive Normalform in x, y und z an und bestimme, welches Glied gleich 1 ist, wenn

   a) $x = 1$ und $y = z = 0$ b) $x = z = 1$ und $y = 0$

3. Man schreibe jeden der folgenden Ausdrücke in disjunktiver Normalform für die drei Variablen x, y, und z:

   a) $x+y'$ b) $x'z+xz'$ c) $(x+y)(x'+y')$ d) x

4. Man schreibe alle 16 möglichen Funktionen zweier Variablen x und y an.

5. Man schreibe die Funktion von drei Variablen x, y und z an, die für $x = y = 1$ und für $z = 0$ gleich 1 ist; sowie für $x = z = 1$ und für $y = 0$; und welche sonst 0 ist.

6. Man schreibe die Funktion von x, y und z, die genau dann 1 ist, wenn mindestens zwei der Variablen den Wert 1 haben.

7. Man schreibe die drei Funktionen f_1, f_2, und f_3 getrennt an, die in Tabelle 2.2 angegeben sind und vereinfache sie.

Tabelle 2.2

Zeile	x	y	z	f_1	f_2	f_3
1	1	1	1	0	0	1
2	1	1	0	1	1	1
3	1	0	1	0	1	0
4	1	0	0	1	0	0
5	0	1	1	0	0	0
6	0	1	0	0	1	0
7	0	0	1	0	1	1
8	0	0	0	0	0	1

8. Man reduziere die vollständige Normalform in drei Variablen x, y und z durch sukzessive Elimination der Variablen.

9. Man bilde durch bloßes Hinsehen das Komplement von folgenden Ausdrücken:

a) $xy+x'y$ b) xyz

c) $uvw+u'v'w+uv'w'+u'vw'$ d) $x'y'z'+x'yz+xy'z'$

10. Man zeige, daß es 2^{2^n} verschiedene Funktionen von n Variablen in einer beliebigen Booleschen Algebra gibt.

2.5 Konjunktive Normalform

Es gibt außer der disjunktiven noch andere, gleichfalls sehr brauchbare Normalformen. Eine von diesen stellt jede Funktion als ein Produkt von Summen, statt einer Summe von Produkten dar. Wenn jede Aussage des vorangegangenen Abschnittes durch ihr Duales ersetzt würde, dann erhielten wir als Ergebnis eine entsprechende Theorie der zweiten, sogenannten *konjunktiven* Normalform. Um dieses klar zu machen, werden alle Definitionen und Sätze hier in ihrer dualen Form wiederholt. Beweise werden wegen des Prinzips der Dualität nicht benötigt.

Definition. Eine Boolesche Funktion heißt *in konjunktiver Normalform in n Variablen* x_1, x_2, ... x_n $(n > 0)$, wenn die Funktion ein Produkt von Faktoren der Form $f_1(x_1)+f_2(x_2)+$ ... $+f_n(x_n)$ ist, wo $f_i(x_i)$ gleich x_i oder x_i' ist $(i = 1, 2, ..., n)$, und wenn in ihr keine zwei Faktoren miteinander identisch sind. Ferner sind 0 und 1 stets in konjunktiver Normalform für n Variable $x_1 ... x_n$ $(n \geqslant 0)$.

Satz 1. Jede Funktion einer Booleschen Algebra, die keine Konstanten enthält, ist gleich einer Funktion in konjunktiver Normalform.

Beispiel 1

Man schreibe die Funktion $(xy'+xz)'+x'$ in konjunktiver Normalform.

Lösung

Das Vorgehen ist im wesentlichen dual zu dem von Beispiel 1, Abschn. 2.4, obgleich je nach der Anfangsgestalt der Funktion mehr Schritte notwendig werden können, um die Reduktion im einen oder anderen Falle durchzuführen.

Nachdem die Komplementstriche außerhalb der Klammern beseitigt worden sind, wird die Funktion in lineare Faktoren zerlegt. Dann werden zusätzliche Variable eingeführt, wie sie gerade gebraucht werden, indem man innerhalb jedes Faktors Produkte der Form ww' hinzuaddiert. Zum Schluß wird die Funktion nochmals in lineare Faktoren zerlegt, und von zwei gleichen Faktoren wird einer weggelassen. Die Lösung für dieses Beispiel ist durch die folgenden Schritte gegeben:

$$
\begin{aligned}
(xy'+xz)'+x' &= (x'+y)(x'+z')+x' \\
&= (x'+x'+y)(x'+x'+z') \\
&= (x'+y)(x'+z') \\
&= (x'+y+zz')(x'+z'+yy') \\
&= (x'+y+z)(x'+y+z')(x'+y+z')(x'+y'+z') \\
&= (x'+y+z)(x'+y+z')(x'+y'+z').
\end{aligned}
$$

Definition. Diejenige konjunktive Normalform in n Variablen, die 2^n verschiedene Faktoren enthält, heißt die *vollständige konjunktive* Normalform von n Variablen.

Satz 2. Wenn jeder von n Variablen der Wert 0 oder 1 in einer beliebigen aber festen Art zugeschrieben wird, so hat genau einer der Faktoren der vollständigen konjunktiven Normalform von n Variablen den Wert 0, alle anderen Faktoren haben den Wert 1.

Es sei bemerkt, daß wir bei der Auswahl des Faktors, der 0 sein soll, wenn die Werte $a_1, a_2, \ldots, a_n$ in die Variablen $x_1, x_2, \ldots, x_n$ eingesetzt werden, einfach das Verfahren von Abschn. 2.4 „dualisieren". x_i wird gewählt, wenn $a_i = 0$ ist, dagegen x_i', wenn $a_i = 1$ ist $(i = 1, 2, \ldots, n)$. Der richtige Faktor ist dann die Summe der Buchstaben, von denen jeder den Wert 0 hat. Alle anderen Faktoren haben den Wert 1.

Korollar. Zwei Funktionen, die in konjunktiver Normalform von n Variablen geschrieben worden sind, sind genau dann einander gleich, wenn sie identische Faktoren enthalten.

Beispiel 2

Man finde und vereinfache die Funktion $f(x, y, z)$, die durch Tabelle 2.3 vorgegeben ist.

Lösung

Da nur zwei Zeilen der Tabelle für die Funktion den Wert 0 ergeben, wendet man am einfachsten die duale Form der Methode aus Beispiel 2, Abschn. 2.4 an, und schreibt die Funktion zunächst in konjunktiver Normalform. Indem wir die Faktoren so wählen, daß die Funktion nur für die Werte in Zeile 3 und 7 den Wert 0 annimmt, erhalten wir

$$f(x, y, z) = (x'+y+z')(x+y+z') = y+z'.$$

Tabelle 2.3

Zeile	x	y	z	$f(x, y, z)$
1	1	1	1	1
2	1	1	0	1
3	1	0	1	0
4	1	0	0	1
5	0	1	1	1
6	0	1	0	1
7	0	0	1	0
8	0	0	0	1

In Problemen dieser Art wird die disjunktive Normalform gewöhnlich dann benutzt, wenn in der f-Spalte mehr Nullen als Einsen vorhanden sind. Im umgekehrten Fall nimmt man die konjunktive Normalform.

Auch jetzt können wir wie in Abschn. 2.4 die konjunktive Normalform dazu benutzen, von Funktionen, die in dieser Form geschrieben stehen, durch bloße Inspektion ihrer Form das Komplement zu bilden. Das Komplement einer in konjunktiver Normalform vorliegenden Funktion besteht aus denjenigen Faktoren der vollständigen konjunktiven Normalform die in der gegebenen Funktion fehlen.
Zum Beispiel ist das Komplement von $(x+y')(x'+y)$ gleich $(x+y)(x'+y')$.
Es mag wünschenswert erscheinen, eine Funktion aus einer Normalform in die andere zu überführen. Das kann jedoch schneller geschehen als durch Befolgung allgemeiner Regeln, die eine Funktion in eine bestimmte Form überführen. Ein Beispiel soll diese Methode, die auf der Identität $(f')' = f$ aufbaut, erläutern.

Beispiel 3

Man suche die konjunktive Normalform für die Funktion

$$f = xyz+x'yz+xy'z'+x'yz'$$

Lösung

$$\begin{aligned}
f &= xyz+x'yz+xy'z'+x'yz' \\
  &= [(xyz+x'yz+xy'z'+x'yz')']' \\
  &= [(x'+y'+z')(x+y'+z')(x'+y+z)(x+y'+z)]' \\
  &= (x+y+z)(x'+y+z')(x+y+z')(x'+y'+z).
\end{aligned}$$

Hier wurde das erste Komplement mit Hilfe von De Morgans Gesetz gebildet, während das zweite nach der oben angegebenen Methode gewonnen wurde. Man könnte diese Schritte auch vertauschen und erhielte das gleiche Resultat. Eine analoge Vorschrift benutzt man, um die Funktion von konjunktiver auf disjunktive Normalform zu bringen.

Übungen

1. Man bringe die folgenden Ausdrücke in konjunktive Normalform mit der kleinstmöglichen Anzahl von Variablen:

   a) $x+x'y$ b) $xy'+xz+xy$

   c) $(u+v+w)(uv+u'w)'$ d) $xyz+(x+y)(x+z)$

   e) $(x'y+xy'z+xyz'+x'y'z't+t')'$

   f) $(x+y')(y+z')(z+x')(x'+y')$

   g) $(x+y)(x+y')(x'+z)$

   h) $x'yz+xy'z'+x'y'z+x'yz'+xy'z+x'y'z'$

2. Man schreibe die Faktoren der vollständigen konjunktiven Normalform in x, y und z aus. Man bestimme den Faktor, der gleich 0 ist, wenn

   a) $x = 1$ und $z = y = 0$ b) $x = z = 1$ und $y = 0$

3. Man schreibe jeden der folgenden Ausdrücke in konjunktiver Normalform in drei Variablen x, y und z:

   a) $x+y'$ b) $x'z+xz'$

   c) $(x+y)(x'+y')$ d) x

4. Man schreibe diejenige Funktion von drei Variablen x, y und z an, die genau dann 0 ist, wenn mindestens zwei der drei Variablen 0 sind.

5. Man bilde durch bloßes Hinsehen das Komplement folgender Ausdrücke:

   a) $(x+y)(x'+y)(x'+y')$ b) $(x+y+z)(x'+y'+z')$

   c) $(x'+y+z)(x+y'+z)(x+y+z')(x'+y'+z')$

6. Man gehe bei folgenden Ausdrücken von der disjunktiven zur konjunktiven Normalform über:

   a) $uv+u'v+u'v'$

   b) $abc+ab'c'+a'bc'+a'b'c+a'b'c'$

7. Man übertrage die folgenden Ausdrücke von der konjunktiven in die disjunktive Normalform:

   a) $(x+y')(x'+y)(x'+y')$

   b) $(u+v+w)(u+v+w')(u+v'+w)(u'+v+w')(u'+v'+w)(u'+v'+w')$

8. Man stelle die vier Funktionen f_1, f_2, f_3 und f_4 auf, die in Tabelle 2.4 angegeben sind und vereinfache sie. Man benutze diejenige Normalform, mit der es am leichtesten geht.

Tabelle 2.4

Zeile	x	y	z	f_1	f_2	f_3	f_4
1	1	1	1	1	0	0	1
2	1	1	0	0	1	1	1
3	1	0	1	1	0	0	1
4	1	0	0	1	0	1	0
5	0	1	1	1	0	1	1
6	0	1	0	1	0	1	1
7	0	0	1	0	1	0	1
8	0	0	0	1	0	0	0

2.6 Darstellung einer Booleschen Algebra

Es mag dem Leser seltsam erscheinen, daß eine beliebige Boolesche
Algebra, von der Darstellung als Axiomensystem abgesehen, so vieles
mit einer Mengenalgebra gemeinsam hat. Die Sätze in Kap. 2 sind
nur Wiederholungen von schon in Kap. 1 entwickelten Gedanken.
Wir haben gezeigt, daß jede Mengenalgebra eine Boolesche Algebra ist.
Es liegt nun nahe, Vermutungen darüber anzustellen, ob jede beliebige
Boolesche Algebra als eine Mengenalgebra interpretiert werden kann,
bei der die Universalmenge geeignet gewählt ist. Daß dies möglich ist,
hat *M. H. Stone* in einem Aufsatz gezeigt mit dem Titel „The Theory
of Representations for Boolean Algebras" (die Darstellungstheorie
der Booleschen Algebren), *Transactions of the American Mathematical
Society*, Vol. 40, pp. 37 - 111. Ein Beweis des Darstellungssatzes geht
über den Rahmen dieses Buches hinaus; ein genaueres Eingehen auf
die Bedeutung des Satzes dürfte jedoch von Interesse sein.
Untersucht man algebraische Systeme, die aus Mengen von Elementen
bestehen, und auf denen eine oder mehrere Operationen gegeben sind,
die bestimmte Axiome erfüllen, dann nennen wir zwei solche Systeme
isomorph, wenn zwischen ihnen folgende Beziehung gilt. Zunächst
ist es notwendig, daß für jede Operation im einen System eine entsprechende im andern System existiert, auch wenn diese einen anderen
Namen oder ein anderes Symbol hat. Die zweite Voraussetzung ist,
daß die Elemente der beiden Systeme so in Paaren angeordnet werden
können, daß jedes Element des einen Systems mit einem andern gepaart
ist und umgekehrt. Wenn beide Mengen endlich sind, bedeutet das,
daß sie beide die selbe Anzahl von Elementen haben. Die dritte Voraussetzung läßt sich wie folgt beschreiben: Ordnet man die Elementepaare
so an, daß sich für alle ersten Elemente eine „Multiplikationstafel"
einer Operation des ersten algebraischen Systems ergibt, dann müssen
die zweiten Elemente der Paare in derselben Anordnung die Multi-

plikationstafel der entsprechenden Operation im anderen System ergeben. Kurz, die beiden Systeme sind, bis auf Namen und Symbole der Elemente und Operationen, identisch. Der Darstellungssatz kann jetzt präziser ausgesprochen werden.

Satz. Jede abstrakte Boolesche Algebra ist einer Mengenalgebra isomorph.

Das bedeutet, daß jede Untersuchung von Mengenalgebren als Untersuchung einer beliebigen Booleschen Algebra gelten kann. Dies liefert noch eine weitere Begründung für die Anordnung des Stoffes in unserem Buch. Obwohl es schien, als hätten wir uns in Kapitel 1 auf einen Spezialfall beschränkt, war die Untersuchung, von den Ausdrücken „Element" und „Menge" abgesehen, die nur unsere Anschauung unterstützten, doch völlig allgemein gehalten.

Sätze, wie diese, können in ihrem Wert schwerlich überschätzt werden. Einer der augenfälligsten Vorzüge ist, daß die Ersetzung eines abstrakten Systems durch ein äquivalentes, sehr anschauliches neue Gedankengänge und Lehrsätze nahelegt, die man sonst übersehen hätte. Der Nutzen dieses Satzes entspricht etwa dem Wert, den eine graphische Darstellung als Hilfsmittel für das Verständnis der Eigenschaften einer algebraischen Funktion besitzt.

In dem folgenden Kapitel über symbolische Logik werden wir sehen, daß es sehr oft weiterhilft, wenn man logische Probleme als mengenalgebraische behandelt. Daß dies überhaupt möglich ist, folgt aus dem Darstellungssatz.

3. Symbolische Logik und Aussagenalgebra

3.1 Einleitung

Zweck dieses Kapitels kann es nicht sein, die symbolische Logik vollständig abzuhandeln, sondern lediglich den Leser so in die Materie einzuführen, daß er in der Lage ist, ein umfassenderes Buch darüber zu lesen. Über die Bereitstellung einer Grundlage für weitere Studien hinaus wird dieses Kapitel genug von den Grundgedankengängen der symbolischen Logik bringen, um eine Vorstellung von der Rolle zu vermitteln, die dieses Gebiet in der Mathematik spielt, und um zu zeigen, daß die Algebra der Logik ein weiteres Beispiel einer Booleschen Algebra ist.

Die Logik ist ein weites Arbeitsfeld mit vielen Spezialgebieten. Im allgemeinen ist sie damit beschäftigt, Methoden des Denkens und Argumentierens zu untersuchen und zu analysieren. Die symbolische Logik ist von der Logik im allgemeinen nicht scharf abgegrenzt; sie kann beschrieben werden als ein Studium logischer Probleme unter ausgiebiger Verwendung von Symbolen.

Wann immer von Logik die Rede ist, steht der Begriff der Aussage im Mittelpunkt. Das Hauptwerkzeug für die Behandlung von Aussagen ist die Aussagenalgebra, eine Boolesche Algebra. Wenn wir über Aussagen sprechen, werden wir auch gewisse logische Formen untersuchen, die brauchbare Techniken für die Konstruktion von exakten Beweisen darstellen. Da Aussagen aus Worten gebildet werden, ist es offenkundig, daß den Worten und ihren Bedeutungsgehalten einige Beachtung zu schenken ist. Kein logischer Schluß kann auf Worte aufgebaut werden, die nicht ganz genau beschrieben worden sind. Der Teil der Logik, welcher sich mit der Struktur von Aussagen befaßt, ist viel komplizierter als die soeben erwähnte Aussagenalgebra. Wir werden unsere Aufmerksamkeit auf einige wenige Typen von Satzkonstruktionen beschränken, die für die Formulierung mathematischer Aussagen von großem Interesse sind.

3.2 Aussagen und Definitionen der Symbole

In der Mengenalgebra fanden wir, daß es notwendig ist, mit gewissen Grundbegriffen in Form undefinierter Ausdrücke zu beginnen. Das ist für jedes formale System typisch und insbesondere auch für die Algebra der Aussagen. Die Ausdrücke *wahr, falsch* und *Aussage* werden hier als undefiniert angenommen. Ohne erst zu versuchen der philosophischen Bedeutung von Wahrheit und Falschheit nachzugehen, nehmen wir an, daß die Worte *wahr* und *falsch* Attribute sind, die auf Aussagen anzuwenden sind. Unter einer *Aussage* wollen wir ein sprachliches Gebilde verstehen, das sich auf einen Inhalt bezieht, der von jeder Mehrdeutigkeit frei ist, und welches die Eigenschaft hat, entweder wahr oder falsch, aber nicht beides zu sein.

Die vorangegangenen Ausführungen mögen unsere Anschauung bei der Auswahl geeigneter Anwendungen für den Begriff einer Aussage unterstützen, aber eine Definition stellen sie nicht dar. Es braucht nicht einmal klar zu sein, ob überhaupt Aussagen existieren, denn die Forderung nach vollständiger Freiheit von Mehrdeutigkeiten ist für irgend eine gegebene Aussage schwer zu realisieren. Sie stellt keine geringere Idealisierung dar als die geometrische Eigenschaft einer Geraden, keine Breite zu haben. Selbstverständlich kann keine solche Gerade mit einem Bleistift gezogen werden, und es kann auch nicht bewiesen werden, daß solch eine Gerade in der physikalischen Welt existiert. Wir werden also etwas tolerant sein, wenn wir Sätze auswählen, die Aussagen genannt werden können. Folgende Beispiele sind typische Aussagen:

3 ist eine Primzahl;

wenn 5 zu 4 addiert wird, ist die Summe 7;

auf dem Planeten Venus gibt es lebende Wesen.

Man bemerke, daß von diesen Aussagen die erste als wahr bekannt ist, die zweite als falsch, und die dritte ist entweder wahr oder falsch (nicht beides zugleich), obwohl unsere Kenntnisse noch nicht ausreichen, um zu entscheiden, welches von beiden der Fall ist. Im Gegensatz hierzu vergleiche man die folgende Feststellung, die *keine* Aussage darstellt:

Die Aussage, die Sie hier lesen, ist falsch.

Wenn wir annehmen, daß die Aussage wahr ist, schließen wir aus ihrem Inhalt, daß sie falsch ist. Nehmen wir aber an, daß sie falsch ist, dann folgt aus ihrem Inhalt, daß sie wahr ist. Diese Aussage erfüllt unsere Forderung nicht und ist daher keine Aussage.

Wir werden kleine Kursivbuchstaben für Aussagen benutzen. Wenn keine spezielle Aussage gegeben ist, nennen wir die Buchstaben *Aussagenvariable* und werden dann mit ihnen beliebige Aussagen bezeichnen.

Aus jeder Aussage oder Menge von Aussagen kann man neue Aussagen bilden. Das einfachste Beispiel ist die Bildung der *Negation* von einer Aussage p, die wir mit p' bezeichnen. Für jede Aussage p definieren wir p' als die Aussage „es ist falsch, daß p". Zum Beispiel sei p die Aussage

Schlafen ist angenehm.

Die Negation dieser Aussage würde sein:

Es ist falsch, daß Schlafen angenehm ist.

Da diese Feststellung irgendwie häßlich klingt, formt man sie am besten um, damit man in der Alltagsprache bleibt. Andere Fassungen, die genau so annehmbar sind:

Schlafen ist nicht angenehm;
Schlafen ist unangenehm.

Gleichgültig, welche Fassung man wählt, ist es wesentlich, daß die Negation so abgefaßt ist, daß sie den entgegengesetzten Wahrheitswert hat wie die Originalaussage. Wenn p wahr ist, dann ist p' falsch und umgekehrt.

Zwei beliebige Aussagen p und q können auf verschiedene Weise zu neuen Aussagen verknüpft werden. Zum Beispiel sei p die Aussage
Eis ist kalt,
q sei die Aussage

Blut ist grün.

Diese Aussagen können durch das Bindewort *und* verknüpft werden zu der Aussage

Eis ist kalt und Blut ist grün.

Diese Aussage nennt man die *Konjunktion* von p und q. Allgemein definieren wir die *Konjunktion* von p und q für beliebige Aussagen p und q als die Aussage „sowohl p als auch q". Meistens sagt man dafür kurz „p und q". Wir bezeichnen die Konjunktion von p und q mit pq und werden festsetzen, daß diese Aussage wahr ist, wenn p und q beide wahr sind, aber falsch, wenn mindestens eine der beiden Aussagen p und q falsch sind.

Ein anderer Weg, zwei Aussagen zu verknüpfen, wird durch die Aussage umschrieben:

Eis ist kalt *oder* Blut ist grün.

Diese Aussage nennt man die *Disjunktion* von p und q. Das Wort „oder" wird im Deutschen meist gebraucht, um den Fall auszuschließen, daß beide Aussagen gleichzeitig gelten. In vielen Redewendungen ist jedoch die Möglichkeit, daß beide Aussagen zutreffen, implizit enthalten.

Beispiel für unterschiedliche Anwendungen von „oder":
Der Hund frißt Knochen oder Fleisch (oder beides).
Das Baby ist ein Knabe oder ein Mädchen.

Das erste der beiden Beispiele heißt (*inklusive*) *Disjunktion* und schließt die Möglichkeit mit ein, daß beide Fälle zutreffen. In diesem Sinne werden wir die Disjunktion weiter gebrauchen. Der zweite Satz dagegen spiegelt das wider, was man im Deutschen mit „entweder... oder...'' umschreibt, den Ausschluß des gleichzeitigen Bestehens beider Aussagen. Wir werden also im Folgenden unter p *oder* q immer verstehen: „p oder q oder beides''.

Für beliebige Aussagen p und q definieren wir die *Disjunktion von p und q*, bezeichnet mit $p + q$, als die Aussage „p oder q (oder beide)''. Das Wort „oder beide'' lassen wir künftig weg und fordern, daß diese Aussage wahr ist, wenn mindestens eins von p und q wahr ist, und nur dann falsch ist, wenn p und q beide falsch sind.

In Verbindung mit irgendeiner dieser Aussagen ist es üblich, die in Kap. 2 eingeführte Terminologie zu gebrauchen. D.h., wir können von Variablen und Funktionen in genau derselben Weise sprechen wie bisher. Der einzige Unterschied in der Terminologie ist, daß wir immer dann, wenn die Buchstaben Aussagen bezeichnen, von *Aussagenvariablen* und *Aussagenfunktionen* sprechen, statt allgemeiner, aber genau so richtig, von *Booleschen Variablen* und *Booleschen Funktionen*.

Aus unseren Definitionen folgt, daß die Negation von „p oder q'' die Aussage „nicht p und nicht q'' ist, die auch als „weder p noch q'' ausgesprochen werden kann. Analog ist die Negation von „p und q'' die Aussage „nicht p oder nicht q''. D.h., für Aussagen gelten die Gesetze von De Morgan genau so wie für Mengen. In symbolischer Form haben wir damit folgende Gesetze für Aussagen:

$$(p+q)' = p'q'$$
$$(pq)' = p'+q'$$

Beispiel 1

p sei die Aussage „Raketen sind kostspielig'', q dagegen sei: „Oma kaut Gummi''. Man schreibe die folgenden Aussagen aus symbolischer Notierung ins Deutsche um:

a) $p+q'$,   b) $p'q'$,   c) $pq'+p'q$.

Lösung

a) Raketen sind kostspielig oder Oma kaut keinen Gummi.

b) Raketen sind nicht kostspielig und Oma kaut keinen Gummi.

c) Raketen sind kostspielig und Oma kaut keinen Gummi oder Raketen sind nicht kostspielig und Oma kaut Gummi.

Die letzte Aussage ist nicht ganz klar, aber es ist schwer, in derartig komplizierten Sätzen Mehrdeutigkeit zu vermeiden. Diese Schwierigkeit zeigt, wie groß der Wert der von uns eingeführten symbolischen Schreibweise ist. In symbolischer Schreibweise, kann die Aussage nicht mißverstanden werden.

Übungen

1. Welche der folgenden Sätze oder Redewendungen stellen Aussagen dar? (vorausgesetzt, daß alle Wörter und die Grammatik frei von Mehrdeutigkeiten sind.)
   a) Gras ist gelb.
   b) Schöne weiße Rosen.
   c) Ist die Zahl 5 eine Primzahl?
   d) Die Mathematik als ganzes ist schwierig und gewisse mathematische Satzsysteme sind unmöglich.
   e) Wenn Hunde bellen können, braucht kein Haus, das von Hunden bewacht wird, Einbrecher zu fürchten.
   f) Gib mir mal das Buch.

2. Sei p die Aussage „Mathematik ist leicht'', und q die Aussage „zwei ist kleiner als drei''. Man schreibe die folgenden Aussagen in vernünftigem Deutsch:

   a) pq b) $p+q$ c) $(pq)'$
   d) $(p+q)'$ e) $p'+q'$ f) $pq'+p'q$

3. Sei p die Aussage „x ist eine gerade Zahl'', q die Aussage „x ist das Produkt von zwei ganzen Zahlen''. Dann übersetze man folgende Aussagen in Symbole:
   a) x ist eine gerade Zahl oder ein Produkt aus zwei ganzen Zahlen.
   b) x ist eine ungerade Zahl und x ist ein Produkt von zwei ganzen Zahlen.
   c) x ist eine gerade Zahl und ein Produkt von zwei ganzen Zahlen, oder x ist eine ungerade Zahl und ist kein Produkt von zwei ganzen Zahlen.
   d) x ist weder eine gerade Zahl noch ein Produkt von zwei ganzen Zahlen.

4. Man schreibe die Negationen folgender Aussagen in vernünftigem Deutsch.
   a) Eis ist kalt, und ich bin müde.
   b) Gute Gesundheit ist wünschenswert, oder ich bin falsch berichtet.
   c) Orangen passen nicht in den Gemüsesalat.
   d) Es gibt eine Zahl, die die Summe 13 ergibt, wenn man 6 zu ihr addiert.

5. p, q, r seien Aussagen, p ist wahr, q und r sind falsch. Man entscheide, welche der folgenden Aussagen wahr oder falsch sind:

   a) p' b) pq c) $p+q$
   d) $(p+q)+r$ e) $p'+(q+r)$ f) $p'+(q+r)'$
   g) $pq+qr$ h) $pq+p'q'$
   i) $(pq+p'q')+(p'q+pq')$ j) $(p'+q')[(p+r')(q+r)]$.

6. Man teile die folgenden Aussagen in drei Klassen ein: Kl. I — stets wahr, Kl. II stets falsch, Kl. III je nach Wertekombination von p, q, r einmal wahr, einmal falsch.

   a) pp' b) $p+p'$ c) $(p+p')(q+r)$
   d) $(pq+pq')+(p'q+p'q')$ e) $[p+(q+r')][p'+(q+r)]$
   f) $[(p+q)(p+q')][(p'+q)(p'+q')]$

3.3 Wahrheitstafeln

Um zu zeigen, daß die Menge aller Aussagen mit den Operationen Konjunktion, Disjunktion und Negation eine Boolesche Algebra bilden, muß zunächst der Begriff der *Gleichheit* definiert werden. Zwei Aussagefunktionen g und h von n Aussagevariablen $p_1, p_2, \ldots, p_n$ heißen genau dann einander gleich, wenn die Funktionen bei jeder möglichen Einsetzung von Wahrheitswerten für die n Variablen gleiche Werte annehmen. Zum Beispiel, wenn g und h zwei Funktionen von zwei Variablen p und q sind, so können wir ihre Gleichheit dadurch, nachweisen daß wir die Wahrheitswerte von g und h getrennt überprüfen für jeden der folgenden Fälle: p falsch und q wahr; p wahr und q falsch; p und q beide wahr; p und q beide falsch. Wenn die Ergebnisse in jedem Fall gleich sind, dann sind g und h einander gleich. Weichen jedoch ihre Wahrheitswerte in mindestens einem Fall voneinander ab, dann sind sie verschieden.

Diese Definition mag seltsam klingen, aber es fiele sehr schwer, eine andere zu geben. Eine Definition, die auf den Worten aufbaut, mit denen man die Aussage ausdrückt, wäre unmöglich, weil es schon viele Arten gibt, eine einzelne Behauptung allein auf deutsch abzufassen, ganz zu schweigen von den Möglichkeiten, die sich bei der Benutzung einer beliebigen anderen Sprache bieten. Ebenso eignet sich die Bedeutung, die eine Aussage überträgt, nicht zur Grundlegung einer Definition. Man kann die Bedeutung nicht exakt fassen und nicht in präziser Weise behandeln. Der Wahrheitswert dagegen ist eine spezifische Eigenschaft der Aussage und nach unserer Annahme stets nur eines von zwei Dingen, Wahrheit oder Falschheit. Sobald wir die Symbole 0 und 1 einführen, sehen wir, daß die angegebene Definition die Tatsache wiederspiegelt, die im Korollar zu Satz 2 von Abschn. 2.4 ausgedrückt wird, nämlich daß eine Funktion vollständig bestimmt ist, wenn ihr Wert für jede mögliche Einsetzung von 0 und 1 für die betreffenden Variablen bekannt ist.

Um unsere Algebra zu vervollständigen, führen wir zwei neue Aussagen ein, die wir mit 0 und 1 bezeichnen. Wir definieren 0 als eine stets falsche Aussage, 1 als eine immer wahre. Die Gleichung $p = 0$ ist äquivalent mit der Feststellung, daß p falsch ist. Analog ist $q = 1$ äquivalent damit, daß q wahr ist.

Die Definition, die wir für die Gleichheit von Funktionen gegeben haben, macht es möglich, eine Funktion durch eine Wertetafel darzustellen, genau, wie das in Abschn. 2.4 erfolgte. Der einzige Unterschied ist, daß wir nunmehr den Symbolen in der Tafel eine spezielle Bedeutung beigelegt haben. Diese Symbole stehen für Aussagen, nicht für abstrakte Elemente einer beliebigen Booleschen Algebra. Eine solche

Tafel nennen wir eine *Wahrheitstafel*. Ein Beispiel liefert Tabelle 3.1 für die Funktionen pq und $p+q$. In dieser Tafel stellt Zeile 3 die Information dar, daß pq falsch und $p+q$ wahr ist, wenn p falsch und q wahr ist.

Tabelle 3.1 Wahrheitstafel für pq und $p+q$

Zeile	p	q	pq	$p+q$
1	1	1	1	1
2	1	0	0	1
3	0	1	0	1
4	0	0	0	0

Die Konstruktion einer Wahrheitstafel für komplizierte Aussagenfunktionen wird am besten in einzelnen Schritten ausgeführt, wobei man bei jedem Schritt die grundlegenden Wahrheitstafeln für die Operationen $(+)$, $(\cdot)$ und $(')$ benutzt. Tabelle 3.2 zeigt zum Beispiel die schrittweise Konstruktion der Wahrheitstafel für die Funktion $(r'+pq)'$.

Tabelle 3.2 Konstruktion der Wahrheitstafel für $(r'+pq)'$

Zeile	p	q	r	r'	pq	$r'+pq$	$(r'+pq)'$
1	1	1	1	0	1	1	0
2	1	1	0	1	1	1	0
3	1	0	1	0	0	0	1
4	1	0	0	1	0	1	0
5	0	1	1	0	0	0	1
6	0	1	0	1	0	1	0
7	0	0	1	0	0	0	1
8	0	0	0	1	0	1	0

Geschieht es, daß die Wahrheitstafel in der Spalte der Funktionswerte nur Einsen enthält, so nennen wir die dazugehörige Aussage eine *Tautologie*. $p+p'$ und $pq+pq'+p'q+p'q'$ sind Beispiele für Tautologien für beliebige Aussagen p und q.

Als Beispiel zur Veranschaulichung der Brauchbarkeit von Wahrheitstafeln geben wir den Beweis des folgenden Satzes. Aus der Definition der Gleichheit folgt, daß zwei Funktionen genau dann einander gleich sind, wenn ihre Wahrheitstafeln identisch sind. Diese Tatsache wird in Teil c) des Beweises weiter unten benutzt.

Satz. Die Aussagenalgebra ist eine Boolesche Algebra.

Beweis. a) Daß $(+)$ und $(\cdot)$ kommutativ sind, folgt unmittelbar aus der Definition; daher ist Axiom 1 (Definition einer Booleschen Algebra) erfüllt.

b) 0 ist das Einselement für die Operation $(+)$, da $0 + p$ denselben Wahrheitswert wie p hat und daher gleich p ist. Analog hat $(1)(q)$ denselben Wahrheitswert wie q und ist daher gleich q, was zeigt, daß 1 das Einselement für die Operation der Konjunktion ist.

c) Jede Operation ist distributiv bezüglich der anderen. Tabelle 3.3 zeigt das eine distributive Gesetz, der Beweis des anderen sei dem Leser überlassen. (Siehe Aufgabe 2 am Ende des Abschnitts)

Tabelle 3.3 Wahrheitstafel, die das Gesetz $p+qr = (p+q)(p+r)$ zeigt

Zeile	p	q	r	qr	$p+qr$	$p+q$	$p+r$	$(p+q)(p+r)$
1	1	1	1	1	1	1	1	1
2	1	1	0	0	1	1	1	1
3	1	0	1	0	1	1	1	1
4	1	0	0	0	1	1	1	1
5	0	1	1	1	1	1	1	1
6	0	1	0	0	0	1	0	0
7	0	0	1	0	0	0	1	0
8	0	0	0	0	0	0	0	0

d) Zu jeder Aussage p gibt es eine zweite Aussage p', die Negation von p, welche die Relation $pp' = 0$ und $p+p' = 1$ erfüllt. Diese Relationen werden in den Übungen zu Abschn. 3.2 behandelt; der Beweis wird hier weggelassen.

Wir haben also alle vier Axiome für eine Boolesche Algebra verifiziert, und damit ist der Beweis des Satzes vollständig erbracht. Von nun an können wir jedes Resultat aus Kap. 2 über die Boolesche Algebra benutzen, ohne einen speziellen Beweis führen zu müssen.

Man kann aber nicht nur eine Wahrheitstafel für eine gegebene Aussagenfunktion konstruieren, sondern man kann auch, falls eine Wahrheitstafel bekannt ist, die entsprechende Aussagenfunktion in genau derselben Weise finden, wie eine Boolesche Funktion in Abschn. 2.4 und 2.5 konstruiert wurde. Das folgende hypothetische Beispiel illustriert das Verfahren.

Beispiel 1

Ein Logiker wurde von einer Bande gefangengenommen. Der Bandenchef verband ihm die Augen und setzte ihn in einen verschlossenen Raum, in dem zwei Kästen standen. Er gab ihm die folgenden Anweisungen: „Ein Kasten enthält den Schlüssel zu diesem Raum, der andere eine Giftschlange. Greife in einen der Kästen hinein, und wenn Du den Schlüssel findest, kannst Du ihn benutzen, um Dich zu befreien. Zu Deiner Hilfe darfst Du meinem Diener eine einzige Frage stellen, die mit ja oder nein zu beantworten ist. Er braucht jedoch nicht die Wahrheit zu sagen. Er kann lügen, wenn er will." Nach einem Augenblick der Überlegung stellt der Logiker eine Frage, greift in den Kasten mit dem Schlüssel und verläßt den Raum. Welche Frage stellte er, sodaß er gewiß war, freizukommen?

Lösung

Sei p die Aussage „Der Kasten zu meiner Linken enthält den Schlüssel." Sei q die Aussage „Du sprichst die Wahrheit." Angenommen, wir erwarten die Antwort „ja", wenn p wahr ist, und „nein" wenn p falsch ist. Dann stellen die drei ersten Spalten von Tabelle 3.4 die möglichen Wahrheitswerte von p und q und die gewünschte Anwort dar. Die Wahrheitswerte der gesuchten Aussage müssen dann in Spalte 4 stehen.

Tabelle 3.4

Zeile	p	q	Gewünschte Antwort	Wahrheitstafel
1	1	1	ja	1
2	1	0	ja	0
3	0	1	nein	0
4	0	0	nein	1

Betrachte man zum Beispiel Zeile 2. Die Werte von p und q zeigen an, daß in diesem Fall der Schlüssel im linken Kasten liegt, und daß der Mann lügt. Infolgedessen muß, um eine bejahende Antwort zu bekommen, die Funktion den Wert 0 haben. Die Aussagenfunktion, welche dieser Wahrheitstafel entspricht, ist also $pq+p'q'$. Daher lautet die richtige Frage an den Diener:
Ist die Aussage: „Der linke Kasten enthält den Schlüssel und Du sprichst die Wahrheit oder der rechte Kasten enthält den Schlüssel und Du lügst" eine wahre Aussage? Wir nehmen natürlich an, daß der Mann, der die Frage beantwortet, intelligent genug ist, sie zu verstehen, und daß er überlegt antwortet und nicht aufs Geratewohl. Für die Aussage ist eine einfachere Formulierung möglich, aber die Terminologie ist dafür noch nicht entwickelt worden (Siehe die Untersuchung der materiellen Äquivalenz in Absch. 3.5).

Übungen

1. Man bestimme durch Konstruktion der Wahrheitstafeln, welche der folgenden Ausdrücke Tautologien sind.

   a) $pq+p'+q'$ b) $pq'+p'q$
   c) $p+q+p'$ d) $(p+q)(p'+q)(p+q')$

2. Man verifiziere durch Wahrheitstafeln

a) das assoziative Gesetz für die Disjunktion.
b) das assoziative Gesetz für die Konjunktion.
c) das distributive Gesetz für ($\cdot$) in Bezug auf ($+$).
d) die beiden Absorptionsgesetze.

3. Man finde Aussagenfunktionen F_1, F_2, F_3, F_4, F_5 und F_6 mit Hilfe von Tabelle 3.5. Wo in der Tabelle ein Fragezeichen steht, kann 0 oder 1 eingesetzt werden, je nachdem, wie die Funktion am einfachsten wird. Das Fragezeichen bedeutet, daß in den Zeilen, in denen es vorkommt, „ungültige" Wertekombinationen für p, q, r stehen, d.h., Kombinationen, von denen bekannt ist, daß sie aus irgend einem Grunde nicht auftreten können.

Tabelle 3.5

Zeile	p	q	r	F_1	F_2	F_3	F_4	F_5	F_6
1	1	1	1	1	0	1	1	0	?
2	1	1	0	0	0	1	0	0	?
3	1	0	1	1	0	0	1	1	?
4	1	0	0	0	1	0	1	?	?
5	0	1	1	1	0	0	1	1	0
6	0	1	0	1	0	0	0	1	0
7	0	0	1	1	0	1	1	?	0
8	0	0	0	0	1	0	1	?	1

4. Der Logiker unseres Beispiels könnte auch eine andere Frage mit einer abweichenden Wahrheitstafel gestellt haben. Welche?

5. Man konstruiere für jede der folgenden Funktionen eine Wahrheitstafel.

a) $pqr+p'qr'+p'q'r'$
b) $(p+q+r)(p'+q+r')(p'+q'+r')$
c) $(p'+qr)'(pq+q'r)$
d) $pq'+p'(qr+q'r)'$

3.4 Objektlogik und Syntaxlogik

Bis jetzt haben wir eine wichtige Tatsache verschwiegen, die mit dem Studium der Logik zusammenhängt und dem Anfänger beträchtliche Schwierigkeiten macht. Wir haben den Begriff *Aussage* als undefinierten, fundamentalen Ausdruck genommen und definierten drei Arten der Bildung von Aussagenfunktionen aus einfachen Aussagen. Der Leser wird hiermit davor gewarnt, die Bildung von Aussagenfunktionen auf die besagten Verknüpfungsregeln zu beschränken. Die Schwierigkeit liegt darin, daß man bei der Untersuchung von Aussagen, ihrer Algebra und der Methoden des deduktiven Denkens dazu gezwungen ist, Feststellungen *über* Aussagen zu machen. Da diese Feststellungen unsere anschauliche Definition einer Aussage zu erfüllen scheinen, kann man sehr leicht in die Falle gehen, und diese Feststellungen als Aussagen behandeln. Um die Situation zu klären, ist es notwendig, zwischen der Logik, die wir aus unseren Aussagen konstruieren, genannt *Objektlogik,* und der Logik, die wir benutzen, wenn wir über die Aussagen sprechen, genannt *Syntaxlogik* (syntax logic), zu unterscheiden. Insbesondere, wenn p und q Aussagen in der Objektlogik sind, dann sind p' und pq ebenfalls Aussagen der Objektlogik. Dagegen sind die Feststellungen „p ist falsch" und „$p = q$" Aussagen der Syntaxlogik, da sie Feststellungen über die Aussagen der Objektlogik darstellen.

Mit dieser Warnung an den Leser betreffs der Konstruktion geeigneter Aussagenfunktionen werden wir unsere formalen Betrachtungen der Syntaxlogik beenden. Alle Bemerkungen, welche die Logik betreffen, werden sich von nun an nur noch auf die Objektlogik beziehen. Diese Einschränkung wird natürlich die Strenge unserer Darstellung abschwächen, aber wir finden das für ein einführendes Buch verzeihlich.

3.5 Materielle Implikation

Unsere Behandlung der Booleschen Algebra betonte stets die Benutzung dreier Operationen, der binären Operationen, $(+)$ und $(\cdot)$ und der oft auch als unäre Operation bezeichneten $(')$. Es wurde angedeutet, daß diese Operationen nicht voneinander unabhängig sind. Zum Beispiel kann $a + b$ geschrieben werden als $(a'b')'$. Das Auftreten des Symbols $(+)$ könnte durch diese Ersetzung vermieden werden; es würde sich dann eine äquivalente Funktion ergeben, die allein mit Hilfe von $(\cdot)$ und $(')$ aufgebaut würde. Wir haben also mehr Operationen eingeführt, als wirklich notwendig sind. In diesem Abschnitt werden wir noch eine weitere definieren, genannt *materielle Implikation.* Obgleich auch die Einführung dieser Operation an sich nicht notwendig wäre, ist sie doch wegen ihres häufigen Vorkommens in mathematischen Aussagen, besonders für die Übersetzung von in Worten abgefaßten Sätzen in die symbolische Schreibweise sehr bequem.

Für zwei beliebige Aussagen p und q ist die Aussage „wenn p, dann q" allen Lesern vertraut. Bevor wir eine exakte Definition in Symbolen formulieren, wollen wir jedoch sehen, welche Bedeutung dieser Aussage vernünftigerweise zukommen könnte. In einem mathematischen Satz, in dem diese Aussage vorkommt, besteht zwischen p und q oft eine Beziehung derart, daß q aus p systematisch abgeleitet werden kann. Eine solche Bedeutung in der Aussagenalgebra auszudrücken ist vollkommen unmöglich, weil unsere Definition der Gleichheit uns nur erlaubt, die Wahrheitswerte einer Aussage zu betrachten, nicht ihre Bedeutung. Wir müssen unsere Überlegungen also auf Wahrheitswerte einschränken. Es ist leicht zu sehen, daß wir die Aussage „wenn p, dann q" wahr nennen würden, wenn p und q wahr sind, und wir würden sie selbstverständlich als falsch ansehen, wenn p wahr wäre, aber q falsch. Das sind die beiden Fälle, die gewöhnlich in der Mathematik auftreten, jedoch werden hiermit nicht alle logischen Möglichkeiten beschrieben. Wir werden nun die Implikation in den Fällen als wahr betrachten, in denen die Aussage p falsch ist, wodurch die Beschreibung vollständig ist.

Wir werden die Relation $\rightarrow$, genannt *materielle Implikation* durch die Gleichung $p \rightarrow q = p' + q$ für beliebige Aussagen p und q definieren. In der Aussage $p \rightarrow q$ heißt p das Vorderglied und q das Hinterglied der Implikation. Die Definition spiegelt die Eigenschaften wider, die wir im vorigen Absatz untersucht haben. Tabelle 3.6 gibt die Wahrheitswerte der neuen Funktion an.

Tabelle 3.6 Wahrheitstafel für $p \rightarrow q$

Zeile	p	q	$p \rightarrow q$
1	1	1	1
2	1	0	0
3	0	1	1
4	0	0	1

Man erinnere sich, daß das Wort „impliziert" nicht heißt, daß q aus p logisch abgeleitet werden kann. Es sollte nichts weiter in $p \rightarrow q$ hineingelesen werden, als „nicht p oder q". Zum Beispiel ist die Aussage „wenn 6 eine ungerade Zahl ist, dann besteht der Mond aus grünem Käse" wahr, weil das Vorderglied falsch ist.

Wir führen in Zusammenhang damit noch eine Beziehung ein, die ebenfalls häufig in der Mathematik angewandt wird. Für zwei beliebige Aussagen p und q ist die Relation $\leftrightarrow$, genannt *materielle Äquivalenz*, durch die Gleichung $p \leftrightarrow q = (p \rightarrow q)(q \rightarrow p)$ definiert. Die Aussage $p \leftrightarrow q$ wird gewöhnlich „p genau dann, wenn q" gelesen. Allgemein ist $p \leftrightarrow q$, für einfache oder zusammengesetzte Aussagen p und q eine wahre Aussage in genau den Fällen, in denen p gleich q ist. Der Unterschied in der Schreibweise ist notwendig, um zwischen $p \leftrightarrow q$, einer Aussage, und $p = q$, einer Behauptung *über* Aussagen, zu unterscheiden. Tabelle 3.7 enthält verschiedene abgekürzte Sätze und ihre Übersetzung in symbolische Notierung. Für unsere Zwecke dienen sie gleichzeitig als Definition für die benutzten Bindeworte (Verknüpfungen).

Wenn p, dann q	$p \rightarrow q$
p, wenn q	$q \rightarrow p$
p nur dann, wenn q	$p \rightarrow q$
p, wenn nicht q	$q' \rightarrow p$
p ist eine hinreichende Bedingung für q	$p \rightarrow q$
p ist eine notwendige Bedingung für q	$q \rightarrow p$
Eine hinreichende Bedingung für p ist q	$q \rightarrow p$
Eine notwendige Bedingung für p ist q	$p \rightarrow q$
p genau dann, wenn q	$p \leftrightarrow q$
p dann und nur dann, wenn q	$p \leftrightarrow q$
p ist notwendig und hinreichend für q	$p \leftrightarrow q$

Mit jeder Implikation $p \rightarrow q$ sind drei andere verwandt, die häufig in der Aufstellung von Sätzen gebraucht werden. Das *Konverse* von $p \rightarrow q$ ist $q \rightarrow p$; das *Inverse* von $p \rightarrow q$ ist $p' \rightarrow q'$ und das *Kontraponierte* von $p \rightarrow q$ ist $q' \rightarrow p'$. Von diesen Aussagen sind die originale Implikation und ihr Kontraponiertes einander gleich, und das Inverse und Konverse sind ebenfalls identisch. Tabelle 3.8 belegt diese Feststellungen.

Tabelle 3.8 Implikation, Konverses, Inverses und Kontraponiertes

Zeile	p	q	$p \rightarrow q$	$q \rightarrow p$	$p' \rightarrow q'$	$q' \rightarrow p'$
1	1	1	1	1	1	1
2	1	0	0	1	1	0
3	0	1	1	0	0	1
4	0	0	1	1	1	1

Aus der Definition von $p \rightarrow q$ und aus De Morgans Gesetz ersehen wir, daß die Negation von $p \rightarrow q$ gegeben ist durch $(p \rightarrow q)' = (p' + q)' = pq'$. In Worten: Die Aussage „es ist falsch, daß p q impliziert" kann auch so ausgedrückt werden: „p und nicht q".

Beispiel 1

Sei p die Aussage: 8 ist eine gerade Zahl, q die Aussage: Bonbons sind süß. Man bilde in Worten

a) die Implikation $p \rightarrow q$,

b) ihr Konverses,

c) ihr Inverses,

d) ihr Kontraponiertes und

e) ihre Negation.

Lösung

a) Wenn 8 eine gerade Zahl ist, dann sind Bonbons süß.

b) Wenn Bonbons süß sind, ist 8 eine gerade Zahl.

c) Wenn 8 eine ungerade Zahl ist, dann sind Bonbons nicht süß.

d) Wenn Bonbons nicht süß sind, dann ist 8 eine ungerade Zahl.

e) 8 ist eine gerade Zahl, und Bonbons sind nicht süß.

Beispiel 2

Man finde passende einfache Aussagen p und q und übersetze die folgenden Aussagen-funktionen in Symbole.

a) Wenn Zitronen teuer sind und Zucker billig ist, dann gibt es kaum saure Limonade.

b) Saure Limonade gibt es oft, wenn Zucker nicht billig ist.

c) Eine notwendige Bedingung dafür, daß Zitronen billig sind, ist, daß Zucker teuer ist.

d) Es gibt solange kaum saure Limonade, als Zucker billig ist.

Lösung

Sei m die Aussage „Zitronen sind teuer", s die Aussage „Zucker ist billig", und r die Aussage „Es gibt kaum saure Limonade", dann lauten die Übersetzungen in symbolische Zeichen:

a) $ms \rightarrow r$,

b) $s' \rightarrow r'$,

c) $m' \rightarrow s'$, und

d) $r \rightarrow s$.

Übungen

1. Man zeige, daß alle folgenden Verknüpfungen Tautologien sind.

   a) $p \rightarrow p$ b) $p(p \rightarrow q) \rightarrow q$ c) $p' \rightarrow (p \rightarrow q)$
   d) $[(p \rightarrow q)(q \rightarrow r)] \rightarrow (p \rightarrow r)$
   e) $(ab+bc+ca) \leftrightarrow (a+b)(b+c)(c+a)$
   f) $(p \rightarrow q) \rightarrow [(p+qr) \leftrightarrow q(p+r)]$

2. Man schreibe das Konverse, Inverse, Kontraponierte und die Negation der Implikation: „Wenn 2 kleiner als 3 ist, dann ist 1/3 kleiner als 1/2" in Worten.

3. a) Man schreibe das Konverse, Inverse, Kontraponierte und die Negation der Implikation: „Wenn Wasser naß und Gras blau ist, dann ist Mathematik leicht oder Logik Unsinn."
   b) Man führe eine passende Bezeichnung für die in der Aufgabe a) vorkommenden einfachen Aussagen (Grundaussagen) ein und schreibe die gewünschten Aussagen in Symbolen.

4. Man zeige, daß die Frage, die der Logiker in dem Beispiel von Abschn. 3.3 stellte, äquivalent ist mit der Frage „Enthält der linke Kasten genau dann den Schlüssel, wenn du die Wahrheit sprichst?"

5. *p* bezeichnet die Aussage: „Geld ist teuflisch", *q* die Aussage: „Weise sind arm" und *r* die Aussage: „Bettler sind Versager". Man übersetze die folgenden Aussagen in Symbole.

a) Weise sind nur arm, wenn Geld teuflisch ist.

b) Geld ist teuflisch, es sei denn, daß Weise arm sind.

c) Daß Bettler Versager sind, ist eine hinreichende Bedingung dafür, daß Geld teuflisch ist.

d) Eine notwendige Bedingung dafür, daß Geld teuflisch ist, ist, daß Bettler Versager sind.

e) Geld ist teuflisch, und Bettler sind Versager, wenn Weise arm sind.

f) Wenn Bettler keine Versager sind, dann sind Weise nicht arm, und Geld ist nicht teuflisch.

6. Man schreibe die Negation der folgenden Aussagen in vernünftigem Deutsch.

a) Es wird regnen, wenn das Barometer nicht steigt.

b) Ich werde nur dann dick, wenn ich zu viel esse.

c) Eine notwendige Bedingung dafür, daß zwei Dreiecke äquivalent sind, ist, daß sie den gleichen Flächeninhalt haben.

d) Um gut zu leben, genügt es, reich zu sein.

3.6 Wahrheitsbedingungen für Aussagen

Bei der Untersuchung irgend eines Problems der Logik oder der Mathematik ist es wichtig, die logischen Möglichkeiten, die mit dem Problem zusammenhängen, bis in alle Einzelheiten zu verstehen. Die Untersuchung dieses Abschnitts ist der Bestimmung von Wahrheit oder Falschheit von Behauptungnen gewidmet, die sich auf ein Problem beziehen.

Zur Veranschaulichung dessen, was wir unter *logischen Möglichkeiten* verstehen: Die Methode der Wahrheitstafeln zur Analyse einer zusammengesetzten Aussage ist nichts weiter als eine Aufzählung der verschiedenen logischen Möglichkeiten für die vorkommenden einfachen Aussagen. Jedoch ist die Wahrheitstafel nicht immer eine genügend feine Analyse, um dem Zweck des Problems gerecht zu werden.

Zum Beispiel betrachte man die folgende Aussage über ganze Zahlen *a* und *b*. „*a* ist nicht kleiner als *b*, oder *b* ist nicht kleiner als *a*". Anschaulich ist es klar, daß diese Aussage eine Tautologie ist. Wenn wir aber mit *p* die Aussage „*a* ist kleiner als *b*" und mit *q* die Aussage „*b* ist kleiner als *a*" bezeichnen, und die Wahrheitstafel für die zusammengesetzte Aussage konstruieren, dann erhalten wir keine Tautologie weil 0 in der ersten Zeile der Tafel erscheint (Tabelle 3.9).

Die Schwierigkeit zeigt sich darin, daß, obwohl Wahrheitstafeln für die Untersuchung der logischen Möglichkeiten von Aussagenfunktionen allein völlig adäquat sind, sie bei der Behandlung von speziellen Aussagen versagen, d.h., für Funktionen, welche Konstanten enthalten. Im obigen Beispiel zeigt die Betrachtung der Aussagen p und q, daß es unmöglich ist, daß p und q gleichzeitig wahr sind. Daher ist Zeile 1 der Tafel einfach nicht anwendbar und die Aussage folglich eine Tautologie.

Tabelle 3.9 Wahrheitstafel für $p'+q'$

Zeile	p	q	p'	q'	$p'+q'$
1	1	1	0	0	0
2	1	0	0	1	1
3	0	1	1	0	1
4	0	0	1	1	1

Die betrachteten Aussagen sind ein Beispiel für Aussagen, zwischen denen eine Relation besteht. Zwischen zwei oder mehr Aussagen sind viele Relationen möglich. Jede dieser Relationen ist dadurch gekennzeichnet, daß eine oder mehrere Zeilen einer entsprechenden Wahrheitstafel keine möglichen Kombinationen von Wahrheitswerten für die Aussagen darstellen. Es ist hier nicht unsere Aufgabe, alle solche Beziehungen systematisch zu untersuchen. Obiges Beispiel sollte anschaulich machen, daß es notwendig ist, die logischen Möglichkeiten von Aussagen zu mindest allgemein zu untersuchen.
Ein weiteres Beispiel zeigt, wie wichtig die Untersuchung logischer Möglichkeiten ist.

Beispiel

Eine Schüssel enthält fünfzehn Kugeln, von denen 5 weiß sind, fünf rot und fünf blau. Zwei Kugeln werden gleichzeitig aus der Schüssel genommen. Man untersuche den Wahrheitswert der Aussage „eine weiße und eine blaue Kugel wurden herausgenommen". (Solche Aussagen sind in der Wahrscheinlichkeitstheorie wichtig.)

Lösung

Bei der Analyse der Wahrheitseigenschaften kommt man weiter, wenn man die logischen Möglichkeiten betrachtet, die mit der Situation, auf die sich diese Aussage bezieht, verknüpft sind. Diese sind in Tabelle 3.10 aufgeführt. Es ergibt sich, daß für Fall 6 und 8 die Aussage wahr ist und in allen anderen Fällen falsch.

In diesem Beispiel wurden neun Fälle als logische Möglichkeiten betrachtet. Wären jedoch die weißen Kugeln numeriert, und die Aussage lautete „die weiße Kugel Nr. 2 wird nach einer roten gezogen", dann wäre es erforderlich, mehr als neun Fälle logischer Möglichkeiten zu betrachten. Die Anzahl und Art logischer Möglichkeiten, die mit einer oder mehreren Aussagen verbunden sind, hängt von den jeweiligen Aussagen ab, und es kann keine allgemeine Formel oder Methode für das Auffinden gegeben werden. Wenn in den Aussagen nur Variable

Tabelle 3,10

Fall	Erste Ziehung	Zweite Ziehung	Wahrheitswert
1	rot	rot	0
2	rot	weiß	0
3	rot	blau	0
4	weiß	rot	0
5	weiß	weiß	0
6	weiß	blau	1
7	blau	rot	0
8	blau	weiß	1
9	blau	blau	0

vorkommen, genügt eine Wahrheitstafel, in den meisten anderen Fällen genügt sie nicht.

Der Hauptgrund für die Notwendigkeit einer Untersuchung logischer Möglichkeiten liegt darin, die in der Anschauung existierende Diskrepanz zwischen der Mengenalgebra und der logischen Algebra zu überbrücken. Wir können zu jedem System von Aussagen eine Universalmenge finden, deren Elemente die logischen Möglichkeiten für das Aussagensystem sind. Das kann im allgemeinen auf vielerlei Weise geschehen. Wenn verlangt wird, diese Elemente genau anzugeben, werden wir als Universalmenge die bequemste Menge von Möglichkeiten auswählen, welche die folgenden Eigenschaften haben.

1. Die aufgezählten Möglichkeiten sind derart beschaffen, daß unter allen denkbaren Umständen genau eine Möglichkeit tatsächlich der Fall ist.

2. Die Möglichkeiten sind so beschaffen, daß der Wahrheitswert jeder Aussage durch mindestens eine der Möglichkeiten bestimmt wird.

Nunmehr wird jeder Aussage dieser Universalmenge eine Untermenge zugeordnet, so daß diese aus genau den Möglichkeiten besteht, für welche die Aussage wahr ist. Diese Menge heißt die *Wahrheitsmenge* der Aussage. Es sollte klar sein, daß die Wahrheitsmenge für eine Ausagenfunktion eindeutig durch die Wahrheitsmengen der einzelnen Aussagen bestimmt ist, aus denen sie sich zusammensetzt. Wir können sogar die Wahrheitsmengen abstrakt durch Venndiagramme darstellen, genau wie wir in Kap. 1 Mengen dargestellt haben. Diese Anwendung der Wahrheitsmengen kann eine große Hilfe für das Verständnis der Logik sein. Sie zeigt zugleich die nahe Verwandschaft zwischen der Mengenalgebra und der logischen Algebra. Bild 3.1 benutzt Venndiagramme, um die Wahrheitsmengen für pq, $p+q$, $p \rightarrow q$ als Funktionen der Wahrheitsmengen für p und q zu zeigen. P und Q stellen

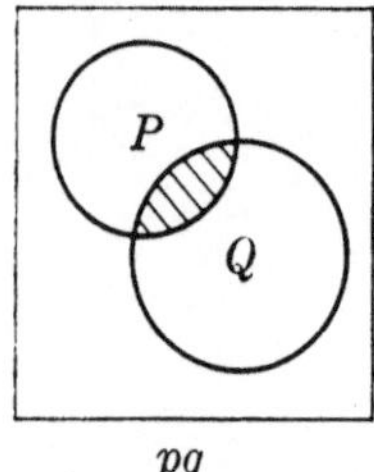

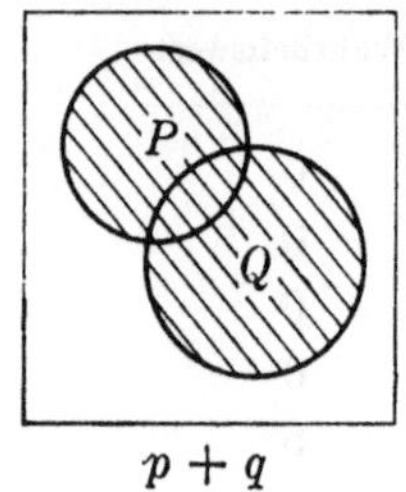

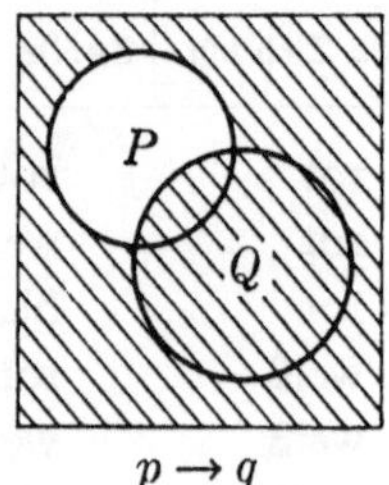

Bild 3.1 Wahrheitsmengen für zusammengesetzte Aussagen

die Wahrheitsmengen für die Aussagen p und q dar. Die schraffierten Gebiete zeigen die Wahrheitsmengen für die zusammengesetzten Aussagen.

Übungen

1. Ein Kind hat drei Münzen. Keine zwei sind gleich, und der Gesamtwert ist kleiner als eine DM. Man zähle die zehn logischen Möglichkeiten auf, die für die Betrachtung der folgenden Aussagen geeignet sind und numeriere sie in der Ordnung nach wachsendem Gesamtwert. Man stelle eine Liste durch Numerierung derjenigen Möglichkeiten zusammen, für welche die folgenden Aussagen wahr sind. (d.h., man gebe für jede Aussage die Wahrheitsmenge an.)

   a) Das Kind hat einen Pfennig.
   b) Das Kind hat mindestens 65 Pfennige.
   c) Das Kind hat ein Fünfpfennigstück oder einen Groschen.
   d) Das Kind hat weder ein Zweipfennigstück noch ein Fünfzigpfennigstück.

2. Wieviele logische Möglichkeiten gibt es, wenn bekannt ist, daß ein Kind drei Münzen hat, keine größer als ein Fünfziger, von denen zwei oder mehrere gleich sein können. Es wird angenommen, daß alle vorkommenden Aussagen nur über den Geldwert der Münzen gemacht werden.

3. Sind die Aussagen „Pat ist ein Mädchen" und „Pat ist ein Junge" miteinander durch eine Beziehung verknüpft? Durch welche?

4. Ein Würfel wurde zwei mal geworfen. Man beschreibe eine Menge von logischen Möglichkeiten, mit der man die folgenden drei Aussagen zugleich behandeln kann.

   a) Der erste Wurf ist eine 6.
   b) Beide Würfe ergeben zusammen 5.

c) Beim ersten Wurf kommt eine gerade, beim zweiten eine ungerade Zahl zum Vorschein.

5. Welches sind die Wahrheitsmengen für die Aussagen in Aufgabe 4?

6. Welches ist in dem folgenden System die maximale Anzahl von Aussagen, die gleichzeitig wahr sein können?

a) Eiscreme ist köstlich.

b) Eiscreme ist kalt.

c) Eiscreme ist nur dann köstlich, wenn sie kalt ist.

d) Eiscreme ist genau dann köstlich, wenn sie kalt ist.

e) Eiscreme ist nicht kalt oder nicht köstlich.

f) Eiscreme ist kalt oder köstlich, aber nicht beides.

7. Für jede der folgenden Formeln zeichne man ein Venndiagramm, das die Wahrheitsmengen für p, q und r als Inneres von drei Kreisen zeigt, und schraffiere das Gebiet, welches der Wahrheitsmenge für die gegebenen Aussagen entspricht.

a) $p \to q'$ b) $(p+r) \to q$

c) $p \leftrightarrow qr$ d) $(p+q)(pq)'$

8. Zwei oder mehr Aussagen heißen *inkonsistent*, wenn sie nicht alle zugleich wahr sein können. Was folgt daraus für ihre Wahrheitsmengen?

9. Man erkläre, warum die Wahrheitsmenge einer Tautologie die Universalmenge aller logischen Möglichkeiten ist.

10. Sei P die Wahrheitsmenge der Aussage p, und Q die Wahrheitsmenge von q; man zeige, daß $p \to q$ genau dann eine Tautologie ist, wenn $P \subseteq Q$ ist.

3.7 Quantifikatoren

Wir haben in unserer Betrachtung der Logik über Aussagen gesprochen, sowie über die Art und Weise, wie man sie zu neuen Aussagen verknüpfen kann; dem Aufbau einfacher Aussagen haben wir dagegen nur wenig oder gar keine Aufmerksamkeit geschenkt. Untersuchungen von Worten und Wendungen innerhalb von Aussagen überschreiten den Rahmen dieses Buches. Um jedoch den am häufigsten vorkommenden mathematischen Aussagentyp zu verstehen, müssen wir ein solches Thema kurz streifen, nämlich die Konstruktion und die Bedeutung von Aussagen, welche *Quantifikatoren* enthalten.
Folgende Aussagen zum Beispiel enthalten Quantifikatoren:

Einige Menschen sind wohlhabend;
Alle Menschen haben Vorurteile;
Kein Mensch ist geduldig.

Die Worte *einige*, *alle* und *kein* sind Quantifikatoren. Sie geben an, „wieviel" Dinge einer bestimmten Menge gerade betrachtet werden. Viele Feststellungen enthalten keine ausdrücklich geschriebenen Quantifikatoren, obwohl die Quantifikation implizit enthalten ist. Man betrachte beispielsweise die folgenden mathematischen Aussagen in Gleichungsform:

$$x^2 + 4x = 7,$$
$$x^2 - 4 = (x+2)(x-2).$$

Die erste ist in dem Sinne wahr, daß für *mindestens ein* x gilt: $x^2 + 4x = 7$. Die zweite ist dagegen in dem allgemeineren Sinn wahr, daß für *jedes* x stets gilt: $x^2 - 4 = (x+2)(x-2)$. Die erste Gleichung könnte nur dadurch als falsch erwiesen werden, daß man zeigt, daß keine Zahl x die Gleichung erfüllt. Dagegen könnte man beweisen, daß die zweite falsch ist, indem man eine einzige Zahl x angibt, welche diese Gleichung nicht erfüllt. Es ist daher notwendig, sorgfältig zwischen diesen beiden Arten von Aussagen zu unterscheiden.

Wir definieren: Das Symbol $\forall_x p$ soll heißen, daß die Aussage p für alle x einer gegebenen Menge wahr ist. $\forall_x$ wird der *Universalquantifikator* genannt und wird gewöhnlich gelesen „für alle x" oder „für jedes x". Das Symbol $\exists_x p$ soll nach unserer Definition bedeuten, daß die Aussage p für ein oder mehrere Elemente x einer gewissen Menge wahr ist. $\exists_x$ wird der *Existentialquantifikator* der Variablen x genannt und wird gewöhnlich etwa so gelesen „es existiert ein x, sodaß p" oder „für mindestens ein x gilt p", oder weniger genau „für einige x gilt p".

Da jeder Quantifikator sich auf eine bestimmte Menge erlaubter Werte von x bezieht, muß diese Menge angegeben werden. Häufig wird sie in einem Satz geschrieben, welcher der Aussage, die den Quantifikator enthält, vorausgeht. Diese Menge kann aber auch in der Aussage selbst erklärt werden. Beispielsweise können obige Aussagen wie folgt geschrieben werden:

Es existiert eine Zahl x, sodaß gilt $x^2 + 4x = 7$;
für alle Zahlen x gilt $x^2 - 4 = (x+2)(x-2)$.

Wir können aber auch schreiben:

$\exists_x p$, wo x zur Menge aller Zahlen gehört, und p
die Aussage $x^2 + 4x = 7$ darstellt;
$\forall_x q$, wo x zur Menge aller Zahlen gehört, und q
die Aussage darstellt $x^2 - 4 = (x+2)(x-2)$.

Noch andere Formen sind:

Wenn x eine Zahl ist, $\exists_x (x^2 + 4x = 7)$;
wenn x eine Zahl ist, $\forall_x [x^2 - 4 = (x+2)(x-2)]$.

Was die Negationen von Aussagen mit Quantifikatoren anbelangt, so kommt man mit etwas Nachdenken auf auf die Formeln:

$$(\exists_x p)' = \forall_x p'.$$
$$(\forall_x p)' = \exists_x p'.$$

Da man mit den Symbolen für Quantifikatoren in der Aussagenalgebra nicht rechnen kann, werden sie in diesem Buch wenig benutzt. Sie wurden hauptsächlich eingeführt, um die Regeln für die Negation anzugeben. Wir werden weiterhin, wie gewöhnlich, Aussagen, ob quantifiziert oder nicht, mit Einzelbuchstaben bezeichnen. Um jedoch eine gegebene symbolische Aussage in gutes Deutsch übersetzen zu können, muß man die Quantifikatoren kennen. Ein dritter Quantifikator sollte wegen seines häufigen Vorkommens wenigstens erwähnt werden. Zum Beispiel enthält die Aussage „kein Mensch ist geduldig" den Quantifikator „kein". Wir werden dieses als äquivalent mit der Aussage ansehen „alle Menschen sind ungeduldig" oder in symbolischer Form, $\forall_x p'$, wo x ein Mensch ist, und p die Aussage „x ist geduldig" darstellt.

Übungen

1. Sei p die Aussage „x ist wohlhabend", q die Aussage„ y ist verheiratet".Ferner mögen x und y Elemente der Menge aller Menschen darstellen, dann schreibe man folgende Aussagen auf Deutsch, ohne Symbole für Quantifikatoren oder das Zeichen x zu benutzen.

   a) $\exists_x p$ b) $\forall_x p + \exists_y q$

   c) $\forall_x p'$ d) $(\forall_x p)(\exists_y q)$

2. Im Folgenden seien x, y und z reelle Zahlen. Man schreibe nachstehende Aussagen in Worte, ohne Quantifikatorensymbole zu benutzen.

   a) $\exists_x (x > 7)$ b) $\forall_x (x^2 \geqslant 0)$

   c) $\forall_x \exists_y (x + y = 7)$ d) $\exists_y \forall_x (xy + x = 3x)$

3. Man bilde die Negation folgender Sätze.

   a) Alle Amerikaner sind spleenig.

   b) Alle Männer sind ehrbar, oder irgendein Mann ist ein Dieb.

   c) Es gibt mindestens eine Person, die immer glücklich ist.

   d) Wenn die Zahl x kleiner ist als 10, dann gibt es eine Zahl y, so daß $x^2 + y^2 - 100$ positiv ist.

   e) Entsprechende Seiten zweier Dreiecke sind nur dann gleich, wenn die Dreiecke kongruent sind.

   f) Zu jedem Mann gibt es mindestens eine Frau, die ihn verabscheut.

3.8 Gültige Schlüsse

Das zentrale Problem der symbolischen Logik ist die Untersuchung des Beweisprozesses. In der Mathematik gibt es wie in allen deduktiven

Wissenschaften keine Behauptungen von „absoluter" Wahrheit. Es wird statt dessen eine gewisse Menge von Aussagen ohne Beweis als wahr angenommen, und aus dieser Menge werden andere Aussagen durch logisches Schließen abgeleitet. Wenn wir zum Beispiel die Wahrheit des Pythagoräischen Lehrsatzes behaupten, meinen wir ganz einfach, daß er sich aus den Axiomen der Euklidischen Geometrie für die Ebene ableiten läßt. Er ist für Dreiecke auf der Kugeloberfläche falsch. Wir werden nunmehr untersuchen, welche Prozesse bei der Ableitung einer Aussage aus anderen gegebenen als gültig akzeptiert werden können. Die abzuleitende Aussage heißt *Konklusion*, die gegebenen Aussagen heißen *Prämissen*.

Wir definieren einen *Schluß* als einen Prozeß, durch den eine Konklusion aus gegebenen Prämissen gebildet wird. Ein Schluß heißt genau dann *gültig*, wenn die Konjunktion der Prämissen die Konklusion impliziert. D.h., der Schluß, der eine Konklusion r aus den Prämissen p_1, $p_2, \ldots p_n$ ableitet, ist genau dann gültig, wenn die Aussage $p_1 \cdot p_2 \ldots p_n \to r$ eine Tautologie ist. Im allgemeinen gibt es drei Möglichkeiten, die Gültigkeit eines gegebenen Schlusses zu prüfen. Die erste Methode ist, den Schluß direkt nach der Definition mit Hilfe einer Wahrheitstafel zu kontrollieren; d.h., man stellt für den obigen Schluß eine Wahrheitstafel auf, um zu zeigen, daß $p_1 p_2 \ldots p_n \to r$ eine Tautologie ist. Bei der zweiten Methode versucht man die Aussage $(p_1 p_2 \ldots p_n) \to r$ auf 1 zu reduzieren, indem man die Implikation in bekannter Weise vereinfacht. Die dritte, oft die einfachste Methode ist, den Schluß auf eine Kette von Schlüssen zurückzuführen, die von vorangegangenen Überlegungen her als gültig bekannt sind. Zwei der gebräuchlichsten gültigen Schlüsse sind die *Abtrennungsregeln* (auch *modus ponens* genannt) und das Gesetz des *Syllogismus*. Die Abtrennungsregel wird in der Form gegeben:

$$\frac{\begin{array}{l} p \\ p \to q \end{array}}{q.}$$

Wir werden diese schematische Anordnung für alle unsere Schlüsse benutzen. Die Prämissen werden zuerst aufgeführt, und unter der horizontalen Linie folgt dann die Konklusion. Rechts von jeder Aussage können Erklärungen der Beweisgründe angeschrieben werden.

Das Gesetz des *Syllogismus* wird in der Form gegeben:

$$\frac{\begin{array}{l} p \to q \\ q \to r \end{array}}{p \to r.}$$

Die Gültigkeit dieses Schlusses wie auch die des *modus ponens* kann leicht durch eine der ersten beiden oben erwähnten Methoden nach-

geprüft werden. Dabei ist es wichtig zu beachten, daß ein Schluß gültig
oder ungültig ist, unabhängig von der Wahrheit oder Falschheit der
Konklusion. Als Beispiel betrachte man die beiden folgenden Schlüsse.
Der erste ist gültig, obwohl die Konklusion falsch ist, der zweite ist
ungültig, obwohl die Konklusion wahr ist.

Gültig:

Wenn Eis warm, ist, ist Schnee schwarz.

Eis ist warm

Schnee ist schwarz.

Ungültig:

5 ist ungerade

Wenn 4 gerade ist, dann ist 5 ungerade

4 ist gerade.

Zu der Regel des *modus ponens* und dem Gesetz des Syllogismus kommen
noch verschiedene Formen gültiger Schlüsse hinzu, die in Tabelle 3.11
aufgeführt sind, und die in verschiedenen vorangegangenen Aufgaben
nachgeprüft worden sind oder leicht verifiziert werden können.

Table 3.11 Formen gültiger Schlüsse

Form 1	Form 2	Form 3	Form 4	Form 5	Form 6
p			$p+q$		
q	pq	p'	p'	p	q
pq	p	$p \to q$	q	$p+q$	$p \to q$

Beim Nachweis der Gültigkeit von Schlüssen nehmen wir auch an,
daß die Anwendung folgender Substitutionsregeln erlaubt ist,

Regel 1. Jeder gültige Schluß, in dem eine Aussagenvariable vorkommt, bleibt gültig, wenn eine spezielle Aussage an *jeder* Stelle für
die Variable eingesetzt wird.

Regel 2. Ein Schluß bleibt gültig, wenn eine Aussage an allen Stellen,
wo sie auftritt, durch eine äquivalente ersetzt wird.
Aus der Definition des gültigen Schlusses folgt sofort, daß man zu jeder
gegebenen Menge von Prämissen beliebige Tautologien der Aussagenalgebra hinzufügen kann.
Beim Nachprüfen eines Schlusses auf Gültigkeit, insbesondere wenn
es sich herausstellt, oder der Verdacht besteht, daß der Schluß ungültig ist, kann ein Beweis für die Ungültigkeit des Schlusses einfacher

gegeben werden, als dadurch daß man die ganze Wahrheitstafel für
die Schlußform konstruiert. Es genügt, eine spezielle Menge von Wahrheitswerten für die vorkommenden Aussagen anzugeben, für welche
die Prämissen alle wahr sind und die Konklusion falsch ist. Man zeigt
damit nichts weiter, als daß eine Zeile der Wahrheitstafel eine 0 enthalten würde, wenn man sie konstruierte, und daher der Schluß ungültig wäre.

Beispiel 1

Man zeige, daß folgender Schluß gültig ist:

p

$p \to q$

$q \to r$
___

$r.$

Erste Lösung

Wir konstruieren die Wahrheitstafel der Funktion

$$f = [p(p \to q)(q \to r)] \to r.$$

(Siehe Tabelle 3.12) Da die f-Spalte nur Einsen enthält, ist der Schluß gültig.

Tabelle 3.12 Wahrheitstafel für den Schluß in Beispiel 1

Zeile	p	q	r	$p \to q$	$q \to r$	$p\,(p \to q)\,(q \to r)$	f
1	1	1	1	1	1	1	1
2	1	1	0	1	0	0	1
3	1	0	1	0	1	0	1
4	1	0	0	0	1	0	1
5	0	1	1	1	1	0	1
6	0	1	0	1	0	0	1
7	0	0	1	1	1	0	1
8	0	0	0	1	1	0	1

Zweite Lösung

Man betrachte die obige Funktion:

$$
\begin{aligned}
f &= [p(p \to q)(q \to r)] \to r \\
  &= [p(p'+q)(q'+r)]'+r \\
  &= p'+pq'+qr'+r \\
  &= p'+q'+r'+r \\
  &= 1.
\end{aligned}
$$

Da f sich auf 1 reduziert, zeigt auch diese Lösung, daß der Schluß gültig ist.

70

Dritte Lösung

Man betrachte die folgende Schlußkette:

p	Prämisse
$\underline{p \rightarrow q}$	Prämisse
q	*modus ponens*
$\underline{q \rightarrow r}$	Prämisse
$r.$	*modus ponens*

Diese Folge gültiger Schlüsse zeigt mit weniger Arbeitsaufwand als die beiden ersten Methoden, daß der gegebene Schluß gültig ist.

Beispiel 2

Man prüfe die Gültigkeit des Schlusses:

$$p \rightarrow q$$
$$\underline{r \rightarrow q'}$$
$$p \rightarrow r'.$$

Lösung

Der Schluß

$$p \rightarrow q$$
$$\underline{q \rightarrow r'}$$
$$p \rightarrow r'$$

ist nach dem Gesetz des Syllogismus gültig. Da $r \rightarrow q'$ äquivalent ist zu $q \rightarrow r'$, braucht man nur noch Einsetzungsregel 2 anzuwenden, um den Beweis zu vollenden.

Beispiel 3

Man zeige, daß folgender Schluß ungültig ist:

$$p$$
$$q' + r$$
$$\underline{p' \rightarrow q}$$
$$r.$$

Lösung

Wenn p wahr ist, q und r falsch sind, dann sind die Prämissen wahr, aber die Konklusion ist falsch. Daher ist der Schluß ungültig.

Übungen

1. Man zeige unter Benutzung der Definition des gültigen Schlusses, daß die Abtrennungsregel und das Gesetz des Syllogismus gültige Schlüsse darstellen.
2. Man zeige, daß der folgende Schluß gültig ist unter Verwendung aller drei in Beispiel 1 erläuterten Methoden.

$$q$$
$$\underline{q \rightarrow r}$$
$$p \rightarrow r.$$

3. Man prüfe die Gültigkeit der folgenden Schlüsse und begründe jede Antwort
mit einem Beweis.

a) pq
$$\frac{p' \to q}{q'}$$

b) $p \to q$
$$\frac{q'}{p'}$$

c) p
$p+q$
$(p+q) \to r$
$$\frac{r \to s}{s}$$

d) r
$p \leftrightarrow q'$
$$\frac{q \to r}{p}$$

e) p
$$\frac{p \to [q \to (r \to s)]}{s}$$

f) pr
$$\frac{(p \to q) \to (r \to s)}{s}$$

g) $[(p \to q) \to r] \to s$
$$\frac{r}{s}$$

4. Man prüfe die Gültigkeit folgender Schlüsse und gebe die Beweise in symbolischer
Schreibweise an.

a) $x^2 = y^2$ nur dann, wenn $x =' y$
$$\frac{x = y}{x^2 = y^2}$$

b) Gras ist grün.
   Wenn Gras blau und Eis naß ist, dann gibt es Alligatoren auf dem Mond.
c) Mathematik ist leicht, wenn der Lehrer nicht langweilig ist.
   Mathematik ist nur dann leicht, wenn man die Differential- und Integralrechnung nicht zu fürchten hat.
   Wenn man Differential- und Integralrechnung zu fürchten hat, dann ist
   der Lehrer langweilig.
5. Die folgenden Behauptungen, die sich auf eine beliebige Mahlzeit beziehen, seien
   Prämissen:
   a) Wenn er Kaffee nimmt, trinkt er keine Milch.
   b) Er ißt nur dann Brötchen, wenn er Milch trinkt.
   c) Er nimmt keine Suppe, wenn er nicht Brötchen ißt.
   d) Heute Mittag trank er Kaffee.
   Ist es möglich daraus zu schließen, ob er heute Mittag Suppe nahm? Wenn
   ja, wie läuft der richtige Schluß?
6. Ein mathematischer Satz besteht oft aus einer Implikation $p \to q$ zwischen verwandten Feststellungen. Man untersuche die Beziehung zwischen p und q für
   den Fall, daß der Satz wahr ist.

3.9 Indirekte Beweise

Der einfachste indirekte Beweis beruht auf der Anwendung der Tatsache,
daß jede Implikation $p \to q$ zu ihrer Kontraponierten $q' \to p'$ äquivalent

ist. Wir wollen beispielsweise die Implikation beweisen: „Wenn x^2 ungerade ist, dann ist auch x ungerade". Wir geben dafür einen indirekten Beweis. Angenommen, $x = 2m$ ist eine gerade Zahl. Dann ist $x^2 = 4m^2$ eine gerade Zahl, womit der Beweis erbracht ist.

Allgemeiner definieren wir einen *indirekten Beweis* der Gültigkeit eines Schlusses, als irgendeinen gültigen Schluß, der als Prämissen eine oder mehrere Prämissen des gegebenen Schlusses und die Negation der gegebenen Konklusion hat. Als Konklusion hat er entweder die Negation einer der gegebenen Prämissen oder die Negation einer beliebigen, als wahr bekannten Aussage. Zum Beispiel ist der Schluß mit den Prämissen $p_1, p_2, \ldots, p_n$ und der Konklusion q gültig, wenn wir zeigen können, daß ein zweiter Schluß mit den Prämissen $q', p_2, p_3, \ldots, p_n$ und der Konklusion p_1' gültig ist.

Irgendwelche Schlüsse, die man als indirekte Beweise nach dieser Definition benutzt, sind äquivalent zu dem gegebenen. Wir wollen den allgemeinen Beweis für diese Feststellung nicht erbringen, und erläutern die Beweismethode lieber an Beispielen.

Beispiel 1

Angenommen, wir wollen zeigen, daß der Schluß

$$\frac{\begin{array}{c} p \\ q \end{array}}{r}$$

gültig ist, und der Schluß

$$\frac{\begin{array}{c} r' \\ p \end{array}}{q'}$$

ist als gültig bewiesen worden. Hier haben wir das Beispiel eines indirekten Beweises. Um zu zeigen, daß dieser Beweisgang zur direkten Methode äquivalent ist, bemerken wir, daß die Gültigkeit des zweiten Schlusses bedeutet, daß $r'p \to q'$ eine Tautologie ist. Nun ist $r'p \to q'$ gleich mit $r + p' + q'$ und dieses wieder ist gleich $pq \to r$, welches also auch eine Tautologie sein muß. Daher ist auch der erste Schluß gültig, nach Definition der Gültigkeit.

Beispiel 2

Man prüfe folgenden Schluß auf Gültigkeit:

$$\frac{\begin{array}{l} p \\ pq \to r + s \\ q \\ s' \end{array}}{r.}$$

Bemerkung: Wird ($\to$) zwischen Ausdrücken geschrieben, in denen (+) und ($\cdot$) vorkommen, dann soll für die Anordnung dieser Ausdrücke dasselbe gelten, als stünde statt ($\to$) ein (=). Beispiel: $pq \to r + s$ bedeutet $(pq) \to (r + s)$.

Lösung

Wir nehmen als Prämissen des indirekten Beweises alle gegebenen Prämissen außer s' und die Negation der Konklusion r'. Der indirekte Schluß läuft wie folgt:

p	Prämisse
q	Prämisse
pq	gültiger Schluß nach Form 1
$pq \to r+s$	Prämisse	
$r+s$	gültiger Schluß nach *modus ponens*
r'	Prämisse
$s.$	gültiger Schluß nach Form 4

Diese Konklusion ist aber die Negation der Prämisse s', der gegebene Schluß ist also gültig.

Eine spezielle Art der Beweisführung tritt auf, wenn man zu zeigen versucht, daß eine gegebene Implikation falsch ist. Die naheliegende Methode ist, zu beweisen, daß die Negation der gegebenen Implikation wahr ist. Wenn jedoch die Implikation Eigenschaften einer Menge von Objekten betrifft, ist es oft leichter, die Implikation ad absurdum zu führen, indem man ein spezielles Element der Menge angibt, für das die Aussage falsch ist. Ein solcher Beweis heißt auch ein Beweis durch *Gegenbeispiel*.

Übungen

1. Man prüfe die Gültigkeit der folgenden Schlüsse nach, zuerst mit einer direktsn dann mit einer indirekten Methode.

a) $p \to q$
$r \to q'$
——
$p \to r'$

b) p
q
$p' \to r$
$q \to r'$
——
r'

c) p
q
$pq \to r+q$
$p+q \to rq$
——
r

d) $ab \to cd$
$b'+d'$
——
$a'+b'$

2. Man beweise, daß die folgenden Schlüsse gültig sind. (Einige lassen sich nach der indirekten Methode am einfachsten beweisen.)

a) $q \to p$
$q+s$
s'
——
p

b) p
$p'+s' \to p'r'$
s

c) $r \to q'$
$p \to q$
$r' \to s$
——
$p \to s$

d) $p \rightarrow r$
   $(p \rightarrow q) \rightarrow s$
$$\frac{s'}{r}$$

e) $(p \rightarrow q) \rightarrow [p' \rightarrow (q \rightarrow r)]$
$$\frac{p'}{q \rightarrow r}$$

f) $p \rightarrow [q \rightarrow (r \rightarrow s)]$
$$\frac{pqr}{s}$$

g) $[(p \rightarrow q) \rightarrow r] \rightarrow s$
   s'
$$\frac{p}{q}$$

h) $a \rightarrow bc$
   $b+d \rightarrow e$
$$\frac{d+a}{e}$$

3. Man beweise, daß die Behauptung „wenn n eine ganze Zahl ist, dann ist $n^2 - n + 41$ eine Primzahl" falsch ist, durch Angabe eines Gegenbeispiels.

3.10 Vollständige Systeme von Operationen*⁾

In der Aussagenalgebra heißt eine Menge von Operationen ein *vollständiges System*, wenn jede Aussagenfunktion nur aus Operationen der Menge aufgebaut werden kann. Um ein vollständiges System anzugeben, erinnern wir uns, daß jede Aussagenfunktion eine Wahrheitstafel hat. Ferner entspricht jeder Wahrheitstafel ein eindeutig bestimmter Ausdruck in disjunktiver oder konjunktiver Normalform, in dem nur die Operationen $(+)$, $(\cdot)$ und $(')$ vorkommen. Daher ist die Menge $\{+, \cdot, '\}$ ein vollständiges System.

Da nach De Morgans Gesetz die Aussage pq mit der Aussage $(p'+q')'$ gleich ist, ist es möglich, jede Konjunktion in einer Aussagenfunktion durch einen äquivalenten Ausdruck, der nur $(+)$ und $(')$ enthält, zu ersetzen. Das zeigt, daß auch $\{+, '\}$ ein vollständiges System von Operationen bildet. Andere vollständige Systeme sind $\{\cdot, '\}$ und $\{\rightarrow, '\}$. Es ist sogar möglich, eine einzelne Operation zu definieren, die für sich allein ein vollständiges System darstellt. Wir definieren $p \downarrow q$ durch Tabelle 3.13.

Tabelle 3.13 Definition von $p \downarrow q$

p	q	$p \downarrow q$
1	1	0
1	0	1
0	1	1
0	0	1

*⁾ Kann übergangen werden.

Diese Operation kann als „p und q sind nicht beide zugleich wahr"
interpretiert werden. Um zu sehen, wie diese Operation allein ein vollständiges System darstellt, betrachten wir Tabelle 3.14. Aus dieser
Tabelle geht hervor, daß $p' = p \downarrow p$ und $p+q = (p \downarrow p) \downarrow (q \downarrow q)$ ist.
Wir haben aber schon gezeigt, daß jede Aussagenfunktion in $(+)$
und $(')$ geschrieben werden kann. Jede Disjunktion und jede Negation
kann aber durch einen äquivalenten Ausdruck ersetzt werden, in dem
nur $(\downarrow)$ vorkommt; daher kann jede Aussagenfunktion mit Hilfe der
Operation $(\downarrow)$ allein aufgebaut werden. Die Operation $(\downarrow)$ ist eine der
zwei als *Shefferstrich-Funktionen* bekannten Operationen Die andere
wird in Übung 5 unten definiert.

Tabelle 3.14

p	q	$p \downarrow p$	$q \downarrow q$	$(p \downarrow p) \downarrow (q \downarrow q)$
1	1	0	0	1
1	0	0	1	1
0	1	1	0	1
0	0	1	1	0

Übungen

1. a) Man beweise, daß $\{\cdot, '\}$ ein vollständiges System ist.
   b) Man beweise, daß $\{\rightarrow, '\}$ ein vollständiges System ist.
2. Man beweise, daß $\{+, \cdot\}$ kein vollständiges System ist.
3. Man drücke $p \rightarrow q$ und pq in $(\downarrow)$ aus.
4. Man drücke Aussagenfunktion $(p+q') \rightarrow pr$ aus durch:

   a) $(+)$, $(')$
   b) $(\cdot)$, $(')$
   c) $(\rightarrow)$, $(')$
   d) $(\downarrow)$

5. Die zweite Shefferstrich-Funktion $(\uparrow)$ ist durch Tabelle 3.15 gegeben.

Tabelle 3.15

p	q	$p \uparrow q$
1	1	0
1	0	0
0	1	0
0	0	1

   a) Man wähle passende Worte, um diese Satzverbindung im Deutschen auszudrücken.

b) Man zeichne ein Venndiagramm mit der Wahrheitsmenge für $p \uparrow q$.

c) Man drücke p', pq, $p+q$ und $p \rightarrow q$ durch ($\uparrow$) allein aus.

6. Eine andere in der Logik oft benutzte Satzverknüpfung entspricht der Verbindung „entweder... oder...". Das Symbol ($\pm$) wird *exklusive Disjunktion* (exklusives „oder")[1] genannt und definiert durch $p \pm q = pq' + p'q$[2].

  a) Man konstruiere eine Wahrheitstafel für die exklusive Disjunktion.

  b) Man zeichne ein Venndiagramm, um die Wahrheitsmenge von $p \pm q$ zu veranschaulichen, wie sie sich aus den Wahrheitsmengen von p und q aufbaut.

  c) Könnte die Operation der exklusiven Disjunktion statt der gewöhnlichen Disjunktion in der disjunktiven Normalform einer Funktion verwendet werden? Man erkläre das näher.

  d) Man schreibe die folgenden Funktionen nur mit ($+$), ($\cdot$) und ($'$).

    1. $p+q$ 2. $p \rightarrow q$

    3. $pq' + p'q'$ 4. $(p+q)(p'+q')$

3.11 Spezielle Probleme*[)]

Dieser Abschnitt ist Beispielen gewidmet, an denen wir gewisse Methoden zeigen wollen, die wir bisher für zwei bestimmte Arten logischer Probleme entwickelt haben. Obwohl wir hier nur Tatsachen aufgreifen, die dem Leser bereits bekannt sind, können spezielle Illustrationen dem Leser doch erkennen helfen, wie flexibel die Boolesche Algebra sein kann, und seine Fähigkeit schulen, angewandte Probleme erfolgreich zu behandeln. Das erste Problem ist von der Art, wie sie beim Aufsetzen oder Auslegen von juristischen Dokumenten und Versicherungsverträgen auftreten. Obwohl die Beispiele dieses Abschnitts keinen tieferen Sinn haben, sind die Methoden genau so gut auf Probleme, wie sie in der Praxis vorkommen, anwendbar.

Beispiel 1

Der reizbare Gatte trug seine junge Frau über die Schwelle seines Hauses und bemerkte dann: „Wir werden gut mit einander auskommen, Liebling, vorausgesetzt du beachtest folgende Regeln:

a) Zu jeder Mahlzeit mußt du Eiscreme reichen, wenn du kein Brot gibst.

b) Wenn du Brot und Eiscreme zur gleichen Mahlzeit gibst, darfst du keine sauren Gurken servieren.

c) Wenn saure Gurken gereicht werden oder Brot nicht gereicht wird, dann darf es auch keine Eiscreme geben".

Die junge Frau war mit allem einverstanden, aber etwas verwirrt. Wie sollte sie diese

---

[1] In der deutschen Schaltalgebra Antivalenz genannt. A.d.Ü.

[2] Im Deutschen ist auch die Schreibweise $p \cup q$ üblich.

*[)] Dieser Abschnitt kann übergangen werden

verwickelten Regeln behalten? Das Problem besteht darin, die Regeln zu vereinfachen.

Erste Lösung

Drei Bedingungen aufzustellen, die gleichzeitig gelten müssen, ist äquivalent damit, die Konjunktion dieser drei Aussagen als wahr vorauszusetzen. Wir werden also diese Konjunktion bilden und sie zu einer äquivalenten Aussage vereinfachen, die leichter zu interpretieren ist als die ursprüngliche Menge von drei Bedingungen. Wir bezeichnen die einfachen Aussagen wie folgt:

b: Brot muß gereicht werden.

e: Eiscreme muß gereicht werden.

s: Saure Gurken müssen gereicht werden.

Nun können die Regeln in die folgenden symbolischen Ausdrücke übersetzt werden:

$$b' \to e \qquad \text{oder äquivalent } b+e \qquad\qquad\qquad \text{a)}$$
$$be \to s' \qquad \text{oder äquivalent } b'+e'+s' \qquad\qquad \text{b)}$$
$$s+b' \to e' \text{ oder äquivalent } s'b+e'. \qquad\qquad\qquad \text{c)}$$

Wenn wir die Konjunktion dieser Aussagen bilden, erhalten wir

$$(b+e)(b'+e'+s')(s'b+e') = (be' + bs' + b'e + es')(s'b + e')$$
$$= be'+bs'$$
$$= b(es)'.$$

Daher ist die einzige Regel „reiche immer Brot zur Mahlzeit und niemals Eiscreme und saure Gurken zusammen" mit den drei Regeln äquivalent.

Obwohl die obige Methode auf geradem Wege zum Ziel führt, paßt sie nicht mit denjenigen zusammen, die in Kap. 1 für das Rechnen mit Bedingungsgleichungen entwickelt wurden, auch wenn die Probleme im wesentlichen dieselben sind. Um das deutlich zu machen, bemerken wir, daß die Setzung einer Aussage als Prämisse mit der Behauptung, sie sei wahr, äquivalent ist. D.h., anstatt einfach $p \to q$ zu schreiben, könnten wir genau so gut die Gleichung aufstellen $p \to q = 1$ oder $p'+q = 1$ oder $pq' = 0$. Diese umgeformte Gleichung hat dieselbe Bedeutung wie die Aussage $p \to q$, aus der sie hervorging, obwohl die letzten drei Gleichungen keine Aussagen darstellen. Das legt eine andere Lösung für Beispiel 1 nahe.

Zweite Lösung

Mit den gleichen Bezeichnungen wie vorher übersetzen wir jetzt die Regeln wie folgt:

$$b'e' = 0, \qquad\qquad\qquad\qquad\qquad\qquad \text{a)}$$
$$be s = 0, \qquad\qquad\qquad\qquad\qquad\qquad \text{b)}$$
$$(s+b')\,e = 0. \qquad\qquad\qquad\qquad\qquad \text{c)}$$

Verknüpfen wir die drei Gleichungen, so ergibt sich

$$b'e'+bes+(s+b')\,e = 0$$

oder äquivalent,

$$b' + es = 0.$$

Wenn wir jetzt auf beiden Seiten Komplemente bilden, so bekommen wir

$$b \cdot (es)' = 1$$

und das führt auf dieselbe Regel wie vorher.

Da $p \to q$ äquivalent ist mit $pq' = 0$, hat Satz 10 aus Abschn. 2.3 über die Transitivität von $\subseteq$ in der Aussagenalgebra ein entsprechendes Korollar. Dieses könnte in Worten etwa lauten: *Wenn $p \to q$ und $q \to r$ als wahr bekannt sind, so folgt, daß auch $p \to r$ wahr ist.* Dieses ist äquivalent zu der Feststellung, daß $[(p \to q)(q \to r)] \to (p \to r)$ eine Tautologie ist und daher auch äquivalent zu dem gültigen Schluß, der das *Gesetz des Syllogismus* heißt. Systeme von Prämissen, von denen eine gültige Konklusion durch mindestens eine Anwendung des Gesetzes vom Syllogismus abgeleitet werden kann, heißen *Sorites* (Kettenschlüsse). Syllogismen und Kettenschlüsse können entweder mit Hilfe der Bezeichungen der Mengenalgebra oder aber mit denen der Aussagenalgebra aufgelöst werden.

Beispiel 2

Angenommen, wir wollen die Konklusion aus folgenden Prämissen ziehen:
a) Ein Hecht ist ein Fisch.
b) Wenn ein Tier ein Fisch ist, schwimmt es gut.
c) Ein Tier ist plump, wenn es nicht gut schwimmt.
d) Alle Tiere sind plump oder wendig.

Erste Lösung

In der Terminologie der Mengen definieren wir die Universalmenge als Menge aller Tiere, ferner definieren wir folgende Untermengen:

H: Die Menge aller Hechte,
F: Die Menge aller Fische,
S: Die Menge aller Tiere, die gut schwimmen,
P: Die Menge aller plumpen Tiere,
W: Die Menge aller wendigen Tiere.

Dann sind die Übersetzungen in Symbole

$$
\begin{array}{ll}
H \subseteq F & \text{a)} \\
F \subseteq S & \text{b)} \\
P \subseteq S' \text{ oder } S \subseteq P' & \text{c)} \\
P + W = 1 \text{ oder } P' \subseteq W. & \text{d)}
\end{array}
$$

Daraus schließen wir, daß $H \subseteq W$ ist, oder in Worten „alle Hechte sind wendig". Diese Aussage heißt *Hauptkonklusion*. Es gibt noch andere Konklusionen, genannt

Nebenkonklusionen, die man ebenfalls bilden kann. Zum Beispiel, Hechte schwimmen gut.

Zweite Lösung

In der Aussagenterminologie definieren wir folgende Aussagensymbole:

h: Dieses Tier ist ein Hecht.

f: Dieses Tier ist ein Fisch.

s: Dieses Tier schwimmt gut.

p: Dieses Tier ist plump.

w: Dieses Tier ist wendig.

Die Übersetzung in Symbole lautet:

$$h \to f, \qquad\qquad\qquad \text{a)}$$
$$f \to s, \qquad\qquad\qquad \text{b)}$$
$$p \to s' \text{ oder äquivalnet, } s \to p', \qquad \text{c)}$$
$$p + w \text{ oder äquivalent, } p' \to w. \qquad \text{d)}$$

Aus diesen Formeln schließen wir, daß $h \to w$ ist oder in Worten: „Wenn dieses Tier ein Hecht ist, dann ist es wendig," Dieses Resultat ist das gleiche wie vorher, auch wenn die Formulierung etwas anders ist.

Übungen

1. Man finde die Hauptkonklusion aus folgenden Prämissen. (Man löse das Problem auf zwei Wegen, einmal in der Terminologie der Mengenalgebra, das andere Mal in der Sprache der Aussagenalgebra.) (Nach *Lewis Carroll*)

   a) Alle Enten in diesem Dorf, die mit „B" markiert sind, gehören Mrs. *Bond*.
   b) In diesem Dorf haben Enten niemals Halskrausen, wenn sie nicht mit „B" markiert sind.
   c) Mrs. Bond hat in diesem Dorf keine grauen Enten.

2. Dasselbe für folgendes System von Prämissen. Man nehme dabei an, daß ein *Schreibpult* gleichzeitig eine Art Kasten darstellt. (Nach *Lewis Carroll*)

   a) Es gibt keinen von meinen Kästen, den ich mich getraue zu öffnen.
   b) Mein Schreibpult ist aus Rosenholz.
   c) Alle meine Kästen sind bemalt, außer denen, die hier sind.
   d) Alle meine Rosenholzkästen sind nicht bemalt.
   e) Hier ist keiner meiner Kästen, den ich mich nicht getraue aufzumachen, es sei denn, er ist mit lebenden Skorpionen gefüllt.

3. Zu einem Fest am 1. April sind folgende Regeln vorgeschrieben:
   Jeder junge Mann, der eine Regel verletzt, muß ein Pfand geben.

   a) Wenn ein junger Mann mit einer Rothaarigen tanzt oder den Tanz mit der Anstandsdame versäumt, muß er mit der Köchin tanzen und darf mit keiner Blondine tanzen.
   b) Ein junger Mann darf nicht mit der Anstandsdame tanzen und er darf auch

nicht mit einer Blondine tanzen, wenn er nicht mit der Köchin tanzt oder wenn er mit einer Rothaarigen tanzt.

c) Ein junger Mann muß mit der Anstandsdame, aber nicht mit der Köchin tanzen, es sei denn, er tanzt mit einer Rothaarigen und nicht mit einer Blondine.

Man zeige, daß jeder junge Mann ein Pfand geben muß.

d) Wenn ein junger Mann mit der Köchin und einer Rothaarigen tanzt, dann muß er auch mit der Anstandsdame oder einer Blondine tanzen.

Man zeige, daß jeder junge Mann ein Pfand geben muß.

4. Vereinfache die folgenden Regeln betreffs Kleidung, die zu einer gewissen Party für verheiratete Paare festgelegt worden sind, auf eine einzige Regel.

a) Wenn ein Herr eine Krawatte oder einen Mantel trägt, dann darf seine Frau weder hohe Absätze noch einen Hut tragen.

b) Wenn eine Dame enge Hosen oder einen Hut trägt, dann muß ihr Mann entweder eine Krawatte oder einen Hut tragen.

c) Kein Mann und seine Frau dürfen beide zugleich Hüte tragen, es sei denn, die Dame trägt hohe Absätze und enge Hosen, oder der Herr trägt eine Krawatte und keinen Mantel.

d) Für jedes Paar gilt: Der Mann oder seine Frau muß einen Hut tragen, ferner muß der Herr einen Mantel oder seine Frau enge Hosen tragen.

e) Wenn ein Herr einen Hut trägt oder seine Frau enge Hosen, dann muß der Herr eine Krawatte tragen, und seine Frau darf keine hohen Absätze tragen.

Die folgenden zwei Aufgaben lassen sich nicht so leicht an die Methode dieses Abschnitts anpassen wie die vorhergehenden. Während die Lösung früherer Aufgaben einfach durch die Übersetzung gegebener Aussagen in Symbole, und durch die Ausführung der notwendigen Verknüpfungen gelöst werden konnten, sind in den folgenden Aufgaben die meisten der für die Lösung benötigten Implikationen nicht extra angegeben, sondern sie müssen aus den beschriebenen Situationen entnommen werden. Man formalisiere die Lösung jeder Aufgabe so weit wie möglich.

5. In einer gewissen sagenhaften Volksgemeinschaft lügen die Politiker immer, während Nicht-Politiker stets die Wahrheit sagen. Ein Fremder trifft drei Einheimische und fragt den ersten, ob er ein Politiker sei. Dieser beantwortet die Frage. Der zweite Einheimische berichtet, daß der erste abgestritten habe, ein Politiker zu sein. Der dritte behauptet darauf, daß der erste wirklich ein Politiker sei. Wie viele von den drei Einheimischen sind Politiker?

6. In einem gewissen Gefängnis saßen drei Häftlinge. Der erste hatte zwei Augen, der zweite nur noch eins, und der dritte war ganz blind. Sie waren alle drei von mindestens durchschnittlicher Intelligenz. Der Gefängnisdirektor kündigte den dreien an, daß er von einer Sammlung von drei weißen und zwei blauen Hüten drei Hüte auswählen werde, um sie den Häftlingen aufzusetzen. Sie wurden daran gehindert, die Farbe des Hutes zu sehen, der ihnen aufgesetzt wurde. Dann wurden die Häftlinge zusammengebracht, und der Gefängnisdirektor versprach dem normal sehenden die Freiheit, wenn er die Farbe seines eigenen Hutes angeben

könnte. Der Häftling gestand ein, daß er dies nicht könne. Nun kam die Reihe an den Einäugigen. Auch er mußte dasselbe eingestehen. Der Direktor gab sich nicht damit ab, den Blinden zu fragen, aber als dieser ihn anflehte, willigte er ein, die gleichen Bedingungen auch für ihn gelten zu lassen. Der Blinde grinste breit und sprach:
„Was ich von meinen Freunden weiß,
das läßt mich sehen ganz genau
auch ohne Augen: mein Hut ist————
Man fülle das Fehlende aus.

4. Schaltalgebra

4.1 Einleitung

In diesem Kapitel wollen wir eine dritte wichtige Anwendung der Booleschen Algebra einführen, nämlich die Algebra der Schaltkreise mit bistabilen Schaltelementen. Das einfachste Beispiel eines solchen Schaltelementes ist ein Schalter oder Kontakt. Die hier entwickelte Theorie gilt jedoch ohne Einschränkung für alle Elemente mit zwei Zuständen wie Gleichrichterdioden, magnetische Kerne, Transistoren, verschiedene Typen von Elektronenröhren usw. Die Wesensart der beiden Zustände ändert sich mit dem Schaltelement und schließt solche Möglichkeiten ein, wie: Leitung — Nichtleitung, geschlossen — offen, geladen — nicht geladen, magnetisiert — nicht magnetisiert, hohes Potential — niedriges Potential und anderes.

Heute schenken Mathematiker und Ingenieure der Algebra der Schaltkreise mehr Aufmerksamkeit als den beiden in den vorangegangen Kapiteln besprochenen Anwendungen der Booleschen Algebra. Die Wichtigkeit dieses Themenkreises spiegelt sich in der Benutzung Boolescher Algebra beim Entwurf und der Vereinfachung so komplizierter Schaltungen wider, wie sie in elektronischen Rechenmaschinen, Telefonwählanlagen. und in vielen Arten elektronischer Steuergeräte vorkommen. Die Schaltalgebra ordnet sich dem allgemeinen Begriff der Booleschen Algebra unter als eine Algebra mit zwei Elementen „0" und „1", d.h., sie ist, als abstraktes System betrachtet, abgesehen von der Terminologie, die sie mit Schaltkreisen in Verbindung bringt, identisch (isomorph) mit der Aussagenalgebra. Beide Boolesche Algebren sind weitaus beschränkter in ihren Möglichkeiten als eine Mengenalgebra. Letztere ist in der Tat so allgemein, daß jede Boolesche Algebra als eine Mengenalgebra interpretiert werden kann (siehe Abschn. 2.6).

4.2 Definition der algebraischen Symbole

Wir werden uns vorerst auf die einfachsten Arten von Schaltkreisen beschränken, nämlich auf die, in denen nur Schalter vorkommen. Wir wollen einen Schalter mit einem einzelnen Buchstaben $a, b, c, x, y \ldots$ bezeichnen. Wenn zwei Schalter gleichzeitig öffnen und schließen bezeichnen wir sie mit denselben Buchstaben; wenn der erste Schalter immer nur dann offen ist, wenn der zweite geschlossen ist und umgekehrt, dann bezeichnen wir beispielsweise den einen mit x und den andern mit x' (oder umgekehrt).

Ein Kreis, bestehend aus zwei Schaltern in Parallelschaltung, wird mit
$x+y$ bezeichnet, eine Serienschaltung mit xy. Zu jeder Serien-Parallelschaltung gehört daher ein algebraischer Ausdruck, und umgekehrt
stellt jeder algebraische Ausdruck, in dem nur $(+)$, $(\cdot)$ und $(')$ vorkommt,
eine Serien-Parallelschaltung dar (Siehe Bild 4.1). Wir wollen diese
Beziehung ausdrücken, indem wir sagen, daß die Funktion den Kreis
darstellt, und daß der Kreis die Funktion *realisiert*.

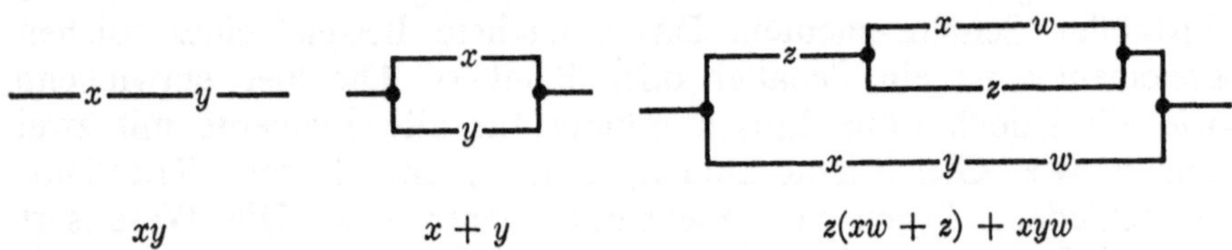

$$xy \qquad\qquad x + y \qquad\qquad z(xw + z) + xyw$$

Bild 4.1 Schaltungen und die ihnen entsprechenden Funktionen

Wir kommen überein, einem Buchstaben den Wert „1" zuzuschreiben,
wenn der Schalter geschlossen ist, und den Wert „0", wenn er offen ist.
Wenn a und a' beide in einer Schaltung vorkommen, dann ist $a = 1$,
genau dann, wenn $a' = 0$ ist. Ein Schalter, der immer geschlossen
ist, wird mit 1 bezeichnet, ein stets offener mit „0". Buchstaben spielen
die Rolle von Variablen, die den Wert „0" oder „1" annehmen können;
damit wird die enge Analogie zu den Aussagenvariablen offenbar, welche
dieselben Werte haben können, obwohl die Bedeutung, die diesen Werten
beigelegt ist, eine andere ist.

Zwei Schaltkreise, in denen Kontakte a, b, ... vorkommen, heißen
äquivalent, wenn beide bei denselben Stellungen sämtlicher Schalter
(Werte der Variablen a, b, ...) gleichzeitig offen oder geschlossen sind.
D.h., sie sind äquivalent, wenn für jede Schalterstellung entweder durch
beide Kreise Strom fließt (also beide geschlossen sind) oder durch
keinen von beiden Strom fließt (also beide offen sind). Zwei algebraische
Ausdrücke heißen genau dann einander *gleich*, wenn sie äquivalente
Schaltkreise darstellen.

Aus diesen Definitionen sollte hervorgehen, daß die für die Schaltalgebra einzig interessanten Eigenschaften die des Öffnens und Schließens
sind. Das bedeutet, wir werden nur diejenigen Faktoren untersuchen,
die bestimmen, ob ein Kreis offen oder geschlossen ist, und werden
uns nicht für Widerstand, Stromstärke oder Spannung usw. interessieren.
Wir begnügen uns damit, festzustellen, ob der Kreis Strom führt oder
nicht, alle quantitativen Betrachtungen werden außer acht gelassen.
Diese Situation ist genau analog derjenigen in der Logik. Hier war die
Boolesche Algebra nur in der Lage, den Teil der Logik zu behandeln,
der sich mit Wahrheitswerten von Sätzen befaßt. Bedeutungsschattierun-

gen und alle Betrachtungen, die nichts mit Wahrheitswerten zu tun haben liegen außerhalb der Reichweite algebraischer Techniken.

Es ist nunmehr möglich, durch die Zeichnung des geeigneten Schaltkreises und die Aufzählung der möglichen Schalterstellungen nachzuprüfen, daß die Gesetze der Booleschen Algebra erfüllt sind, wenn sie in die Sprache der Schaltkreise übersetzt werden. Wir betrachten zum Beispiel die Schaltungen, welche die Funktionen auf den beiden Seiten der Identität realisieren, die das distributive Gesetz für $(+)$ über $(\cdot)$ darstellt, und die in Bild 4.2 gezeigt werden. Wie man aus dem Bilde klar ersieht, sind beide Kreise geschlossen (es fließt Strom), wenn Schalter x geschlossen ist, oder wenn y und z gleichzeitig geschlossen sind, und daß beide Kreise offen sind (also kein Strom fließen kann), wenn x und y oder z oder beide offen sind. Daher sind die Kreise äquivalent, und dieses distributive Gesetz gilt.

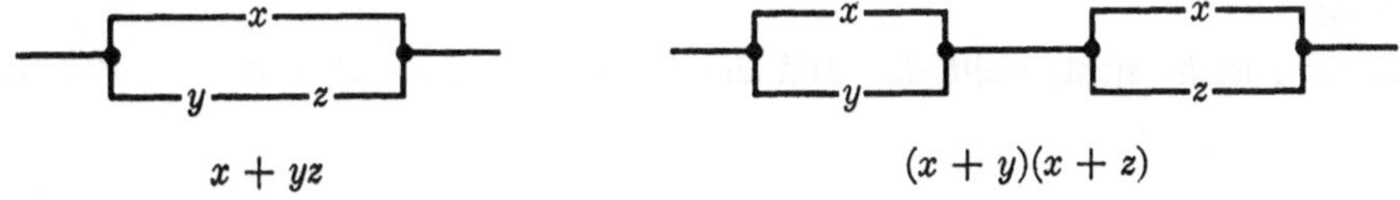

$$x + yz \qquad\qquad\qquad (x + y)(x + z)$$

Bild 4.2 Distributives Gesetz für $(+)$ über $(\cdot)$

Ein einfacheres Verfahren, die Gültigkeit der Grundgesetze nachzuprüfen, besteht darin, zu bemerken, daß die Zahlenwerte der Schaltfunktionen a', ab, $a+b$ identisch sind mit den Werten, die man aus Wahrheitstafeln für die entsprechenden Aussagenfunktionen entnehmen kann (Tabelle 4.1). Daher ist die Verifikation der Axiome der Boolesche Algebra mit Hilfe der Wahrheitstafeln, wie sie in Kap. 3 angegeben ist, zugleich ein Beweis dafür, daß die Schaltalgebra eine Boolesche Algebra ist. Der Leser sollte zur besseren Übersicht die Beweise ausarbeiten.

Tabelle 4.1 Schließungseigenschaften der Schaltfunktionen a', ab und $a+b$

Zeile	a	b	a'	ab	$a+b$
1	1	1	0	1	1
2	1	0	0	0	1
3	0	1	1	0	1
4	0	0	1	0	0

Beispiel 1

Gesucht eine Schaltung, welche die Boolesche Funktion $xyz'+x'(y+z')$ realisiert.

Lösung

Der Ausdruck zeigt eine Serienschaltung von x, y und z' an, die parallel zu einer Schaltung liegt, die der Funktion $x'(y+z')$ entspricht. Letztere Schaltung besteht aus x' in Serie mit einer Parallelschaltung von y und z'. Daher sieht die Schaltung so aus, wie Bild 4.3 zeigt.

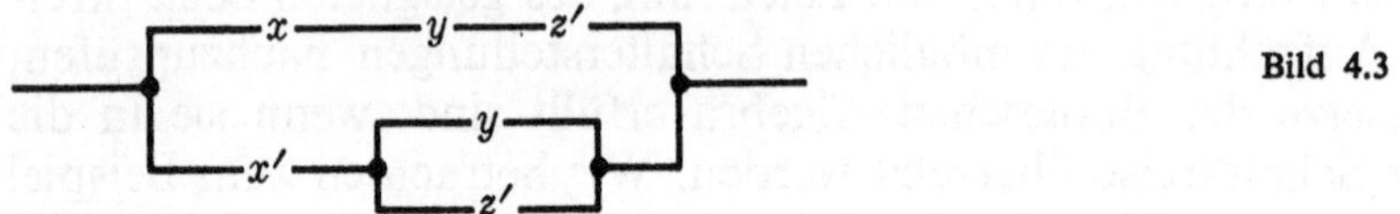

Bild 4.3

Beispiel 2

Gesucht ist die Boolesche Funktion, welche die Schaltung in Bild 4.4 darstellt.

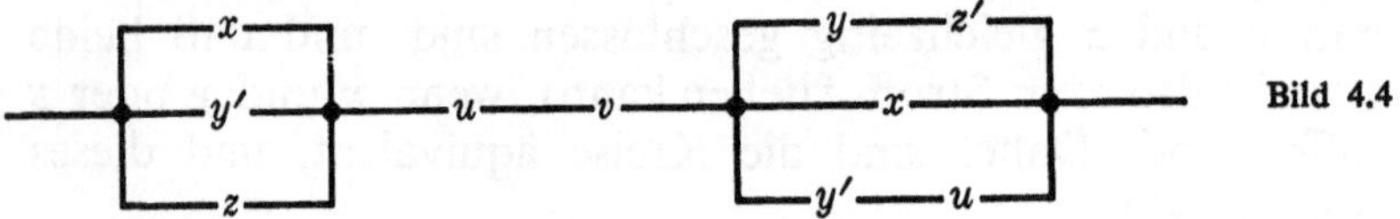

Bild 4.4

Lösung

Wie man leicht sieht, stellt das Bild die Funktion $(x+y'+z)uv(yz'+x+y'u)$ dar.

Beispiel 3

Man konstruiere die Tafel der Schließungseigenschaften für die Funktion $f = x'y +z(x+y')$.

Lösung

Eine Tafel für Schließungseigenschaften (Schaltfunktionen) ist bis auf die unterschiedliche Bedeutung identisch mit einer Wahrheitstafel. Die genannte Funktion hat daher die Schließungseigenschaften, die in Tabelle 4.2 aufgeführt worden sind.

Tabelle 4.2 Schließungseigenschaften der Funktionen $f = x'y+z(x+y')$

Zeile	x	y	z	$x'y$	$x+y'$	$z(x+y')$	$x'y+z(x+y')$
1	1	1	1	0	1	1	1
2	1	1	0	0	1	0	0
3	1	0	1	0	1	1	1
4	1	0	0	0	1	0	0
5	0	1	1	1	0	0	1
6	0	1	0	1	0	0	1
7	0	0	1	0	1	1	1
8	0	0	0	0	1	0	0

Übungen

1. Man zeichne die Schaltkreise, die durch die beiden Absorptionsgesetze und das distributive Gesetz für (·) über (+) gegeben werden und prüfe die Richtigkeit der Gesetze, indem man zeigt, daß die Schaltkreise äquivalent sind.

86

2. Man zeichne für die folgenden Ausdrücke, ohne sie zu vereinfachen, Schaltungen die sie realisieren.

a) $abc+ab(dc+ef)$

b) $a+b(c+de)+fg$

c) $x[y(z+w)+z(u+v)]$

d) $(a+b'+c)(a+bc')+c'd+d(b'+c)$

3. Man bestimme die Funktion, die durch einen der in Bild 4.5 dargestellen Schaltkreise realisiert wird.

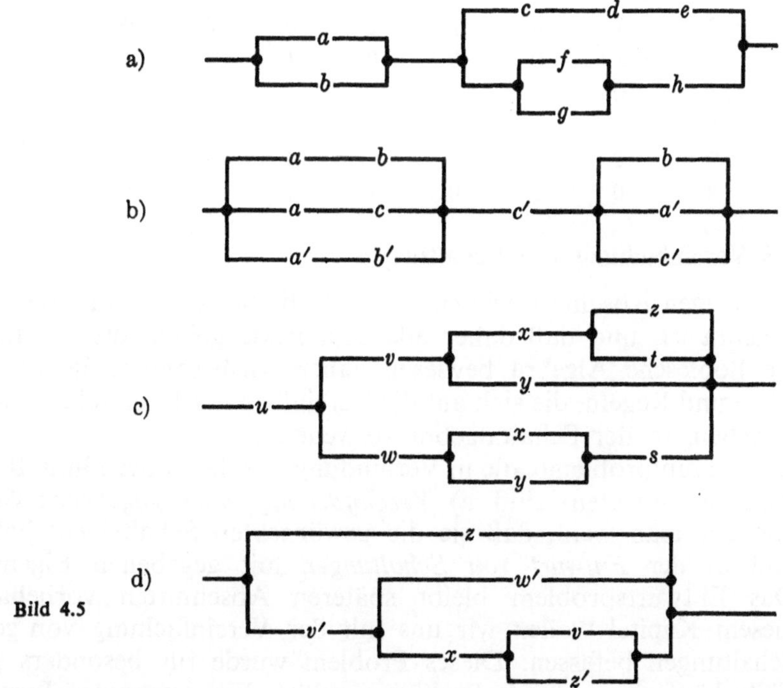

Bild 4.5

4. a) Man zeichne eine Schaltung, die genau dann geschlossen ist, wenn die in Bild 4.5a) offen ist.

b) Dasselbe für die Schaltung von Bild 4.5 (d).

5. Man beweise: Wenn wir $(+)$ für die Serienschaltung, $(\cdot)$ für die Parallelschaltung, „0'' für den geschlossenen und „1'' für den offenen Schalter gewählt hätten, während alle anderen Definitionen ungeändert blieben, dann wäre die so entstandene Schaltalgebra ebenfalls eine Boolesche Algebra. (Einige Autoren benutzen tatsächlich diese Schreibweise.)

6. Man konstruiere eine Tabelle für die Schließungseigenschaften der Funktion von Übung 2d).

7. Man konstruiere eine Tabelle der Schließungseigenschaften für die Schaltung von Bild 4.5 b) und d).

8. Man suche Schaltungen, die die in Tabelle 4.3 gegebene Funktionen realisieren.
(Anleitung: Zuerst konstruiere man die Funktion nach der in Abschn. 2.4 oder 2.5
angegebenen Methode und zeichne dann die Schaltung, welche die Funktionen
darstellen.)

Tabelle 4.3

Zeile	x	y	z	f_1	f_2	f_3	f_4
1	1	1	1	0	1	1	1
2	1	1	0	1	0	1	1
3	1	0	1	1	0	0	0
4	1	0	0	0	1	1	1
5	0	1	1	0	1	1	1
6	0	1	0	0	1	0	0
7	0	0	1	0	0	1	0
8	0	0	0	1	1	1	0

4.3 Vereinfachung von Schaltungen

Im vorigen Abschnitt zeigten wir, daß die Schaltalgebra eine Boolesche
Algebra ist, und daß daher alle Ergebnisse gelten, die wir früher für
die Boolesche Algebra bewiesen haben. Insbesondere lassen sich alle
Sätze und Regeln, die sich auf die Vereinfachung Boolescher Funktionen
beziehen, in der Schaltalgebra verwenden.

Zwei Hauptprobleme, die in Verbindung mit der Anwendung Boolescher
Algebra auftreten, sind a) *Vereinfachung einer gegebenen Schaltung*,
von der man weiß, daß sie die gewünschten Schalteigenschaften hat,
und b) der *Entwurf von Schaltungen* mit gegebenen Eigenschaften.
Das Entwurfsproblem bleibt späteren Abschnitten vorbehalten; in
diesem Kapitel wollen wir uns mit der Vereinfachung von gegebenen
Schaltungen befassen. Dieses Problem wurde für besonders gelagerte
Fälle häufig nur durch Probieren gelöst. Ein erfahrener Ingenieur ist
oft in der Lage, eine Schaltung erstaunlich zu vereinfachen, indem er
sich hauptsächlich auf seine Intuition und seine Erfahrung mit ähnlichen
Schaltungen verläßt. Für kompliziertere Schaltungen, wie sie in modernen Digitalrechnern zu finden sind, ist jedoch ein systematisches
Vorgehen eher am Platze. Es gibt mehrere bekannte Methoden zur
Aufstellung von Diagrammschemen zur Vereinfachung von Funktionen, welche auf der Theorie der Booleschen Funktionen aufbauen.
Diese Methoden sind zwar sehr nützlich, wegen ihrer Kompliziertheit
überschreiten sie aber den Rahmen dieses Buches. Wir werden stattdessen einen direkten Weg über die Eigenschaften der Booleschen Algebra
einschlagen, um vernünftige Vereinfachungen zu erhalten. Der interessierte Leser findet verschiedene der mehr formalen Methoden in

Phister, Logical Design of Digital Computers und anderen Quellen. Eine allgemeine Methode zur Vereinfachung von Schaltungen besteht darin, die gegebene Schaltung in eine Boolesche Funktion zu übersetzen, den entstandenen Ausdruck in gewohnter Weise zu vereinfachen und schließlich eine neue Schaltung zu zeichnen, die das Ergebnis der Vereinfachung realisiert.

Beispiel

Man vereinfache die Schaltung in Bild 4.6 a)

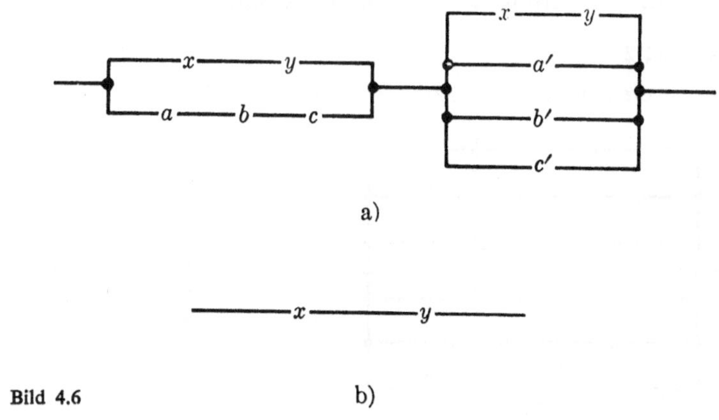

a)

Bild 4.6   b)

Lösung

Die Schaltung wird durch die Boolesche Funktion $(xy+abc)(xy+a'+b'+c')$ dargestellt, die sich auf xy reduziert. Daher ist die gegebene Schaltung einer Serienschaltung von zwei Schaltern x und y äquivalent, wie es in Bild 4.6 b) dargestellt ist.

Zwei jeder Vereinfachungsmethode anhaftende Probleme sollten noch erwähnt werden. Erstens kann man an der Booleschen Funktion allein schwer erkennen, welcher von verschiedenen Schaltkreisen der „einfachste" ist. Die endgültige Vereinfachung hängt also von den Anforderungen an die Schaltung ab.

Eine andere Schwierigkeit besteht darin, daß die einfachste oder wirtschaftlichste Schaltung keine Serien-Parallelschaltung zu sein braucht. Da nur diese Schaltungen in der Booleschen Algebra dargestellt werden können, liegt die endgültige Vereinfachung oft beim Konstrukteur, der eine Möglichkeit erkennt, über den Bereich der Serien-Parallelschaltung hinaus, weitere Vereinfachungen vorzunehmen. Bei diesem Schritt kann die Boolesche Algebra in keiner Weise helfen. Wir werden in späteren Abschnitten zwei Arten von Schaltkreisen besprechen, für die eine Serien-Parallelschaltung nicht die bestmögliche Verwirklichung darstellt. Solche Betrachtungen werden wir zunächst zurückstellen.

Wenn man nach den Grundgesetzen der Booleschen Algebra vereinfacht, kann es geschehen, daß man eine mögliche Vereinfachung übersieht. Es kann nämlich vorkommen, daß man einen Vereinfachungsschritt in einer der beiden dualen Formen besser erkennt als in der anderen. Dieser Umstand legt eine andere Vereinfachungsmethode nahe, die ebenfalls von großem Nutzen ist. Um eine Funktion f zu vereinfachen, kann man das Duale von f bilden und vereinfachen; bildet man jetzt nochmals das Duale, ergibt sich wieder f in anderer Form; diese ist gewöhnlich einfacher als das Original.

Beispiel 2

Man vereinfache die Schaltung in Bild 4.7 a).

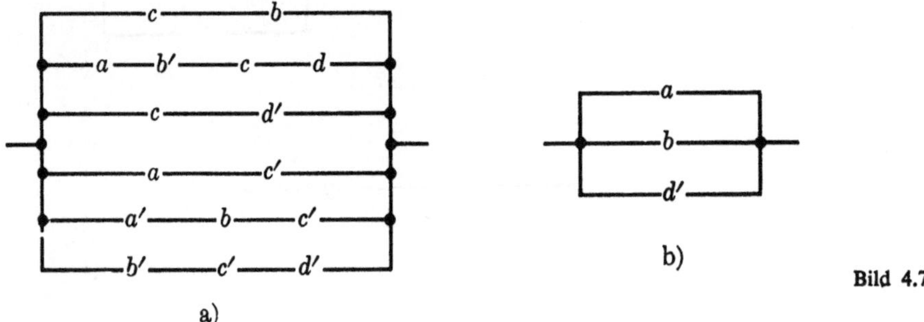

Lösung

Die Schaltung wird durch die Funktion

$$f = cb + ab'cd + cd' + ac' + a'bc' + b'c'd'$$

dargestellt.

Betrachten wir die drei ersten Glieder als eine Funktion g, die drei letzten als eine Funktion h, dann gilt:

$$g = cb + ab'cd + cd'.$$

Das Duale von g, genannt $d(g)$ ist dann

$$d(g) = (c+b)(a+b'+c+d)(c+d') = c+abd'.$$

Bilden wir ein zweites Mal die duale Form, dann ergibt sich:

$$g = c(a+b+d').$$

Analog,

$$h = ac' + a'bc' + b'c'd',$$
$$d(h) = (a+c')(a'+b+c')(b'+c'+d') = c'+abd',$$
$$h = c'(a+b+d').$$

90

Die Verknüpfung von g und h ergibt

$$f = (c+c')(a+b+d') = a+b+d',$$

das entspricht der in Bild 4.7 b) dargestellten Schaltung.

Übungen

1. Man vereinfache die Schaltungen, die in den Bildern 4.8 bis 4.15 dargestellt sind.

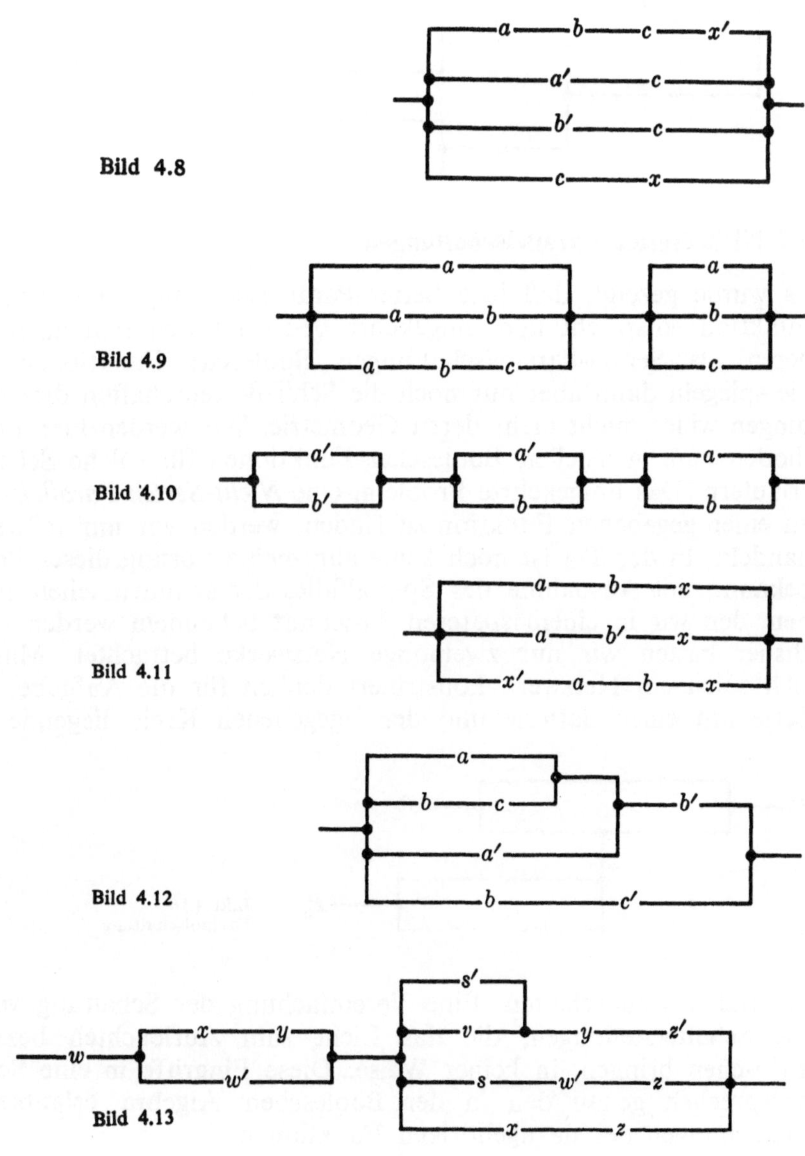

Bild 4.8

Bild 4.9

Bild 4.10

Bild 4.11

Bild 4.12

Bild 4.13

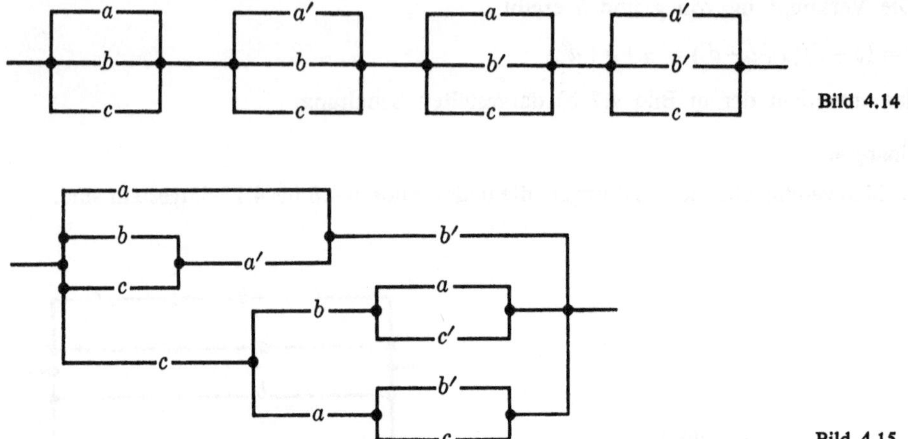

Bild 4.14

Bild 4.15

4.4 Nicht-Serien-Parallelschaltungen

Es wurde gezeigt, daß jede Serien-Parallelschaltung einer Booleschen Funktion entspricht und umgekehrt. Jedoch lassen sich auch zu anderen als Serien-Parallelschaltungen Boolesche Funktionen finden. Sie spiegeln dann aber nur noch die Schließeigenschaften dieser Schaltungen wider, nicht mehr deren Geometrie. Wir werden hier drei Methoden zum Aufstellen Boolescher Funktionen für solche Schaltkreise erläutern. Das umgekehrte Problem, eine *Nicht-Serien-Parallelschaltung* zu einer gegebenen Funktion zu finden, werden wir nur teilweise behandeln. In der Tat ist noch keine allgemeine Lösung dieses Problems bekannt, mit Ausnahme des Spezialfalles der symmetrischen Funktionen, den wir in einem späteren Abschnitt behandeln werden.

Bisher hatten wir nur zweipolige Netzwerke betrachtet. Man kann sich solch ein Netzwerk konstruiert denken für die Aufgabe, eine in Serie mit einer Batterie und den gegebenen Kreis liegende Lampe

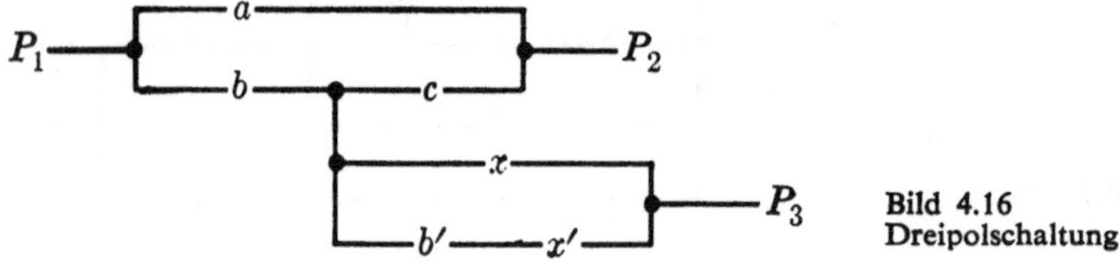

Bild 4.16
Dreipolschaltung

an und aus zu schalten. Eine Vereinfachung der Schaltung verändert die Schalterstellungen, die das Licht zum Aufleuchten bezw. zum Erlöschen bringen, in keiner Weise. Diese Eingriffe in eine Schaltung entsprechen genau den in der Booleschen Algebra erlaubten Vereinfachungen der dazugehörigen Funktionen.

92

Wir führen an dieser Stelle den Begriff eines *n-Polnetzwerkes* ein. Bild 4.16 zeigt ein dreipoliges Netzwerk. Dieses ist einfach eine Kombination dreier Zweipolschaltungen. Wir können uns vorstellen, daß diese Schaltung durch irgendeine der drei Teilschaltungen ein Lämpchen an und ausschaltet, welche zwei der drei Punkte P_1, P_2 und P_3 miteinander verbinden. Wir können die verschiedenen Booleschen Funktionen folgendermaßen bezeichnen: f_{12} gehört zu der Zweipolschaltung, die P_1 mit P_2 verbindet; f_{13} zu der, die P_1 mit P_3 verbindet; und f_{23} zu der, die P_2 mit P_3 verbindet.

Wir können uns selbstverständlich auch vorstellen, daß diese Schaltung gleichzeitig drei verschiedene Lämpchen nach verschiedenen Schemata ein- und ausschaltet.

Allgemein definieren wir ein *n*-Polnetzwerk als eine durch Drähte verbundene Konfiguration von Schaltern, in der n Punkte als Pole bezeichnet werden. Die $\frac{1}{2}n(n-1)$ möglichen Funktionen werden mit f_{ij} bezeichnet, entsprechend der Zweipolschaltung, die P_i mit P_j verbindet, wobei i und j voneinander verschieden sein müssen, sonst aber alle Werte von 1 bis n annehmen können. Zwei solche *n*-Polnetzwerke sind genau dann äquivalent, wenn entsprechende Zweipolschaltungen miteinander äquivalent sind, mit anderen Worten, wenn die Booleschen Funktionen, die diese Zweipolschaltungen darstellen, einander gleich sind.

Wie in der gewöhnlichen Schaltungstheorie gibt es auch hier *Stern-Dreieck-* und *Dreieck-Sterntransformationen*. Wir führen diese hier

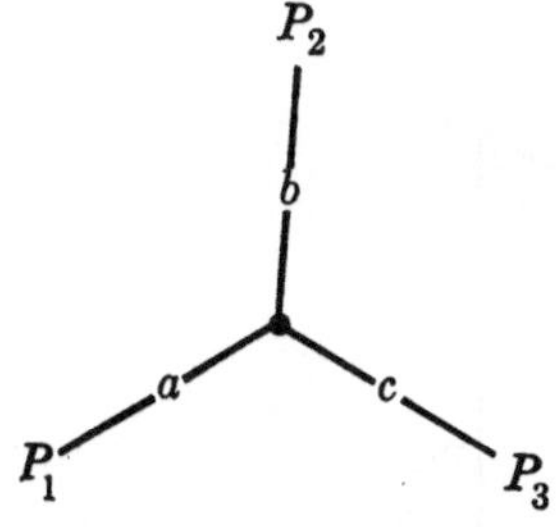
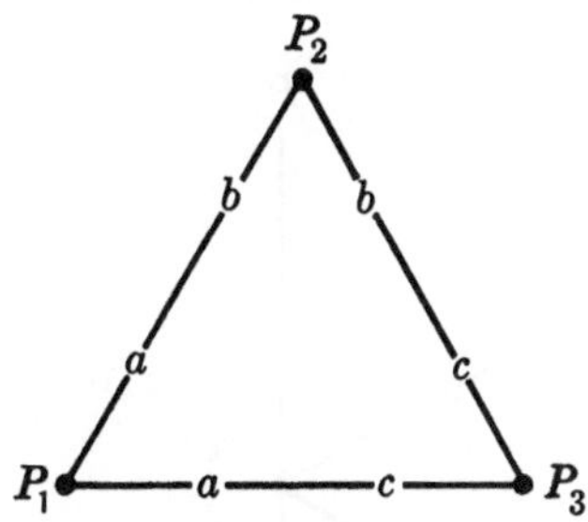

Bild 4.17 Stern-Dreieck-Transformation

ein, um beliebige Schaltungen auf Serien-Parallelschaltungen zu reduzieren. (Dazu brauchen wir eigentlich nur die Stern-Dreiecktransformation, die andere wurde nur des Interesses halber erwähnt.) Wir definieren eine *Sternschaltung* als eine Dreipolschaltung, in welcher die drei Zweipolschaltungen einen Punkt gemeinsam haben, der kein Pol ist. Eine *Dreieckschaltung* ist eine Dreipolschaltung, in welcher die einzigen gemeinsamen Punkte für jedes Paar von Zweipolschal-

tungen die Pole selbst sind, und wo jeder Pol genau einem Zweipol-
schaltungspaar gemeinsam ist.

Die Stern-Dreiecktransformation zeigt Bild 4.17. Daß diese Transformation aus einer gegebenen Schaltung eine äquivalente macht,
ist unmittelbar einleuchtend, wenn man beachtet, daß die in jedem
Fall gebildeten Zweipolschaltungen Serienschaltungen der selben Paare
von Schaltern sind.

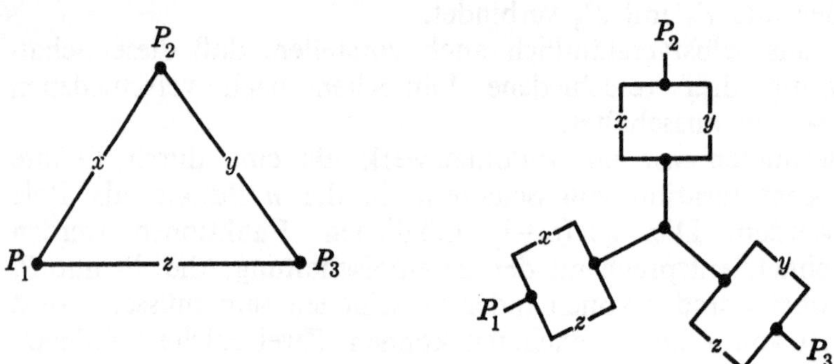

Bild 4.18 Dreieck-Stern-Transformation

Die Dreieck-Sterntransformation zeigt Bild 4.18. Daß diese Transformation eine äquivalente Schaltung ergibt, folgt aus dem distributiven Gesetz für $(+)$ über $(\cdot)$. Zum Beispiel $f_{12} = x+zy = (x+
+z)(x+y)$, wobei die erste Form die Dreieckschaltung darstellt,
die zweite die Sternschaltung.

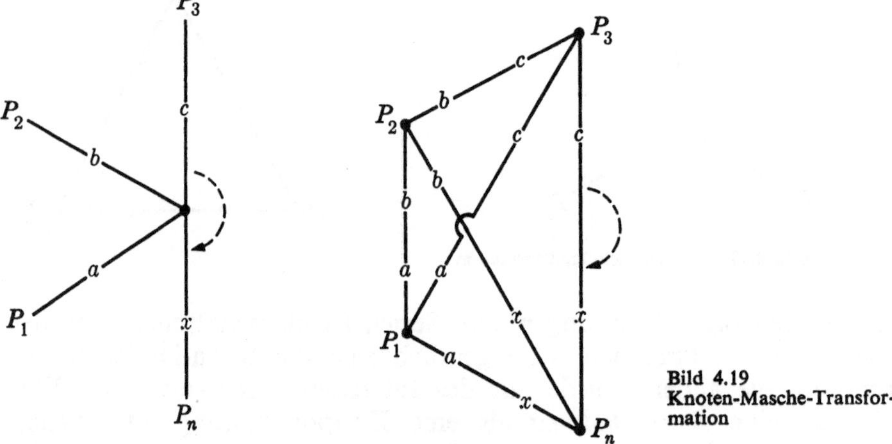

**Bild 4.19
Knoten-Masche-Transfor-
mation**

Die Stern-Dreiecktransformation kann verallgemeinert werden zu
einer *Knoten-Masche-Transformation*, wobei der Knoten ein *n*-Polnetz-

werk mit gemeinsamem Mittelpunkt darstellt, der beseitigt wird,
um eine äquivalente Maschenschaltung zu ergeben. Bild 4.19 deutet
die dabei angewandte Methode an. Daß diese Transformation äquivalente Schaltungen ergibt, ist klar; man kann es aber auch durch
Induktion formal beweisen. Man kann ebenso zeigen: Wenn die ursprüngliche Schaltung einen einzigen n-Pol-Knoten aber keinen m-Pol-
Knoten ($m > n$) enthält, dann sind in der neuen Schaltung keine Knoten
mit mehr als n-1 Polen vorhanden. Daher ist eine systematische Reduktion auf Schaltungen möglich, die keine Knoten haben, d.h., auf
eine Serien-Parallelschaltung.

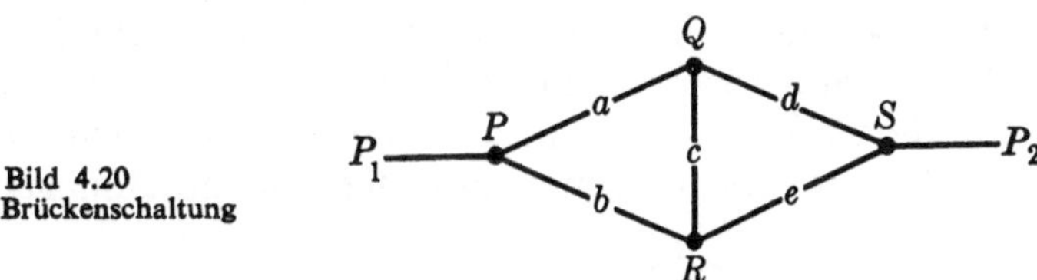

Bild 4.20
Brückenschaltung

Als Anwendungsbeispiel der Stern-Dreiecktransformation betrachten
wir das Problem, zu der Brückenschaltung von Bild 4.20 — einer Nicht-
Serien-Parallelschaltung — eine Boolesche Funktion zu finden. Die
Knotenpunkte der Schaltung seien mit großen Buchstaben bezeichnet. Der Punkt Q ist der Mittelpunkt eines Sternes mit den Enden P,
R und S. Die Anwendung der Stern-Dreiecktransformation ergibt
eine äquivalente Schaltung, die in Bild 4.21 a), und umgezeichnet in

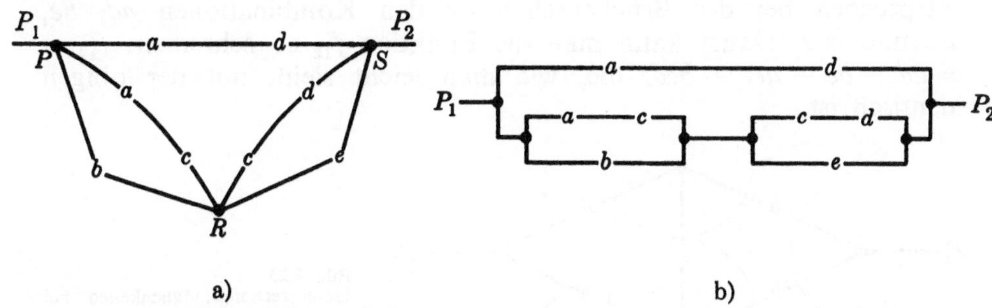

a)

b)

Bild 4.21 Transformierte Schaltung der Brücke aus Bild 4.20

Bild 4.21 b) dargestellt ist. Aus diesem Bild ersieht man, daß die Brückenschaltung von Bild 4.20 durch die Boolesche Funktion $f_{12} = ad +$
$+(ac+b)(cd+e)$ dargestellt wird, obwohl diese Funktion nicht
das geringste über die Geometrie der gegebenen Schaltung aussagt.
Umgekehrt kann man sagen: Wenn eine Boolesche Funktion sich auf
die Form f_{12} bringen läßt, dann kann man diese Funktion durch eine

Brückenschaltung realisieren. Es ist offensichtlich, daß es nicht leicht ist, in einer gegebenen Booleschen Funktion eine Kombination dieser Art zu erkennen.

Das im verausgehenden Abschnitt beschriebene Vorgehen wird mit Hilfe der Knoten-Masche-Transformation zu einer Methode erweitert, mit der man für jede gegebene Schaltung, ob Serien-Parallelschaltung oder nicht, eine Boolesche Funktion aufstellen kann. Diese Methode ist für komplizierte Schaltungen wahrscheinlich besser geeignet als die beiden folgenden.

Zwei andere Methoden, Boolesche Funktionen für gegebene Schaltungen zu finden, sind in einfachen Fällen leichter anzuwenden, haben aber den Nachteil, im wesentlichen Probiermethoden zu sein und daher bei komplizierteren Fällen leicht zu Irrtümern zu führen. Die erste Methode besteht darin, den Schaltkreis nach allen möglichen Kombinationen geschlossener Schalter zu durchmustern, die einen

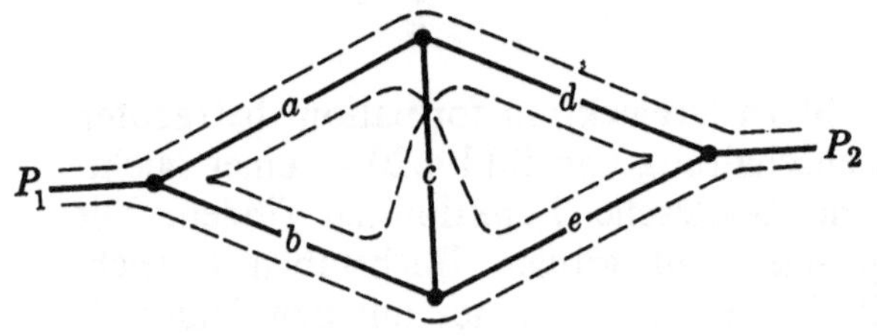

Bild 4.22
Wege in einer Brückenschaltung

Strom durch die ganze Schaltung fließen lassen. Die gestrichelten Linien in Bild 4.22 veranschaulichen diese Methode. Diese Wege entsprechen bei der Brückenschaltung den Kombinationen *ad*, *be*, *ace* und *bcd*. Daher kann man die Funktion f_{12} so schreiben: $f_{12} = {}$ $= ad + be + ace + bcd$, die, wie man leicht sieht, mit der obigen identisch ist.

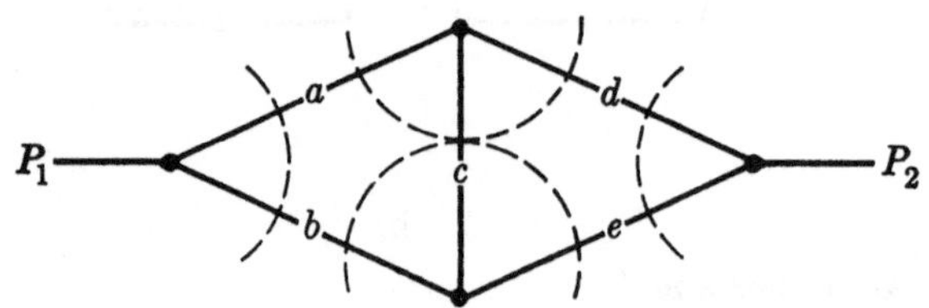

Bild 4.23
Unterbrechungsmöglichkeiten bei der Brückenschaltung

Die zweite Methode (im Ganzen also die dritte) ist in Bild 4.23 dargestellt. Hier werden gestrichelte Linien in allen möglichen Arten quer durch die Schaltung gezogen, und zwar so, daß die Öffnung aller von derselben Linie geschnittenen Schalter den Strom in der Schaltung unterbricht. In dem Bild sind das folgende Schalterkombinationen *a, b; d, e; a, c, e;* und *b, c, d.* Daher ist $f_{12} = (a + b)(d + e)(a + {}$

$+ c + e)(b + c + d)$ eine andere Form für die Funktion, die den Wert 0 hat, wenn mindestens eine der vier Schalterkombinationen offen ist. Man zeigt leicht, daß auch diese Form zu der oben hergeleiteten identisch ist.

Jede der drei Methoden kann als Grundlage für die Entscheidung dienen, ob eine Funktion f durch eine Nicht-Serien-Parallelschaltung realisiert werden kann oder nicht. Man würde bei der Anwendung einer solchen Entscheidungsmethode zunächst die Eigenschaften verschiedener in Frage stehender Schaltungen untersuchen, zum Beispiel die Brücke vom Bild 4.20. Diese Eigenschaften könnte man in einer Tabelle zusammenfassen oder sie dazu benutzen, eine spezielle Form für die entsprechende Funktion aufzustellen. Dann könnte man die gegebene Boolesche Funktion mit der Tabelle oder mit der speziellen Funktion der auszuprobierenden Schaltung (z.B. Brückenschaltung) vergleichen und nach Ähnlichkeiten zwischen beiden suchen. (Siehe Beispiel 2 unten) Diese Methode ist schwierig anzuwenden, aber für ein direkteres Vorgehen ist die Boolesche Algebra nicht geschaffen, da ihre Operationen sich nur auf Serien-Parallelschaltungen beziehen. Zum Schluß sollte noch erwähnt werden, daß eine Brückenschaltung nicht notwendig einfacher zu sein braucht als eine äquivalente Serien-Parallelschaltung (siehe Beispiel 1 unten). Daher ist in einigen Fällen die Suche nach einer Brückenschaltung nur Zeitverschwendung.

Beispiel 1

Man vereinfache die Schaltung von Bild 4.24 a).

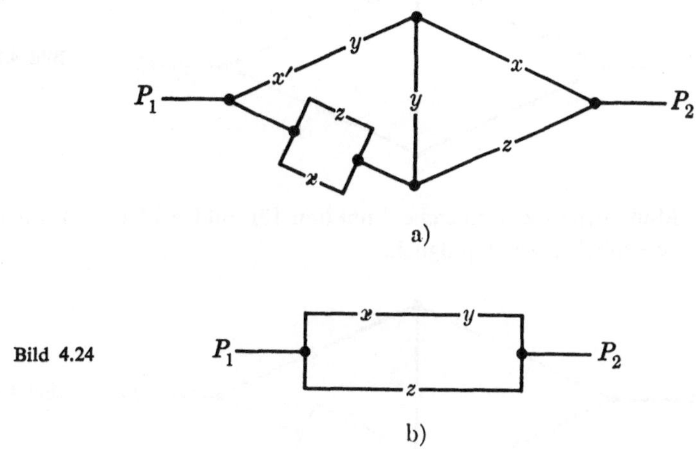

Bild 4.24

Lösung

Nach Methode 3 wird

$f_{12} = (x'y+x+z)(x+z)(x'y+y+z)(x+z+y+x) = xy+z$, daher ist die Schaltung zu der von Bild 4.24 b) äquivalent.

Beispiel 2

Man zeichne die Brückenschaltung für die Funktion

$$f = (x'u+x'v's+yu+yv's)(x'+z+w'+v's)(y+z+w'+u).$$

Lösung

Wir können f nach dem Vorbild von Methode 2 entwickeln und bekommen:

$$f = x'u+yv's+x'(z+w')v's+y(z+w')u.$$

Daher wird f durch die Brücke von Bild 4.20 realisiert, wenn wir dort setzen:

$$a = x', \ b = y, \ c = z+w', \ d = u \ \text{und} \ e = v's.$$

Die Schaltung zeigt Bild 4.25.

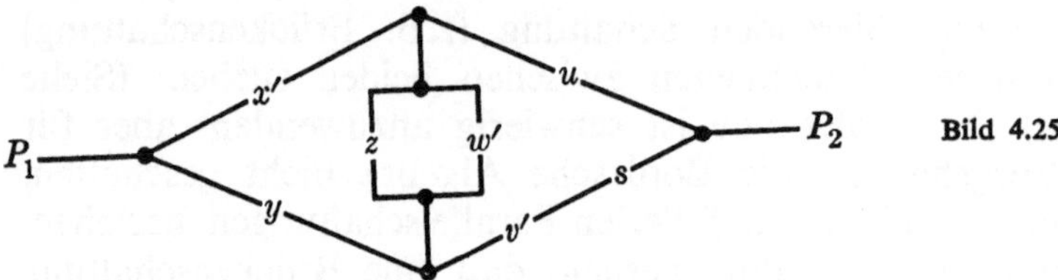

Bild 4.25

Übungen

1. Man suche mit Methode 3 die Boolesche Funktion für Bild 4.26 und vereinfache,
   wenn möglich.

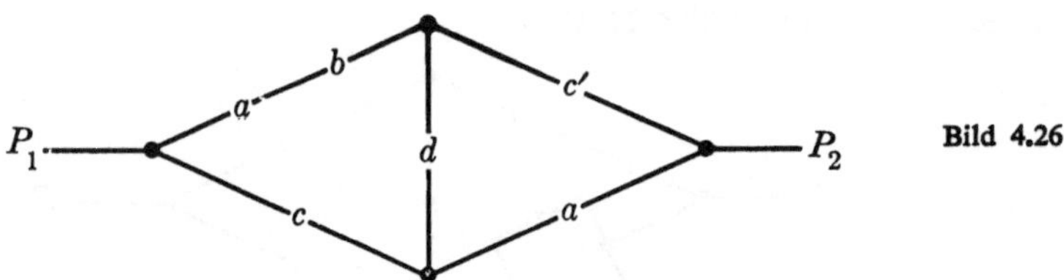

Bild 4.26

2. Man suche die Boolesche Funktion für Bild 4.27 und benutze Methode 2, man
   vereinfache, wenn möglich.

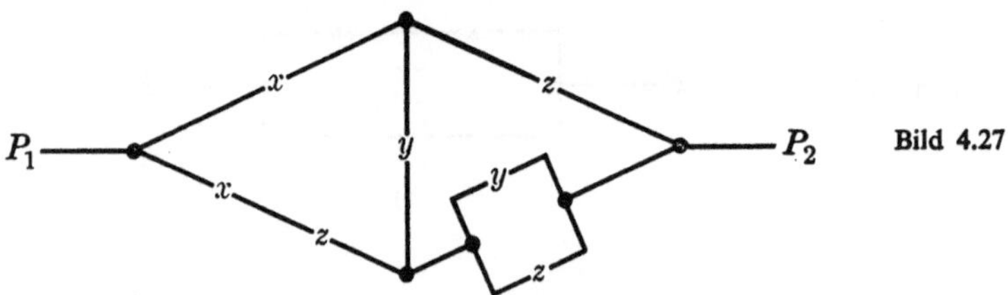

Bild 4.27

3. Desgleichen suche man mit Methode 1 die Boolesche Funktion für Bild 4.28
   und vereinfache, wenn möglich.

98

4. Man suche und vereinfache, wenn möglich, für die Schaltungen von Bild 4.29 geeignete Boolesche Funktionen.

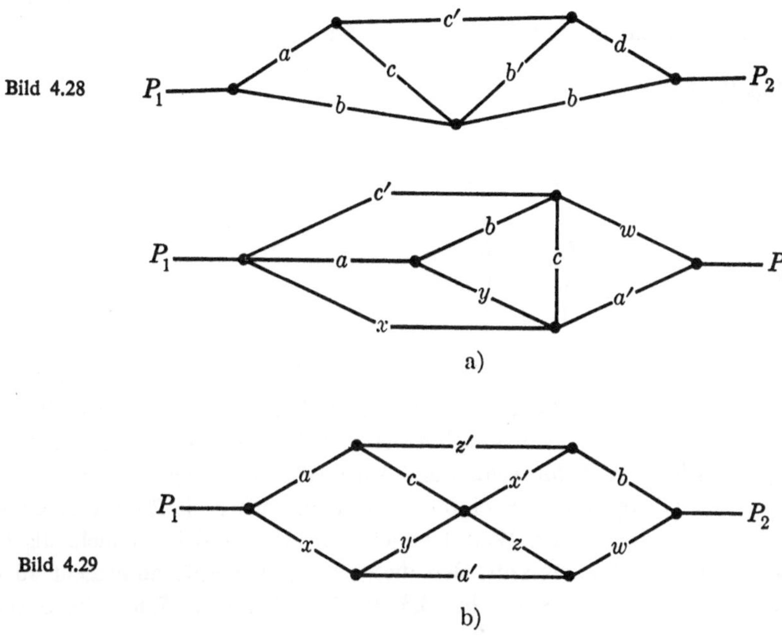

Bild 4.28

a)

Bild 4.29

b)

5. Man konstruiere eine Brückenschaltung für die Funktion

$$f = xw' + y'uv + (xz + y')(zw' + uv).$$

4.5 Entwurf von Schaltungen mit gegebenen Eingenschaften

Das Problem, eine Schaltung mit gegebenen Eigenschaften zu entwerfen, ist identisch mit dem, eine Satzfunktion mit gegebener Wahrheitstafel zu finden. Der erste Schritt ist, eine Tabelle aufzustellen, die für jede mögliche Schalterstellung den gewünschten Zustand 0 oder 1 ergibt. Dann kann man die Boolesche Funktion zu dieser Tabelle aufstellen und, wenn möglich, vereinfachen. Nach dem vereinfachten Ausdruck wird eine Schaltung gezeichnet. Hier kann man evtl. noch weitere Vereinfachungen vornehmen, indem man andere als Serien-Parallelschaltungen benutzt, wie etwa die Brücke von Abschn. 4.4. Das hängt jedoch mehr vom Einfallsreichtum des Konstrukteurs ab, als von der Booleschen Algebra.

Beispiel 1

Man entwerfe eine Schaltung, die eine Lampe und zwei Schalter derart verbindet, daß jeder der beiden Schalter die Lampe unabhängig vom anderen ein- und ausschalten kann.

Wenn wir die beiden Schalter x und y nennen, dann wird eine passende Boolesche Funktion in Tabelle 4.4 dargestellt. Die Konstruktion der Tabelle beruht auf folgendem Gedankengang: In Zeile 1 ist der Funktionswert beliebig, wenn es gleich-

Tabelle 4.4

Zeile	x	y	f
1	1	1	1
2	1	0	0
3	0	1	0
4	0	0	1

gültig ist, für welche Schalterstellung das Licht an oder aus ist. Setzen wir also den Wert 1 ein, dann stellt der Übergang auf Zeile 2 oder 3 eine Zustandsänderung eines einzelnen Schalters dar, woraufhin sich der Zustand der Lampe ändern soll. Daher ist der richtige Wert für Zeile 2 und 3 der Wert 0. Schließlich entsteht Zeile 4 durch den Zustandswechsel eines einzelnen Schalters aus Zeile 2 oder 3. Daher muß die Funktion in Zeile 4 den Wert 1 annehmen. Sie läßt sich nunmehr als $f = xy + x'y'$ schreiben. Es ist interessant, daß dieses Beispiel logisch äquivalent zu dem „Giftschlangenproblem" aus Abschn. 3.3 ist. Man kann die Schaltung zeichnen, die in

Bild 4.30
Schaltung für unabhängige Betätigung eines Lichtes durch zwei Schalter

Bild 4.30 dargestellt ist. Bild 4.31 zeigt jedoch anschaulicher, wie man sie in Wirklichkeit verdrahten würde. Die Schalterpaare (x, x') und (y, y') bestehen aus dreipoligen Umschaltern. Das Symbol —| |— wird gewöhnlich zur Bezeichnung von Stromquellen benutzt.

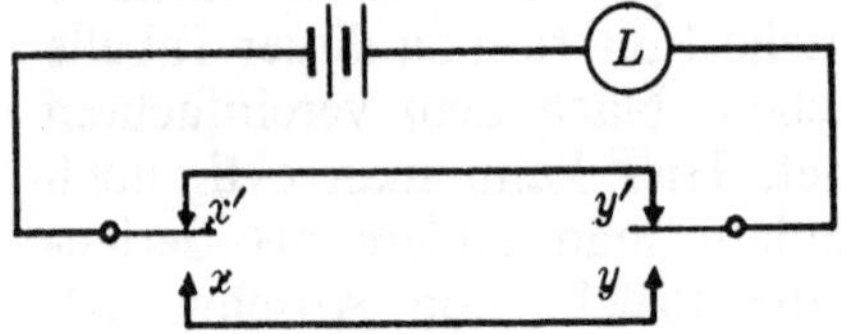

Bild 4.31
Andere Ausführung der Schaltung von Bild 4.30

Oft ist beim Entwurf von Schaltkreisen von vornherein bekannt, daß bestimmte Kombinationen von Schalterstellungen nie auftretem werden. Die Boolesche Funktion, die man für den Entwurf benutzt, kann für solche Kombinationen den Wert 0 oder 1 annehmen, ohne daß die übrigen Funktionswerte davon beeinflußt werden. Solche Kombinationen wollen wir dadurch kennzeichnen, daß wir in die Spalte des

Funktionswertes der Schliessungstabelle ein Fragezeichen setzen. Durch geschickte Auswahl von Werten 0 oder 1, die den mit Fragezeichen markierten Zeilen der Tabelle entsprechen, kann man die Funktion und damit die Schaltung gelegentlich sehr stark vereinfachen. Es könnte ein formales System von Regeln, die dieses Problem vollständig lösen, aufgestellt werden. Wir wollen hier aber nur zwei oft sehr nützliche Regeln angeben.

Regel 1. Wenn alle Nullen oder alle Einsen als Funktionswerte untergebracht werden können, und wenn dabei nur eine kleine Anzahl Zeilen den Wert 1 (oder 0) erhalten, während alle andern den komplementären Wert besetzen, dann ist die Funktion eine entsprechend einfache disjunktive (oder konjunktive) Normalform.

Regel 2. Oft kann man Nullen und Einsen so auf die Funktionsspalte verteilen, daß die Funktion von einer oder mehreren Variablen unabhängig wird. Dadurch wird die Schaltung sehr vereinfacht.

Für Regel 1 ist die Anwendung klar. Bei Regel 2 schreiben wir die Funktion als disjunktive Normalform. Enthält diese Normalform zwei Glieder, die sich nur in einer Variablen unterscheiden, so kann diese eliminiert werden. Zum Beispiel gilt $xyz' + xyz = xy(z + z') = xy$. Mit anderen Worten: Wenn zwei Zeilen, für welche die Funktion gleich 1 ist, sich nur in den Stellungen eines einzigen Schalters unterscheiden, dann kann man diese beiden Zeilen in der Normalform durch ein einzelnes Glied darstellen, das von derjenigen Variablen nicht abhängt, die dieser Schalter darstellt. Analog, unterscheiden sich vier Zeilen nur in den Stellungen zweier Schalter, und ergeben die Zeilen den Funktionswert 1, dann kann man sie in der Normalform durch ein einziges Glied zusammenfassen, in dem zwei Variable nicht vorkommen. Der Grund dafür ist folgender: Zeilen, die gleichen Schalterstellungen entsprechen, werden in der disjunktiven Normalform durch gemeinsame Faktoren dargestellt, während die restlichen Variablen sich in diesen Gliedern zu einer vollständigen disjunktiven Normalform zusammenschließen, die man daher als Faktor weglassen kann. Wenn man zum Beispiel die Zeilen der Tabelle 4.5 in Glieder einer disjunktiven Normalform übersetzt, ergibt sich

$$xyz'w + xyz'w' + xy'z'w + xy'z'w' = xz'(yw + yw' + y'w + y'w') = xz'.$$

Diese Vereinfachung kann man auch direkt durch genaues Studium der Tabelle durchführen, ohne erst die langen Ausdrücke hinzuschreiben. Man kann die Methode auf den Fall verallgemeinern, daß 2^n Zeilen bis auf die Stellungen von n Schaltern einander gleich sind. Dann wird es jedoch immer schwieriger, solche Möglichkeiten durch bloßes Stu-

Tabelle 4.5

Zeile	x	y	z	w	f
1	1	1	0	1	1
2	1	1	0	0	1
3	1	0	0	1	1
4	1	0	0	0	1

dium der Tabelle herauszufinden. Diese Methode ist selbstverständlich auch dann anwendbar, wenn kein Fragezeichen in irgendeiner Zeile vorkommt, solange nur überhaupt gleiche Zeilen vorhanden sind.
Schließlich kann auch folgender Hinweis von Nutzen sein: Eine Variable x ist genau dann ein Faktor der Funktion, wenn x in jeder Zeile gleich 1 ist, in der die Funktion den Wert 1 hat. Steht dagegen in jeder Zeile mit dem Funktionswert 1 in der x-Spalte eine 0, dann ist x' ein Faktor der Funktion.

Beispiel 2

Man entwerfe eine Schaltung, deren Eigenschaften Tabelle 4.6 aufzählt.

Tabelle 4.6

Zeile	x	y	z	$g(x, y, z)$
1	1	1	1	1
2	1	1	0	0
3	1	0	1	0
4	1	0	0	0
5	0	1	1	?
6	0	1	0	?
7	0	0	1	0
8	0	0	0	?

Lösung 1

Benutzen wir Regel 1 und beachten wir, daß beim Einsetzen von 0 für jedes ? nur noch eine einzige 1 in der Tabelle steht, dann ergibt sich $f = xyz$. Das entspricht einer Serienschaltung von drei Schaltern x, y und z.

Lösung 2

Wenn wir Regel 2 anwenden und für Zeile 5 eine 1 einsetzen, dagegen für Zeile 6 und 8 eine 0, wird die Funktion unabhängig von x und kann als $f = yz$ geschrieben werden. Die Schaltung besteht daher nur noch aus der Serienschaltung zweier Schalter y und z, ist also einfacher als die von Lösung 1. Selbstverständlich sind die beiden Schaltungen nicht äquivalent. Da sie jedoch nur in den Stellungen verschieden sind, die nicht auftreten, sind beide Schaltungen gleich gut.

102

Es ist übrigens unnötig die ganze Schließungstabelle aufzustellen. Es genügt, die Zeilen der Tabelle zusammenzustellen, für welche die Funktion gleich 1 ist, wobei angenommen wird, daß die nichtaufgeführten Zeilen den Funktionswert 0 ergeben. Wir werden es in Zukunft immer so halten, wenn es bequem ist.

Übungen

1. Die Spalten f, g, h, k in Tabelle 4.7 mögen die Funktionswerte enthalten. Man entwerfe möglichst einfache Schaltungen für diese Funktionen.

Tabelle 4.7

Zeile	x	y	z	f	g	h	k
1	1	1	1	1	1	0	0
2	1	1	0	0	0	1	0
3	1	0	1	0	1	1	1
4	1	0	0	1	1	0	?
5	0	1	1	0	0	?	1
6	0	1	0	1	0	0	1
7	0	0	1	0	1	?	?
8	0	0	0	0	1	1	?

2. Tabelle 4.8 führt die Schalterkombinationen auf, für die eine Schaltung geschlossen sein soll. Für alle anderen Schalterstellungen soll die Schaltung offen sein. Man entwerfe die einfachste Serien-Parallelschaltung mit diesen Eigenschaften.

Tabelle 4.8

Zeile	u	v	x	y	z
1	1	0	1	1	1
2	0	0	1	1	1
3	1	0	1	0	1
4	0	0	0	1	1
5	1	0	0	1	1
6	1	0	0	0	1

3. Zwei abwechselnd zu betätigende Projektoren sollen ununterbrochen einen Film zeigen. Zu jedem Projektor gehört ein Schalter. Diese Schalter sollen so mit den Projektoren verbunden werden, daß man mit jedem der beiden unabhängig vom anderen von einem Projektor auf den andern umschalten kann. Man entwerfe die Schaltung.

4. Zwei Schalter x und y schalten die Heizölpumpe für einen Ölofen. Ein dritter Schalter z wird durch ein Thermokreuz gesteuert und zwar so, daß z automatisch geschlossen wird, wenn die Zündflamme ausgeht. Man konstruiere eine Schaltung

für die Schalter x, y und z so, daß Schalter x oder y die Pumpe an- oder ausschaltet, ausgenommen dann, wenn die Zündflamme erlischt; dann darf die Pumpe nicht eingeschaltet sein.

5. Man konstruiere eine möglichst einfache Serien-Parallelschaltung, die eine Lampe durch drei Schalter x, y und z unabhängig voneinander ein- und ausschaltet. Kann der Leser diese Schaltung noch weiter vereinfachen, indem er andere als Serien-Parallelschaltungen benutzt?

6. Am St.-Patrick's-Tag müssen die Gäste zu einer Party in Grün erscheinen. Es darf aber nur eine grüne Krawatte, grüne Socken, ein grünes Hemd oder ein grünes Band sein, und es gelten ferner die folgenden Regeln:

   a) Wenn man eine grüne Krawatte trägt, muß man auch ein grünes Hemd tragen.

   b) Man darf nur dann grüne Socken und grünes Hemd zusammen tragen, wenn man auch eine grüne Krawatte oder ein grünes Band trägt.

   c) Wer ein grünes Hemd oder ein grünes Band trägt oder wer keine grünen Socken trägt, muß eine grüne Krawatte tragen.

Wer die Regeln bricht, muß ein Pfand zahlen. An der Tür wird ein Schiedsrichter postiert, der entscheidet, ob der Hereinkommende ein Pfand zahlen muß. Um ihm seine Aufgabe zu erleichtern, konstruiere man ein kleines elektrisches „Gehirn". Der Apparat soll ein rotes und ein grünes Licht haben, sowie vier Schalter, entsprechend Krawatte, Hemd, Socken und Band, die der Schiedsrichter, je noch Kostüm des Gastes, betätigt. Man entwerfe eine Schaltung für jedes Licht so, daß das rote Licht immer dann aufleuchtet, wenn ein Pfand fällig wird und das grüne, wenn alles in Ordnung ist. (Anleitung: Man verknüpfe die Regeln und vereinfache dann das Ergebnis.)

4.6 Entwurf von n-Polschaltungen

Die allgemeine n-Polschaltung wurde in Abschn. 4.4 definiert. Im folgenden werden wir uns auf den Entwurf gewisser Spezialfälle von n-Polschaltungen beschränken, nämlich derjenigen, deren Entwurf sich auf die Kombination von mehreren Zweipolschaltungen in der Weise reduziert, daß die einzelnen Schaltungen möglichst viele Schal-

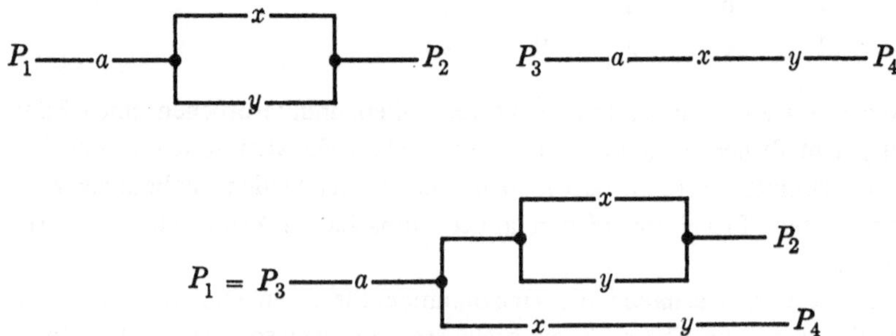

Bild 4.32 Zwei Zweipolschaltungen und deren Kombination

tungsteile gemeinsam benutzen sollen. Um sich das deutlich zu machen, betrachte man die beiden Funktionen $f = a(x+y)$ und $g = axy$. Bild 4.32 zeigt die beiden Schaltungen getrennt und eine aus beiden kombinierte Dreipolschaltung. Wie man sieht, stellt diese kombinierte Schaltung beide Funktionen f und g zugleich dar und braucht überdies einen Schalter weniger als die beiden getrennten Schaltungen zusammen. Darüber hinaus ist eine neue Funktion f_{24} entstanden, welche die Schaltung darstellt, die die Pole P_2 und P_4 verbindet. Vorausgesetzt, daß eine Schließung des Stromkreises zwischen P_2 und P_4 nicht andere Probleme heraufbeschwört, die mit dem zu entwerfenden Apparat zusammenhängen, kann man die Dreipolschaltung statt der beiden Zweipolschaltungen benutzen. Hierbei werden Schalter eingespart. Diese Darstellung des Problems führt auf folgende Definition:

Gegeben sei eine Menge $f_1, f_2, \ldots, f_n$ von Booleschen Funktionen (oder Aussagen, die auf diese Funktionen führen), bei denen einige oder alle vorkommenden Schalter mehr als einer Funktion gemeinsam sind. Wir entwerfen eine $(n + 1)$ — Polschaltung mit den Polen P_0, $P_1, \ldots P_n$, wobei die Funktion f_i die Schaltung darstellt, die P_0 mit P_1 verbindet. $(i = 1, 2, 3, \ldots, n)$ Wir nehmen ferner an, daß die eventuellen Kurzschlüsse zwischen P_i und P_j $(i, j \neq 0)$ nicht zu Komplikationen Anlaß geben, und wir ignorieren die Booleschen Funktionen dieser Kurzschlüsse.

Das Problem ist natürlich eine starke Einschränkung des allgemeinen Entwurfproblems, in dem jeder mögliche Schaltkreis innerhalb einer solchen n-Polschaltung eine vorgeschriebene Boolesche Funktion hat. Es ist aber noch hinreichend allgemein, um beträchtlichen praktischen Wert zu besitzen und hat den Vorteil, leicht lösbar zu sein. In der Tat besteht das Problem lediglich darin, alle Funktionen auf gemeinsame Faktoren zu untersuchen. Gemeinsame Faktoren entsprechen gemeinsamen Teilen der Schaltungen.

Wenn die Funktionen explizit gegeben sind, kann man sie solange probeweise in Faktoren zerlegen, bis man gemeinsame Faktoren gefunden hat, oder man bringt alle Funktionen auf konjunktive Normalform, bei der man die gemeinsamen Faktoren sofort sieht.

Beispiel 1

Man entwerfe eine Vierpolschaltung, um die drei folgenden Funktionen darzustellen, indem man, wo es möglich ist, gemeinsame Faktoren benutzt:

$f = xy'z + (xy' + x'y)zw,$
$g = xy'zw' + x'yzw',$
$h = x'y + (xy' + x'y)(z' + w').$

Lösung

Da g am leichtesten in Faktoren zerlegt werden kann, schreiben wir es in der Form
$g = (xy' + x'y)zw'$.

Untersuchen wir f und h auf gemeinsame Faktoren mit g, so finden wir

$$f = z[xy' + (xy' + x'y)w]$$
$$= z[xy'y' + x'yy' + (xy' + x'y)w]$$
$$= z[(xy' + x'y)y' + (xy' + x'y)w]$$
$$= (xy' + x'y)z(y' + w).$$

Analog.

$$h = x'y + (xy' + x'y)(z' + w')$$
$$= x'yy + xy'y + (xy' + x'y)(z' + w')$$
$$= (x'y + xy')y + (xy' + x'y)(z' + w')$$
$$= (xy' + x'y)(y + z' + w').$$

Daher ist die Schaltung so aufgebaut, wie Bild 4.33 zeigt, wobei $f = f_{02}$, $g = f_{01}$ und $h = f_{03}$ ist.

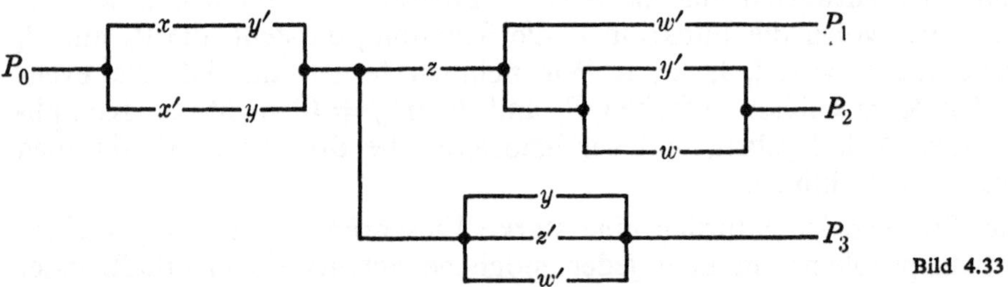

Bild 4.33

Wenn die Funktionen nicht gegeben sind, sondern die Eigenschaften zum Beispiel in einer Tabelle aufgezählt werden, stellt man am besten die Funktionen sofort in konjunktiver Normalform auf. Gemeinsame Faktoren kann man entweder aus der Tabelle oder aus den aufgestellten Funktionen ersehen. Dann kann man beim Zeichnen der Schaltung die gemeinsamen Faktoren bestmöglich ausnützen.

Beispiel 2

Man konstruiere eine Vierpolschaltung, welche die Funktionen f, g und h realisiert, deren Funktionswerte in Tabelle 4.9 angegeben sind.

Lösung

Zunächst schreibt man alle Funktionen in konjunktiver Normalform:

$$f = (x' + y + z)(x' + y' + z)(x + y' + z),$$
$$g = (x' + y + z)(x' + y' + z')(x + y' + z')(x + y + z)(x + y + z')$$
$$h = (x' + y + z)(x' + y' + z')(x + y' + z').$$

106

Tabelle 4.9

Zeile	x	y	z	f	g	h
1	1	1	1	1	0	0
2	1	1	0	0	1	1
3	1	0	1	1	1	1
4	1	0	0	0	0	0
5	0	1	1	1	0	0
6	0	1	0	0	1	1
7	0	0	1	1	0	1
8	0	0	0	1	0	1

Die gemeinsamen Faktoren werden notiert und sind unten durch vertikale Linien voneinander getrennt. Vereinfachungen sind angebracht worden, wo es möglich war.

$$f = (x'+y+z) \quad | \quad (y'+z)$$
$$g = (x'+y+z) \quad | \quad (y'+z') \quad | \quad (x+y)$$
$$h = (x'+y+z) \quad | \quad (y'+z')$$

Die fertige Schaltung zeigt Bild 4.34, wobei gilt: $f = f_{01}$, $g = f_{02}$, $h = f_{03}$.

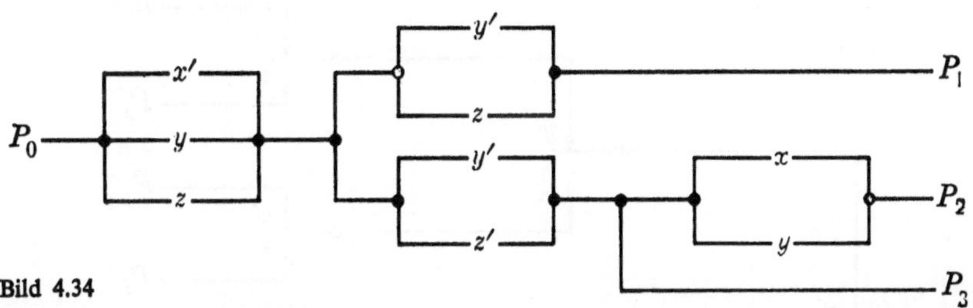

Bild 4.34

Zusätzlich zu den Fällen, in denen die Funktionen gemeinsame Faktoren haben, ist die Mehrfachbenutzung von Schaltern noch in einigen anderen Fällen möglich. Diese lassen sich leichter besprechen, wenn wir den Begriff des sogenannten *Wechselkontaktes* als einer neuen Art von Schaltern einführen. Wir verlegen dies auf das nächste Kapitel.

Übungen

1. Man konstruiere eine Dreipolschaltung, welche die beiden folgenden Funktionen realisiert:

$$f = xzw+y'zw,$$
$$g = xzw+y'zw+x'y'z.$$

2. Man konstruiere eine Vierpolschaltung, um die drei durch Tabelle 4.10 erklärten Funktionen zu realisieren. Wo immer möglich, nutze man Schalter mehrfach aus.

Tabelle 4.10

Zeile	x	y	z	f	g	h
1	1	1	1	0	0	0
2	1	1	0	1	1	1
3	1	0	1	1	0	0
4	1	0	0	0	1	0
5	0	1	1	0	0	0
6	0	1	0	1	1	1
7	0	0	1	1	1	0
8	0	0	0	0	1	0

3. Man konstruiere eine Vierpolschaltung, um die drei folgenden Funktionen zu realisieren, wobei möglichst viele Schalter mehrfach ausgenutzt werden sollen:

$$f = a(b+cd)(x+y),$$
$$g = a(bc+cd),$$
$$h = a(bc'+b'cd).$$

Für diese Schaltung genügen zehn Schalter.

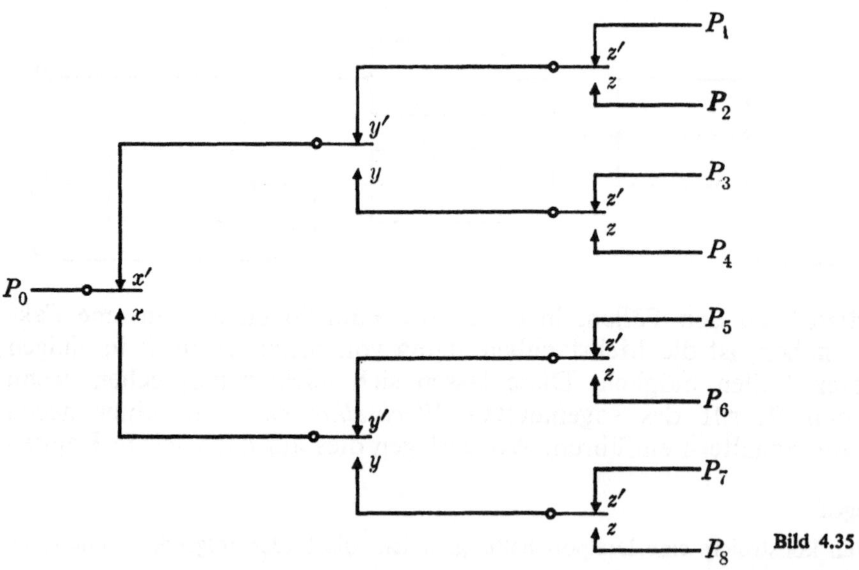

Bild 4.35

4. Das Schaltbild von Bild 4.35, auch *Wechselkontaktpyramide* genannt, genügt, um jede Funktion dreier Variablen zu realisieren, indem man geeignete Pole P_i miteinander verbindet und das Ganze an einen neuen Pol führt. Jedes der Symbole

heißt *Wechselkontakt* und entspricht einem Schalter, der einen seiner

Pole in der einen Schalterstellung mit dem zweiten, in der andern mit dem dritten Pol verbindet. (Umschalter)

a) Man zeige, daß jede Funktion f_{0t} genau eine der acht logischen Möglichkeiten für drei Schalter (Variable) darstellt, offen oder geschlossen zu sein (oder, was damit äquivalent ist, eine der acht Zeilen einer Funktionstafel für drei Variable).

b) Man benutze die Schalterpyramide zur Konstruktion einer Schaltung, welche die Funktion $f = xy + y'z$ realisiert. (Anleitung: Zuerst wird f auf disjunktive Normalform gebracht.)

c) Man benutze die Schalterpyramide zur Konstruktion einer Schaltung, die dann geschlossen ist, wenn genau zwei von den Schaltern x, y und z geschlossen sind.

5. a) Man konstruiere eine vollständige Schalterpyramide für vier Schalter x, y, z und w.

b) Mit der Schalterpyramide von a) entwerfe man eine Dreipolschaltung, welche die folgenden Funktionen realisiert:

$$f = xyw' + xyz'w,$$
$$g = xyzw + xyz'w'.$$

c) Man konstruiere mit Hilfe der Schalterpyramide von a) eine Schaltung, die genau dann geschlossen ist, wenn einer oder drei von vier Schaltern x, y, z und w geschlossen sind.

6. Drei Studenten A, B und C werfen jeden Tag Münzen darum, wer den Kaffee bezahlen soll. Sie wiederholen es so lange, bis genau zwei Münzen dasselbe Bild zeigen. Daraufhin muß der Student, dem die dritte Münze gehört, den Kaffee bezahlen. Anstatt immer mit Münzen zu losen, beschließen sie, eine Maschine zu bauen, auf der jeder einen Schalter entweder öffnet oder schließt, wobei wieder derjenige den Kaffee bezahlen muß, der von den beiden andern verschieden geschaltet hat. Man entwerfe eine geeignete Fünfpolschaltung, die ein grünes Licht einschaltet, wenn alle drei Schalter gleich stehen (also ein zweiter Versuch notwendig ist), ein rotes Licht, wenn A den Kaffee zahlt, ein blaues Licht, wenn B bezahlen muß, und ein gelbes Licht, wenn C an der Reihe ist.

4.7 Symmetrische Funktionen und ihre Schaltungen

In Abschn. 4.4 wurde das Problem behandelt, die Boolesche Funktion zu bestimmen, die eine Nicht-Serienparallelschaltung darstellt. Es wurde gleichzeitig angedeutet, daß es schwierig ist, für eine gegebene Funktion eine solche Schaltung zu entwerfen. Die allgemeine Lösung dieses Problems ist noch nicht bekannt. Es gibt jedoch gewisse Typen von Funktionen, nämlich die *symmetrischen Funktionen*, für die die Lösung des Schaltungsentwurfsproblems bekannt ist. In diesem Abschnitt wollen wir zeigen, wie man für solche Funktionen die sparsamsten Schaltungen konstruiert.

Wir wollen sagen, eine Funktion von n Variablen $x_1, x_2, \ldots, x_0$ ist genau dann in diesen Variablen *symmetrisch,* wenn sie bei Vertauschung zweier beliebiger Variablen die gleiche bleibt.

Beispielsweise ist die Funktion $xy' + x'y$ symmetrisch in x und y, die Funktion $xyz + x'y'z'$ ist symmetrisch in x, y und z, und die Funktion $xy'z + x'yz + x'y'z'$ ist symmetrisch in x, y und z'. Dazu kommt noch, daß es häufig möglich ist, eine gegebene Funktion so zu schreiben, daß ein Faktor oder Summand der Funktion symmetrisch ist. In diesen Fällen kann man den symmetrischen Teil der Funktion durch die in diesem Abschnitt besprochene Schaltung realisieren und diese Teilschaltung mit dem Rest in Serie oder parallel schalten.

Der folgende Satz gibt die Grundlage ab, auf der die Entwurfsmethode für Schaltungen symmetrischer Funktionen aufbaut.

Satz. Eine notwendige und hinreichende Bedingung dafür, daß eine Funktion von n Variablen symmetrisch ist, liegt dann vor, wenn man eine Menge von Zahlen $n_1, n_2, \ldots, n_k$, $0 \leqslant n_i \leqslant n$ für jedes $i = = 1 \ldots k$ angeben kann, sodaß die Funktion genau dann den Wert 1 annimmt, wenn jede Kombination von n_i der n Variablen nur aus Einsen besteht.

Beweis. Wenn die Funktion symmetrisch ist, ändert eine Vertauschung von Variablen die Funktion nicht. Daher wird der Funktionswert ebenso gut durch die Anzahl der Variablen bestimmt, die den Wert 1 haben, wie durch einzelne Wertekombinationen der Variablen. Umgekehrt, wenn die Anzahl der Variablen, die den Wert 1 haben, den Funktionswert allein bestimmt, dann ist es klar, daß man die Variablen beliebig austauschen kann, ohne den Funktionswert zu ändern. Daher ist die Funktion symmetrisch.

Wir nennen die Zahlen $n_1, n_2, \ldots, n_k$, die zu einer symmetrischen Funktion gehören, die *charakterischen Zahlen* der Funktion. Die symmetrische Funktion $xy + xz + yz$ hat die charakteristischen Zahlen 2 und 3; wenn nämlich zwei oder drei der Variablen den Wert 1 haben, nimmt die Funktion auch den Wert 1 an. Analog hat $xy' + x'y$ die einzige charakteristische Zahl 1. Um die charakteristischen Zahlen einer gegebenen symmetrischen Funktion zu bestimmen, braucht man lediglich nacheinander $0, 1, \ldots, n$ der Variablen gleich 1 und den Rest gleich 0 zu setzen, und dafür die Funktionswerte auszurechnen. Man notiert sich dann die Anzahl der Variablen, für die der Funktionswert gleich 1 wird.

Man kann zeigen, daß die Vereinigung und der Durchschnitt von zwei symmetrischen Funktionen mit denselben Variablen wieder symmetrische Funktionen sind. Die charakteristischen Zahlen des Produktes sind dabei diejenigen, die beiden Funktionen gemeinsam sind. Die charakteristischen Zahlen der Summe dagegen sind die, welche mindestens zu einem Summanden gehören. Schließlich ist das Komplement einer symmetrischen Funktion selbst symmetrisch und hat als charakteristische Zahlen alle diejenigen von $0 \ldots n$, die nicht als charakteristische Zahlen der gegebenen Funktion auftreten.

Bevor wir den allgemeinen Fall einer symmetrischen Funktion von n Variablen betrachten, stellen wir zunächst die Schaltung für drei Variable auf. Bild 4.36 zeigt eine Schaltung, die jede beliebige symmetrische Funktion dreier Variablen realisiert. Die rechts stehenden Ziffern entsprechen charakteristischen Zahlen. So kommt z.B. zwischen P_1 und dem Punkte 2 dann und nur dann ein Schluß zustande, wenn genau zwei von den drei Schaltern geschlossen sind.

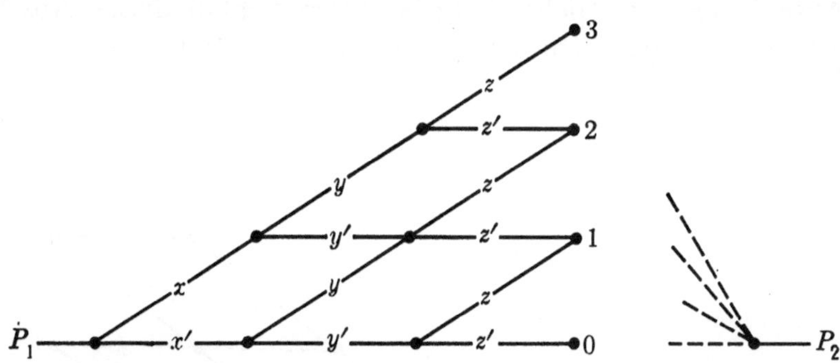

Bild 4.36 Schaltung für symmetrische Funktionen dreier Variabler

Um daher eine symmetrische Funktion mit drei Variablen und den charakteristischen Zahlen $n_1, n_2, \ldots, n_k$ zu realisieren, verbinden wir die Punkte $n_1, n_2, \ldots, n_k$ mit P_2 und streichen alle nichtbenutzten Schaltungsteile. Zum Beispiel ist die Funktion

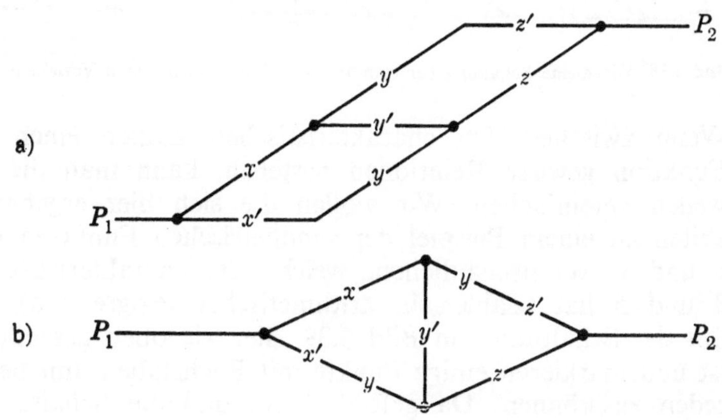

Bild 4.37 Symmetrische Schaltung für x, y und z mit der charakteristischen Zahl 2

$xyz' + xy'z + x'yz$ symmetrisch mit der charakteristischen Zahl 2. Lassen wir aus Bild 4.36 alles nicht Benutzte weg, dann bekommen wir die Schaltung von Bild 4.37 a), die sich nach Umzeichnung in Bild 4.37 b) als eine Brückenschaltung erweist, wie wir sie in Abschn. 4.4 besprochen haben.

Es sollte nach dieser Darstellung klar sein, daß die Schaltung von Bild 4.38 in der Lage ist, jede symmetrische Funktion von n Variablen zu realisieren. Die mit der jeweiligen charakteristischen Zahl bezeichneten Punkte werden mit dem Pol P_2 verbunden. Die entstehende Nicht-Serien-Parallelschaltung ist im allgemeinen mit Schaltern sparsamer als eine Serien-Parallelschaltung, obgleich es auch hier einige Ausnahmen gibt (siehe Aufgabe 1 am Schluß dieses Abschnitts). In gewissen Spezialfällen kann man die Schaltung noch weiter vereinfachen.

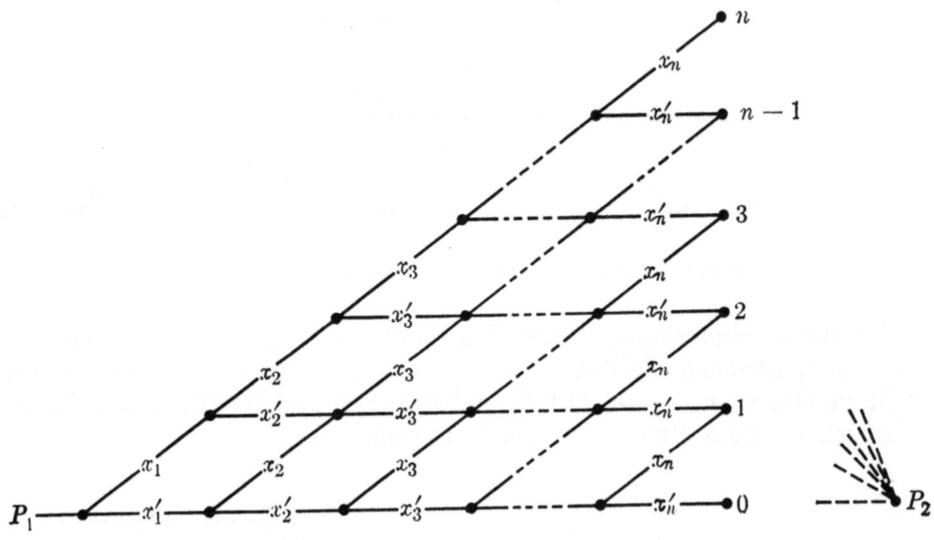

Bild 4.38 Allgemeine Schaltung für symmetrische Funktionen von n Variablen

Wenn zwischen den charakteristischen Zahlen einer symmetrischen Funktion gewisse Relationen bestehen, kann man die Schaltung zuweilen vereinfachen. Wir wollen die sich hier ergebenden Möglichkeiten an einem Beispiel der symmetrischen Funktion von x, y, z, u, v und w veranschaulichen, welche die charakteristischen Zahlen 1, 3 und 5 hat (Zahlen in arithmetischer Progression). Wir beginnen mit der Schaltung von Bild 4.39, die, wie oben geschildert, aufgebaut ist und markieren einige Punkte mit Buchstaben, um besser von ihnen reden zu können. Da gefordert ist, daß die Schaltung genau dann geschlossen ist, wenn eine ungerade Anzahl Schalter schließen, kann man sich jeden stromführenden Weg in der Schaltung dadurch entstanden denken, daß man die Wege in der Schaltung mit Bleistift nachzieht, die eine ungerade Anzahl von Stufen der Schaltung passieren. Da jede Stufe der Schaltung mit dem unmittelbar unter ihr liegenden Teil der vorhergehenden Stufe identisch ist, könnte man eine äqui-

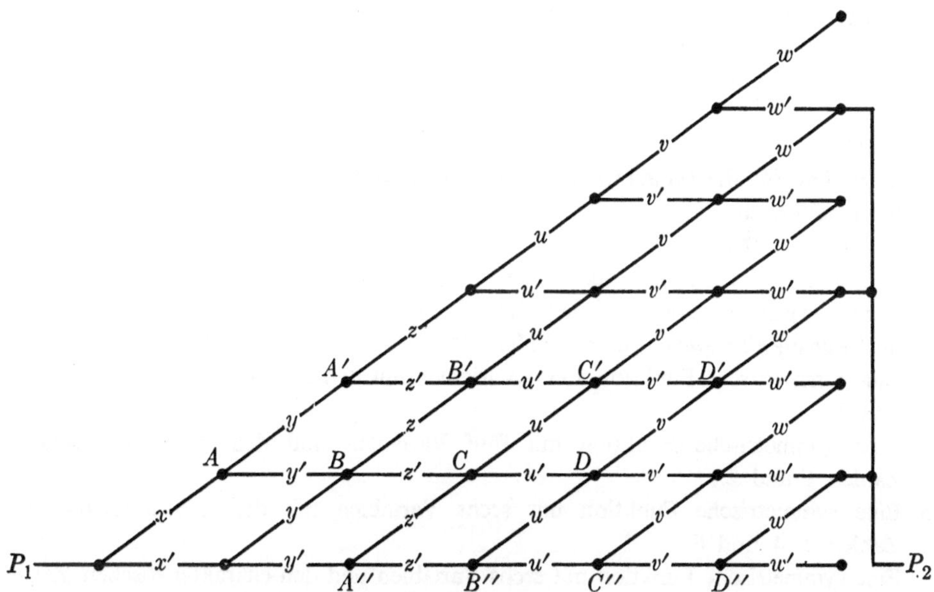

Bild 4.39 Symmetrische Funktion mit charakteristischen Zahlen 1,3 und 5

valente Schaltung dadurch erhalten, daß man alle außer den beiden ersten Stufen wegläßt und die Punkte A, B und C mit den Punkten A'', B'', C'' und D'' durch jeweils den Schalter verbindet, der früher diese Punkte mit A', B', C' und D' verband. Nun brauchen wir nicht mehr mit Wegen zu arbeiten, die eine ungerade Anzahl von Stufen durchqueren, sondern können uns vorstellen, daß die Schaltung aus allen Wegen besteht, die eine ungerade Anzahl von Malen zwischen zwei Stufen hin und herwechseln.

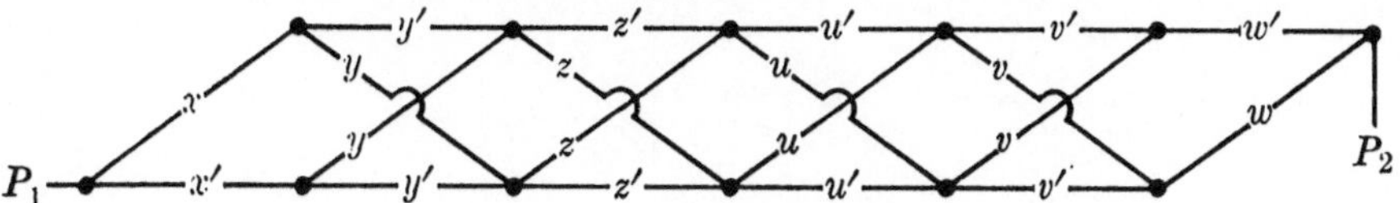

Bild 4.40 Vereinfachung von Bild 4.39 durch Herunterschieben

Als Ergebnis dieser Methode des „Herunterschiebens" bekommen wir die Schaltung in Bild 4.40, wo die untere Stufe den Stufen 0, 2,

4 und 6, die obere den Stufen 1, 3, 5 entspricht. Die Schaltung ist, wie leicht zu sehen ist, mit der von Bild 4.39 äquivalent, enthält aber statt der sechsunddreißig Schalter nur zwanzig.

Diese Methode kann mit gewissen Abänderungen zuweilen auch dann benutzt werden, wenn die charakteristischen Zahlen keine arithmetische Folge bilden. Auf jeden Fall sollte man die hier angedeutete Möglichkeit immer im Auge behalten. Das Problem des An- und Ausschaltens einer Lampe von n Stellen aus kann mit dieser Methode leicht gelöst werden.

Übungen

Man zeichne für die symmetrischen Funktionen von Übung 1 bis 7 möglichst einfache Schaltungen.

1. $xy+yz+xz$. (Man vergleiche die Schaltung mit einer Serien-Parallelschaltung. Für beide Schaltungen braucht man 5 Schalter.)
2. $xyz'w'+xy'zw'+x'yzw'+xy'z'w+x'yz'w+x'y'zw$.
3. $abc'+ab'c+a'bc+ab'c'+a'bc'+a'b'c$.
4. Eine symmetrische Funktion von 4 Variablen mit den charakteristischen Zahlen 0 und 3.
5. Eine symmetrische Funktion mit fünf Variablen und den charakteristischen Zahlen 1 und 2.
6. Eine symmetrische Funktion mit sechs Variablen mit den charakteristischen Zahlen 2, 4 und 6.
7. Eine symmetrische Funktion mit sechs Variablen und den charakteristischen Zahlen 0, 3 und 6.
8. In einem gewissen Labyrinth kann eine Ratte in mindestens eine von vier Sackgassen geraten. In jeder Sackgasse ist ein Schalter, der beim Eintritt der Ratte automatisch geschlossen wird. Man entwerfe eine Sechspolschaltung, die fünf Lämpchen schaltet, um die Fehler zu zählen, welche die Ratte macht. Man benutze dazu eine typische Schaltung für symmetrische Funktionen.
9. In einem achteckigen Raum hängt in der Mitte der Decke eine Lampe. An jeder Wand ist ein Schalter. Man verbinde die Schalter so miteinander und mit der Lampe, daß man mit jedem von ihnen das Licht, unabhängig von der Stellung des andern, ein- und ausschalten kann und benutze dazu die Methode des Herunterschiebens.

5. Relaisschaltungen und Steuerprobleme

5.1 Einleitung

In Kap. 4 behandelten wir Schaltkreise, wobei wir uns die benutzten
Schalter als von Hand betätigte Apparate vorstellten, die entweder
offen oder geschlossen waren. Obwohl die dort dargestellten Gedankengänge ebenso auf Schaltungen anwendbar sind, in denen andere bi-
stabile Elemente vorkommen, wurden viele Probleme, die mit der Art
des benutzten Schaltelementes eng zusammenhängen, vollständig
ignoriert. So wurde zum Beispiel angenommen, daß es möglich wäre,
einen Schalter zu öffnen und gleichzeitig einen anderen zu schließen.
Solche Idealisierungen sind für den Aufbau einer Theorie erlaubt;
in einem konkreten Problem des Schaltungsentwurfes jedoch muß
sehr viel mehr Sorgfalt auf die Details des Schaltvorgangs verwandt
werden. Das ist unmöglich, wenn man nicht auf den speziellen Typ
von Schaltelementen, die man benutzen will, genauer eingeht. In diesem
Kapitel werden wir uns noch immer der Vernachlässigung von Details
schuldig machen, aber wir werden spezielle Schaltelemente einführen,
die es uns erlauben, den Fehler möglichst klein zu halten. Zusätzlich
wird uns die Einführung der *Relais* gestatten, Schaltkreise mit komplizierten viel nützlicheren Eigenschaften zu entwerfen, als es möglich
wäre, wenn die Schaltungen auf von Hand betätigte Schalter beschränkt
würden.
In gewissen Teilen eines Schaltbildes ist die Art des benutzten Schalters
völlig unwesentlich. Wir könnten dort sogar handbetätigte Schalter
vorsehen. Wenn das der Fall ist, kann man die Bezeichnungen aus
Kap. 4 übernehmen. In anderen Fällen, wenn der Schalter durch einen Elektromagneten betätigt werden soll, wird eine neue Bezeichnungsweise eingeführt, die in Bild 5.1 gezeigt ist.

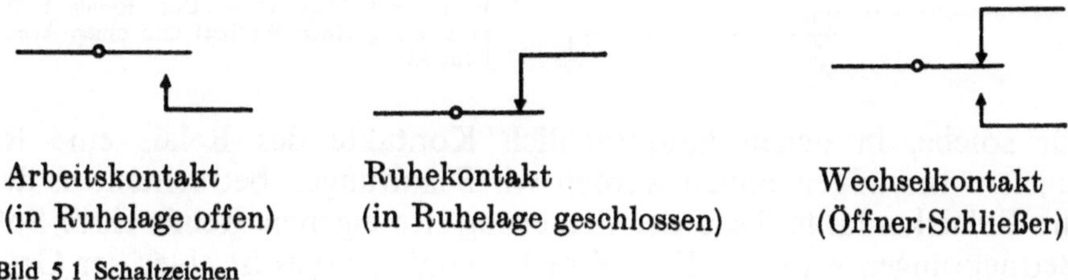

Arbeitskontakt   Ruhekontakt   Wechselkontakt
(in Ruhelage offen)   (in Ruhelage geschlossen)   (Öffner-Schließer)

Bild 5 1 Schaltzeichen

Das Wort *Kontakt* bedeutet im wesentlichen dasselbe wie „Schalter",
namlich eine Vorrichtung zwischen zwei Leitern, die entweder offen

oder geschlossen sein kann. Wir werden uns jedoch einen Kontakt als eine Vorrichtung vorstellen, bestehend aus a) einer Feder (Lamelle), in der Ruhelage im Schaltbild durch –o— dargestellt, an die der eine Leiter angeschlossen ist, und b) eine Spitze, im Schaltbild als ↑ dargestellt, die mit dem zweiten Leiter verbunden ist. Wir verstehen unter einem *Arbeitskontakt* einen Kontakt, der bei ruhender Feder offen ist, unter einem *Ruhekontakt* dagegen einen, der bei ruhender Feder geschlossen ist. Ein *Wechselkontakt* ist einfach eine Kombination von Ruhe- und Arbeitskontakt, die beide von ein und derselben Lamelle betätigt werden. Bei der Zählung der Kontakte einer gegebenen Schaltung wird ein Wechselkontakt als zwei Kontakte gezählt. Ist es möglich, einen Ruhe- und einen Arbeitskontakt in einem Wechselkontakt zu vereinen, so werden wir das als eine Vereinfachung ansehen, da letzterer gewöhnlich ökonomischer in der Herstellung ist. Wir werden der Einfachheit halber ungestrichene kleine Kursivbuchstaben, $x, y, a, \dots$ für Arbeitskontakte benutzen und die gestrichenen Buchstaben $x', y', a' \dots$ für Ruhekontakte. Ein *Relais* ist eine Kombination einer gewissen Menge von Kontakten, die alle von einem einzelnen Elektromagneten betätigt werden. Fließt kein Strom durch die Spule des Magneten, dann sind alle Kontaktfedern im Ruhezustand: Arbeitskontakte sind offen, Ruhekontakte geschlossen. Wenn dagegen Strom durch die Windungen der Spule fließt, ist das. Relais aktiviert, und die Schaltzustände der einzelnen Kontakte sind vertauscht. Das Relais selbst werden wir mit einem großen Kursiv-buchstaben bezeichnen, sagen wir X, alle Arbeitskontakte von X mit x und alle Ruhekontakte mit x'. Wir werden uns gleichermaßen für Schal-tungen interessieren, welche die Steuerung des Relais enthalten, wie

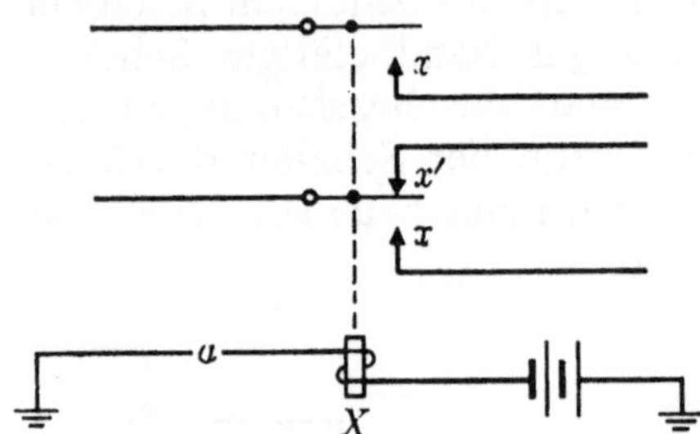

Bild 5.2
Relais mit Steuerkreis. Das Relais betätigt gleichzeitig einen Wechsel und einen Arbeits-kontakt

für solche, in denen hauptsächlich Kontakte des Relais eine Rolle spielen. In einigen Fällen werden wir Schaltungen betrachten, in denen die Relaiskontakte Teile der Steuerung des eigenen Relais sind. Solche Betrachtungen waren in Kap. 4 nicht möglich; dies ist einer der Gründe für die Einführung von Relais. Auf solchen Schaltungen beruht zum Beispiel die „Gedächtniseigenschaft" von Rechenautomaten. Bild 5.2 zeigt ein typisches Relais und deutet seine Steuerschaltung an. Der gestrichelte Balken zwischen den Kontakten von X stellt eine isolierte mechanische Verbindung zwischen ihnen dar, welche sie veranlaßt, zu gleicher Zeit zu schalten. Sie führt keinen Strom. Die Symbole ⊥ für Erdung und ⊣|ı|⊢ für Batterie sind die üblichen. Der Steuerkreis besteht aus einem einzelnen (handbetätigten) Schalter a.

Wir werden mit voller Absicht die mannigfaltigen Fragen des Aufbaus und der Betriebscharakteristiken von Relais in diesem Buch vermeiden. Um beispielsweise zu entscheiden, welche Stromquelle in Verbindung mit einem gegebenen Relais benutzt werden sollte, wäre es nötig zu untersuchen, welchen Strom das Relais zum anfänglichen Schaltvorgang braucht, um welchen Betrag der Strom nach dem Schaltvorgang reduziert werden kann, sodaß das Relais im aktiven Zustand verharrt, und denjenigen Strom, bei dem das Relais endgültig abfällt. Wir werden im Folgenden die Stromquellen unserer Schaltungen als richtig gewählt ansehen und werden uns stattdessen auf diejenigen Eigenschaften unserer Schaltungen konzentrieren, die am engsten mit der Booleschen Algebra in Beziehung stehen.
Ein anderes Problem bei der Verwendung von Relais ist mit dem Zeitintervall verknüpft, das zwischen der Schließung des Schaltkreises mit der Relaiswicklung und dem Anzuge des Relais verstreicht. Ein ähnliches Problem ist auch mit der Abfallzeit des Relais verknüpft. Wir werden nicht die wirkliche Länge der Intervalle untersuchen, aber wir werden auch nicht die Tatsache ignorieren, daß solche Intervalle existieren. Kein Relais schaltet augenblicklich, und wo diese Verzögerung die richtige Arbeitsweise eines Kreises stören kann, wird man Methoden untersuchen müssen, durch die man dieser Schwierigkeit beikommen kann.

Kurz, wir werden den Gebrauch von Relais in Schaltungen untersuchen, weil sie vielseitiger sind als Handschalter, aber wir werden viele Details des Betriebes von Relais übergehen, die für den Anfangsentwurf der Schaltung unwesentlich sind. Nur diejenigen Relaischarakteristiken werden behandelt, die unmittelbar in die Booleschen Funktionen eingehen, welche die Schaltungen darstellen.

5.2 Grundlegende Steuerkreise für Relais

Bevor wir daran gehen können, Relaisschaltungen zu entwerfen, die gegebenen Bedingungen genügen, ist es notwendig, die Art und Weise zu betrachten, in der man durch einen offnen oder geschlossenen Schaltkreis, genannt *Steuerkreis*, das Relais zum Anziehen oder Abfallen veranlassen kann. Im allgemeinen wird eine Relaisschaltung drei Arten von Kreisen oder Schaltwegen enthalten. Die erste Art von Schaltkreisen nennen wir *Eingangsschaltung*; sie besteht aus Schaltern oder

Relais, die von Hand oder äußeren Stromquellen betätigt werden,
etwa von solchen, die in getrennten Teilen der zu bauenden Maschine
vorhanden sind. Das ist der Teil der Schaltung, durch welchen dem
System als Ganzem Befehle zugeführt werden. Die zweite Art von
Schaltkreisen, genannt *Ausgangskreis*, wird gewöhnlich aus Kontakten
bestehen, die zu Relais innerhalb des Systems gehören. Dieser Teil
der Schaltung führt die Arbeit aus, für welche die Maschine konstruiert
wurde. Die dritte Art von Schaltungen, die zu gegebenen Relais im
Inneren des Systems gehört, heißt *Steuerkreis* des Relais und läßt
nur das gegebene Relais anziehen oder abfallen. Es ist nützlich, sich
die Schaltung im Ganzen in diese drei Arten von Kreisen zerlegt zu
denken, auch wenn beträchtliche Überlappungen zwischen ihnen vorkommen. Beispielsweise kann ein gegebener Eingang, bestehend etwa
aus einer Stromquelle oder einem handbetätigten Schalter direkt ein
Teil des Ausgangskreises sein. Steuerkreise können ganz aus Teilen
der Eingangskreise zusammengesetzt werden, sie können aus Ausgangs-
kreisen von Teilschaltungen bestehen, die für die Betätigung des Relais
entworfen wurden, oder aus Teilen der Ausgangsschaltungen für das
System als Ganzem. Die grundlegenden Schaltkreise werden in den
Beispielen dieses Abschnitts anschaulich gemacht und in späteren
Abschnitten genauer untersucht werden.

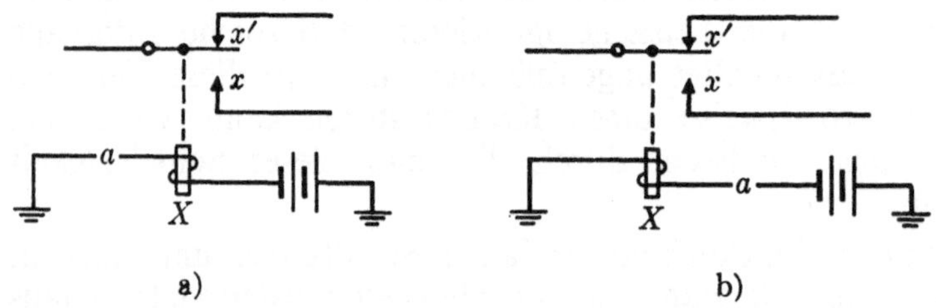

Bild 5.3 Direkter Steuerkreis für Relais X

Bild 5.3. zeigt einen direkten Steuerkreis für ein Relais X in zwei äquivalenten Schaltungen. In diesem Schaltbild zieht das Relais an, wenn
Schalter a geschlossen ist, und fällt ab, wenn a offen ist. Hier würden
wir als Eingangsgröße den Zustand des Schalters a ansehen. Es ist
keine Eingangsschaltung gezeigt. Aber es liegt zum Beispiel dann eine
Eingangsschaltung vor, wenn Schalter a ein Kontakt eines Relais ist,
sagen wir des Relais Y, wobei dann der Steuerkreis von Y den Eingangskreis der gezeigten Schaltung darstellt. Ausgangskreise können
mit Hilfe eines der beiden von X betätigten Kontakte aufgebaut werden.
Wir würden den Arbeitskontakt als x, den Ruhekontakt als x' bezeichnen.
Bild 5.4 zeigt einen Steuerkreis für das Relais X, der dem in Bild 5.3

äquivalent ist, bei dem aber das Relais anzieht, wenn der Schalter a' geöffnet wird. Solche Kreise, genannt *Nebenschlußkreise*, sind besonders dann zu benutzen, wenn man ein Relais durch die Öffnung eines Schaltkreises betätigen will. Der Nebenschluß hat Nachteile, da der Strom durch den kurzgeschlossenen Stromweg vergeudet wird, und der Widerstand R zur Verkleinerung des Verlustes eine zusätzliche Ausgabe dar-

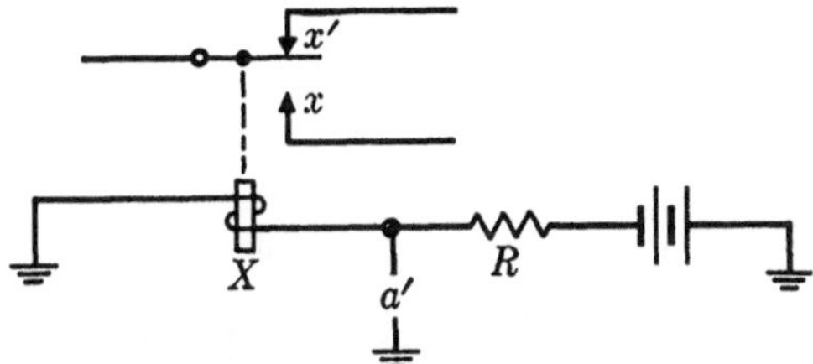

Bild 5.4
Steuerung durch Nebenschluß

stellt. Ferner wird die Abfallzeit des Relais durch den Nebenschluß verlängert. Man bemerke, daß immer dann die Bedingungen für den Anzug des Relais dieselben sind, wenn die Funktion, die den Nebenschluß darstellt, die Negation der einem direkten Steuerkreis zugeordneten Funktion ist.

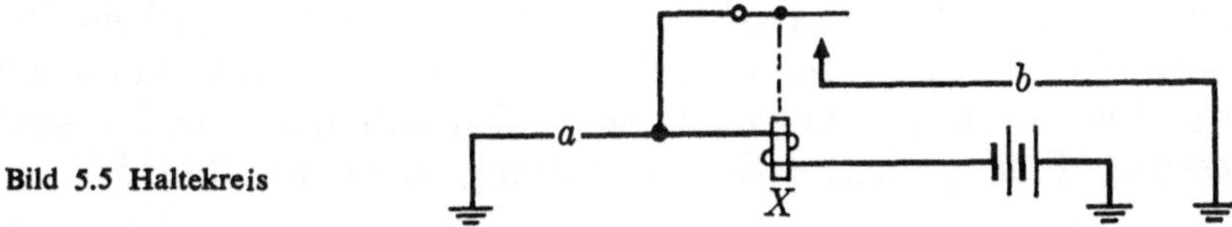

Bild 5.5 Haltekreis

Bild 5.5 zeigt einen Steuerkreis für ein Relais X, das seinen eigenen Steuerkreis beeinflußt. Ein solcher Steuerkreis heißt ein *selbsthaltender Kreis*; wenn Schalter b geschlossen ist (sobald Schalter a zur Anfangsbetätigung des Relais geschlossen worden ist), bleibt das Relais angezogen, bis b geöffnet wird, unabhängig von dem Zustand von a. Das ist die einfachste „Gedächtnisschaltung" in Relaiskreisen, die einem Relais erlaubt, im angezogenen Zustand zu verharren, auch wenn der Zustand des Eingangskreises, der die Betätigung des Relais veranlaßte, verschwunden ist. In dieser Figur sind keine Ausgangskreise gezeigt; sie könnten jedoch mit weiteren Kontakten aufgebaut werden, die von Relais X betätigt werden. Wir können die Steuerschaltung dieses Relais als teilweise aus einer Eingangsschaltung (Schalter a) und teilweise aus einer Ausgangsschaltung aufgebaut betrachten (Kontakt von X). Dieses illustriert die oben angedeutete Tatsache, daß es keine klare Gliederung einer Schaltung in Eingangs-, Ausgangs- und Steuerkreise zu geben braucht.

Bei einem Wechselkontakt kann es von Bedeutung sein, daß der Arbeitskontakt geschlossen wird, bevor der Ruhekontakt öffnet. Ein solcher
Wechselkontakt kann konstruiert werden und heißt *kontinuierlicher
Wechselkontakt* oder *Arbeits-Ruhekontakt*. Es genügt für unsere Zwecke
zu wissen, daß ein solcher Wechselkontakt gebaut werden kann; für
den interessierten Leser deuten wir die Konstruktionsmethode in unserer
Schaltbildkonvention in Bild 5.6 an. Andere spezielle Schaltungen,

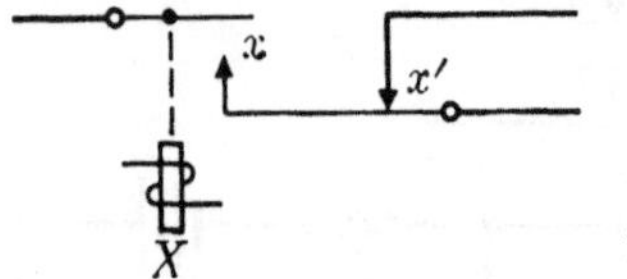

Bild 5.6

in denen verschiedene Ruhe- und Arbeitskontakte vorkommen, sind
verfügbar, um die Kontakte in einer großen Vielfalt von Reihenfolgen
zu betätigen. In diesen grundlegenden Steuerschaltungen sind verschiedene Varianten möglich; einige werden später nach Bedarf eingeführt
werden. Für spezielle Zwecke können andere Kontaktanordnungen
besser geeignet sein als die hier gezeigten; diese erhellen aber die Grundbegriffe der Relaissteuerung und Relaisbetätigung.
An einem weiteren Beispiel zeigen wir noch einige zusätzliche Möglichkeiten in einem Steuerkreis. Nehmen wir zunächst an, daß ein Steuerkreis
entworfen werden soll, so daß ein Relais X anzieht, wenn Schalter a
geschlossen wird, oder wenn die beiden Schalter b und c geschlossen
werden. Eine geeignete Steuerschaltung wird in Bild 5.7 a) gezeigt.

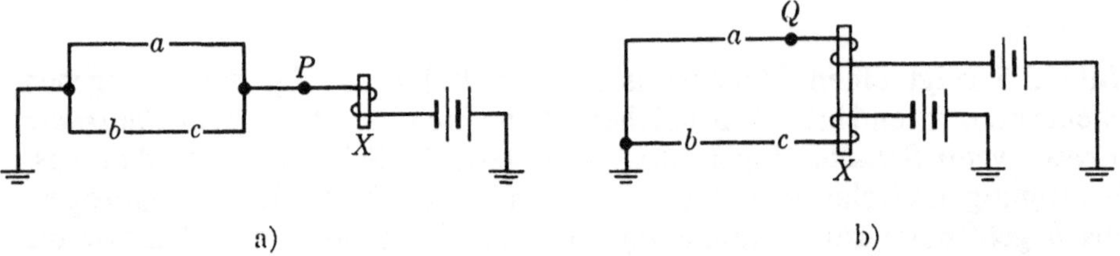

a)   b)

Bild 5.7 Durch $a+bc$ betätigtes Relais

Angenommen ferner, der Schalter a soll in einem anderen Teil der
Gesamtschaltung benutzt werden; wenn der Punkt P mit einer anderen
Schaltung verbunden wird, dann ergäbe sich der gewünschte Kurzschluß
mit Erde, wenn a geschlossen würde. Er würde aber auch entstehen,
wenn b und c zugleich geschlossen würden. Um diese Schwierigkeit
zu vermeiden, könnte man ein Relais mit zwei Wicklungen benutzen,
um a von bc zu isolieren, wie in Bild 5.7 b) gezeigt wird. Ein Draht
vom Punkt Q ausgehend kann benutzt werden, um a mit einem anderen
Teil der Schaltung zu verbinden.

120

Wenn in einem Schaltkreis handbetätigte Schalter vorkommen, unterscheidet man am besten zwei Arten von Schaltern. Der erste, den wir nach wie vor als *Schalter* bezeichnen, ist so aufgebaut, daß er entweder in geschlossener oder in offener Stellung belassen werden kann. Die andere Art, die wir als *Drucktasten* bezeichnen werden, stellen wir uns als einen Schalter mit einer Rückstellfeder vor, der von Hand betätigt werden kann und die Zustände von einem oder mehreren Kontakten ändert, der jedoch von selbst in seine Ursprungslage zurückkehrt, wenn man ihn losläßt. D.h., eine Drucktaste funktioniert wie ein Relais, wird jedoch statt von einem Elektromagneten von Hand betätigt.

Beispiel 1

Eine Schaltung A ist konstruiert worden, um eine gewisse Boolesche Funktion f zu realisieren. Es wird nun eine Schaltung gesucht, die f' realisiert. Man zeige, wie A dazu benutzt werden kann, die gewünschte Schaltung aufzubauen. Man ignoriere die Anzugs- und Abfallszeit des benutzten Relais.

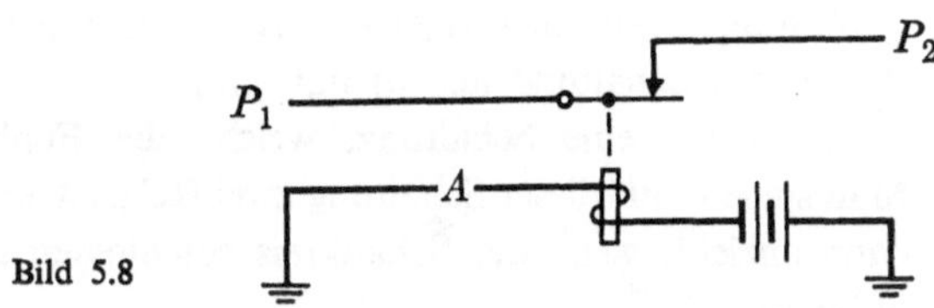

Bild 5.8

Lösung

Da f' eine Funktion ist, die dann Null ist, wenn $f = 1$ ist, und umgekehrt, ist die Funktion f_{12} trivialerweise gleich f', da der Weg von P_1 nach P_2 geschlossen ist, wenn A offen ist (Relais abgefallen) und offen, wenn A geschlossen ist (Relais angezogen)

Beispiel 2

Ein Relais X soll schalten, wenn entweder Schalter y oder Schalter z geschlossen ist. Einmal betätigt, soll das Relais angezogen bleiben bis eine Taste T gedrückt wird, woraufhin es abfallen soll, unabhängig von dem Zustand von y und z.

Lösung

In Bild 5.5 muß a durch eine Schaltung für die Funktion $f = zy' + z'y$ ersetzt werden, um die Bedingungen für die Anfangsbetätigung zu erfüllen. Nun wird ein Haltekreis wie in Bild 5.5 benötigt, aber, wenn die Taste T anstelle von b eingesetzt würde, dann würde das Relais nicht abfallen wenn f den Wert 1 hat. Die Taste T wird das Relais unter allen Umständen zum Abfallen veranlassen, wenn sie angebracht wird, wie es in Bild 5.9 a) angedeutet wird. Bild 5.9 b) ist zu Bild 5.9 a) äquivalent, jedoch mit anderer Bezeichnung für die Schalter y und z.

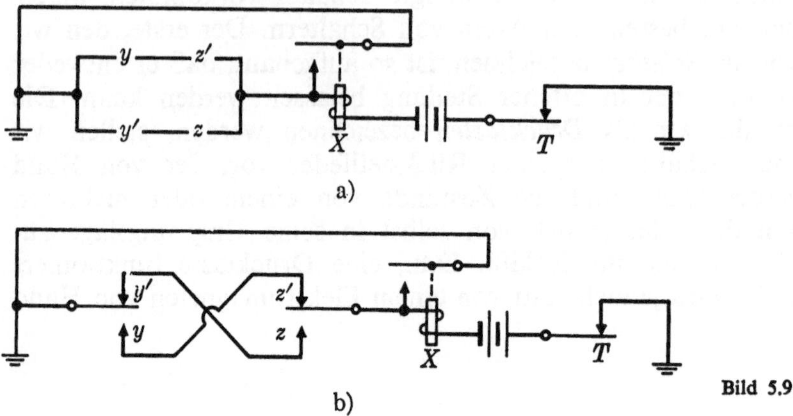

a)

b)

Bild 5.9

Übungen

1. a) Man zeichne die Schaltung, welche die Funktion $f = a + bc$ realisiert.
   b) Man zeichne eine Steuerschaltung für ein Relais X, sodaß X genau dann anzieht, wenn der Schaltkreis von a) geschlossen ist.
   c) Man zeichne einen Ausgangskreis für das Relais X, der f' realisiert. (Man zeichne das in das Schaltbild aus b) mit ein.)

2. Man zeichne eine Schaltung, welche die Funktion $f = a(b+c) + d$ realisiert. Man steuere mit dieser Schaltung zwei Relais X und Y gleichzeitig, so daß X genau dann anzieht, wenn der Schaltkreis geschlossen ist, und Y genau dann, wenn er offen ist.

3. Man zeichne einen Schaltkreis, um ein Relais X derart zu steuern, daß es zuerst anzieht, wenn irgendeiner oder alle drei Schalter a, b oder c geschlossen sind, und daß es in dieser Stellung bleibt, bis ein Schalter d geöffnet wird, worauf X abfällt, wenn nicht gerade zur selben Zeit die Bedingungen für das Anziehen von X gegeben sind.

4. Ein Relais X soll dann anziehen, wenn eine Taste A (mit einem Ruhekontakt) gedrückt wird, und soll angezogen bleiben, bis eine Taste B (gleichfalls mit einem Ruhekontakt versehen) gedrückt wird, worauf X abfällt, unabhängig von der Stellung der Taste A. Man entwerfe die Steuerschaltung.

5. Drei Schalter a, b und c sollen ein Relais derart steuern, daß das Relais anzieht, wenn einer der Schalter oder alle drei geschlossen sind; dagegen soll X abfallen, wenn kein Schalter oder jeweils zwei Schalter geschlossen sind. Man zeichne den Steuerkreis.

6. Drei Relais X, Y, Z sollen durch Drucktasten A, B, C gesteuert werden, wobei die Drucktasten beliebig mit Arbeits-, Ruhe- oder Wechselkontakten bestückt werden können, wie man es gerade benötigt. Man entwerfe eine Steuerschaltung, so daß Relais X nur anzieht, wenn A und B gedrückt werden, aber nicht C; Relais Y nur dann, wenn einer oder mehrere der Tasten A, B, C gedrückt werden und Relais Z schaltet nur dann, wenn X und Y beide anziehen.

7. Zwei Relais X und Y sollen durch drei Schalter A, B, C gleichzeitig gesteuert werden. Man entwerfe eine Schaltung derart, daß X für jede Kombination von Schalterstellungen anzieht, die in Tabelle 5.1 angegeben ist und Y dann und nur dann anzieht, wenn X abfällt. (d.h., die Steuerfunktion für Y ist zu der Negation der Steuerfunktion für X äquivalent.)

Tabelle 5.7

Zeile	A	B	C
1	1	0	1
2	1	0	0
3	1	1	0
4	0	0	1

5.3 *n*-polige Schaltungen und die Verwendung von Wechselkontakten

Wenn zwei oder mehrere Relais von gemeinsamen Eingängen gesteuert werden sollen, entstehen ganz von selbest n-Polschaltungen durch die Bemühungen Kontakte einzusparen. Solche Schaltungen sind von der Art, wie wir sie in Abschn. 4.6 besprochen haben. In diesem werden wir an einer Anzahl von Beispielen Methoden veranschaulichen, die beim Entwurf von Steuerkreisen benutzt werden können, und auf einige Schwierigkeiten, die dabei auftreten können, hinweisen.

Beispiel 1

Zwei Relais X und Y sollen von Kontakten auf Relais A, B, C und D gesteuert werden, die die Eingangsbedingungen darstellen sollen. Man entwerfe einen Steuerkreis, so daß X anzieht, wenn A anzieht und B abgefallen ist, während Y anzieht, wenn A und C beide anziehen oder wenn D abfällt.

Lösung

Man bezeichne die Steuerfunktion für X mit $x(a, b)$, die von Y mit $y(a, c, d)$. Nach den Voraussetzungen ist $x(a, b) = ab'$ und $y(a, c, d) = ac+d'$. Bild 5.10 zeigt die getrennten Schaltungen für diese Funktionen. Dabei würde man zwei Arbeitskontakte auf Relais A benötigen; diese kann man jedoch, wie in Bild 5.11 gezeigt wird, auf einen einzigen Kontakt reduzieren. Diese kleine Ersparnis an Kontakten würde sich dann auswirken, wenn anstatt des einzigen Kontaktes a eine kompliziertere Schaltung als gemeinsamer Teil der beiden Schaltkreise fungieren würde. Die Schwierigkeit dieser Schaltung ist, daß Relais X nunmehr anzieht, wenn C anzieht, während B und D abgefallen sind, was nicht erwünscht war. Ein solcher Weg in einem Schaltkreis heißt *Schleichweg*. Wir können diesen Schleichweg beseitigen, indem wir einen Wechselkontakt auf D verwenden, wie Bild 5.12 zeigt. Da der Weg durch A und C nur dann wesentlich wird, wenn D betätigt wird, ist der Schaltkreis mit dem von Bild 5.10 äquivalent. Wir können das auch algebraisch zeigen, da $y(a, c, d) = ac+d' = acd+d'$

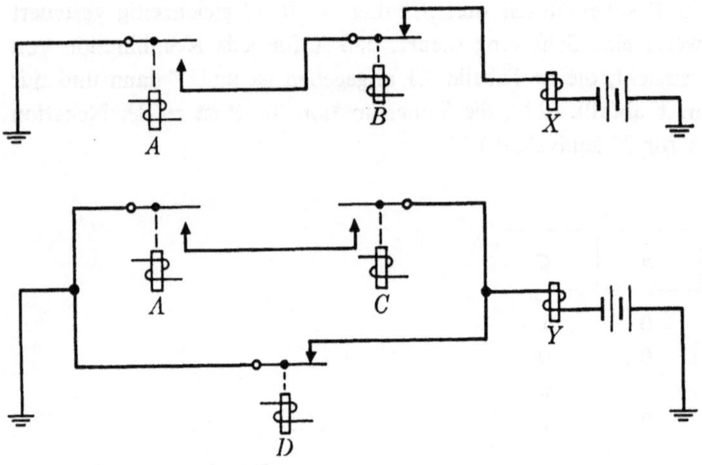

Bild 5.10 Getrennte Steuerschaltungen für zwei Relais

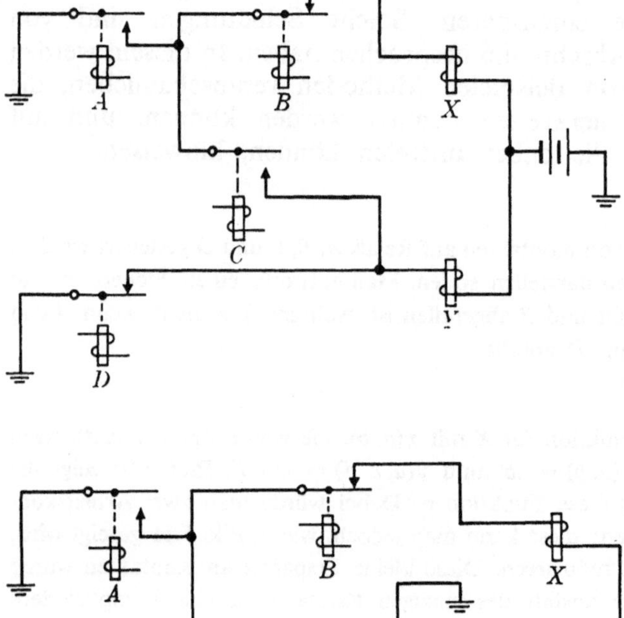

Bild 5.11
Kombinierte Steuerschaltungen
mit Schleichweg

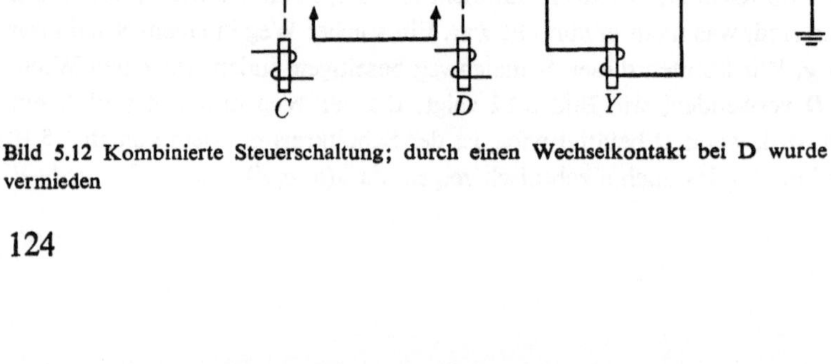

Bild 5.12 Kombinierte Steuerschaltung; durch einen Wechselkontakt bei D wurde der Schleichweg vermieden

ist, wobei der zweite Ausdruck den neuen Schaltweg zeigt. Auch wenn dieser letzte Schaltkreis einen weiteren Kontakt auf D benutzt, ergäbe sich eine Ersparnis an Kontakten, wenn A eine Schaltung aus mindestens zwei Kontakten darstellte statt aus einem einzigen. Eine andere Möglichkeit, den Schleichweg zu beseitigen, würde sich beim Betrieb der Schaltung mit Gleichstrom durch das Einfügen einer *Gleichrichterdiode* in den Kreis von Bild 5.11 zwischen C und A ergeben. Eine Gleichrichterdiode ist ein Schaltelement, das in der einen Richtung dem Strom einen großen Widerstand entgegensetzt, während in der andern Richtung praktisch kein Widerstand vorhanden ist. Natürlich würde solch ein Schaltelement die Kosten des Schaltkreises erhöhen.

Dieses Beispiel veranschaulichte eine Situation, in der zwei Steuerkreise kombiniert werden können, ohne einander zu beeinflussen (das kann in verschiedenen Fällen erreicht werden, von denen einige unten aufgeführt werden.). In diesem Fall war die Kombination möglich, weil die beiden Erdschlüsse für das Relais Y aus disjunktiven Schaltwegen bestehen. Wir sagen, zwei Schaltwege sind *disjunktiv*, wenn jeder der beiden Wege durch einen Kontakt eines gemeinsamen Relais geht, wobei der eine Arbeits- und der andere ein Ruhekontakt ist. In der Sprache der Booleschen Funktionen, welche die Schaltkreise darstellen, ist diese Bedingung äquivalent zu der, daß zwei Funktionen für ein bestimmtes Relais A jeweils die Faktoren a und a' enthalten. In solchen Fällen wird gewöhnlich ein Wechselkontakt benutzt, weil dieser eine Kontaktfeder weniger benötigt und sicherstellt, daß die beiden Wege nicht gleichzeitig geschlossen werden können. Bei getrennten Arbeits- und Ruhekontakten ist es möglich, daß beide Kreise für eine kurze Zeit gleichzeitig geschlossen sind, und zwar liegt das an der ungleichen Geschwindigkeit der Kontakte, die es erlaubt, daß der Arbeitskontakt sich schließt, bevor sich der Ruhekontakt öffnet.

Drei einfache Fälle, in denen zwei Steuerkreise ohne Schleichwege miteinander kombiniert werden können, sind unten aufgeführt. Die entsprechenden Steuerfunktionen, welche die Steuerschaltwege für die Relais X und Y darstellen, seien mit f und g bezeichnet.

I. f und g enthalten gemeinsame Faktoren.

Beispiel 2

Angenommen, daß $f = (ab+a'b')c$ und $g = (ab+a'b')d$. Die kombinierte Schaltung zeigt Bild 5.13.

II. Summanden von f und g enthalten gemeinsame Faktoren und sind zueinander disjunktiv.

Beispiel 3

Wir nehmen an, daß $f = (a+b)c+d$ und $g = (a+b)c'+e$. Da $(a+b)c$ und $(a+b)c'$ disjunktiv sind, kann man die Schaltungen kombinieren wie in Bild 5.14.

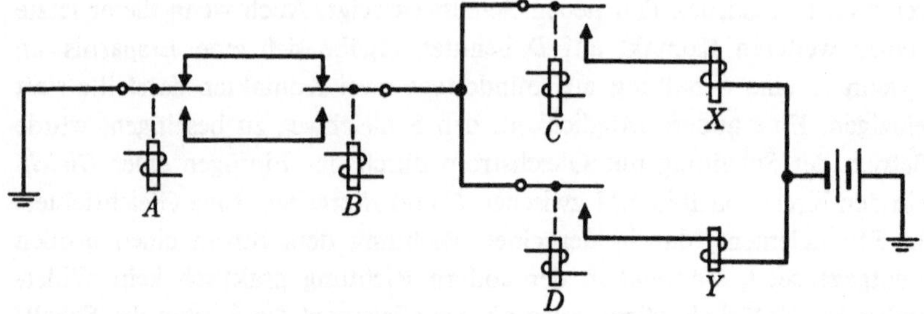

Bild 5.13 Kombinierte Steuerschaltungen für $(ab+a'b')c$ und $(ab+a'b')d$

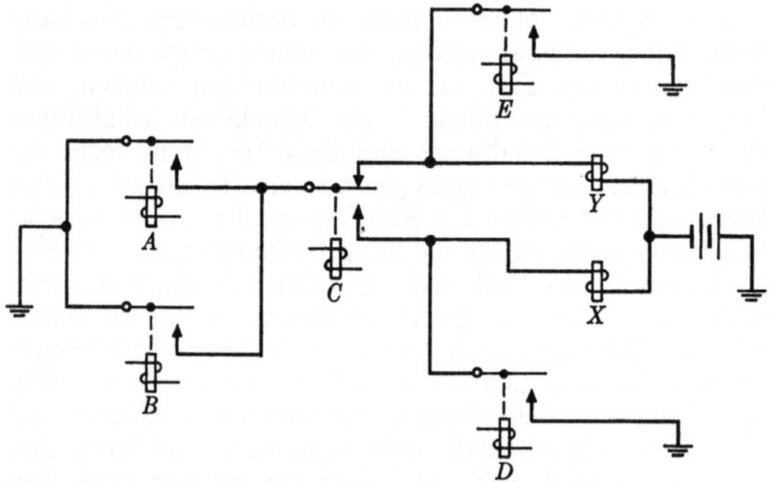

Bild 5.14 Kombinierte Steuerschaltungen für $(a+b)c+d$ und $(a+b)c'+e$

III. Summanden von f und g enthalten gemeinsame Faktoren, und der Summand von f (oder g) ist zu dem restlichen Summanden von f (oder g) disjunktiv.

Beispiel 4

Wir brauchen nur auf Beispiel 1 zu verweisen, in dem $x(a, b)$ und $y(a, c, d)$ solche Steuerfunktionen darstellen, und wo Bild 5.12 die Methode der Konstruktion unter Verwendung eines Wechselkontaktes zeigt.

Zusammenfassend können wir sagen, daß zwei oder mehrere Zweipolsteuerschaltungen oft teilweise kombiniert werden können, wobei Kontakte gespart werden. Mögliche Kombinationen können häufig erraten werden, indem man die Booleschen Funktionen untersucht, die diese Schaltungen darstellen. Beim Kombinieren von Steuerschaltungen sollten Schleichwege vermieden werden, wenn nicht gerade bekannt ist, daß die zur Schließung eines Schleichweges führende Kombination von Schalterstellungen nicht auftreten wird. Wechselkontakte sind äußerst nützlich, um Teile eines n-poligen Schaltkreises disjunktiv zu halten und damit Schleichwege zu vermeiden.

Übungen

1. Man entwerfe einen Dreipolsteuerkreis so sparsam wie möglich, der zwei Relais X und Y von den Eingängen A, B, C, D (Relais) steuert. Relais X soll genau dann anziehen, wenn mindestens eine der folgenden Bedingungen erfüllt ist:

a) A angezogen und B abgefallen,

b) C angezogen,

c) D angezogen.

Relais Y zieht genau dann an, wenn mindestens eine der folgenden Bedingungen gilt:

d) A zieht an, B und C sind abgefallen,

e) C zieht an, und D fällt ab.

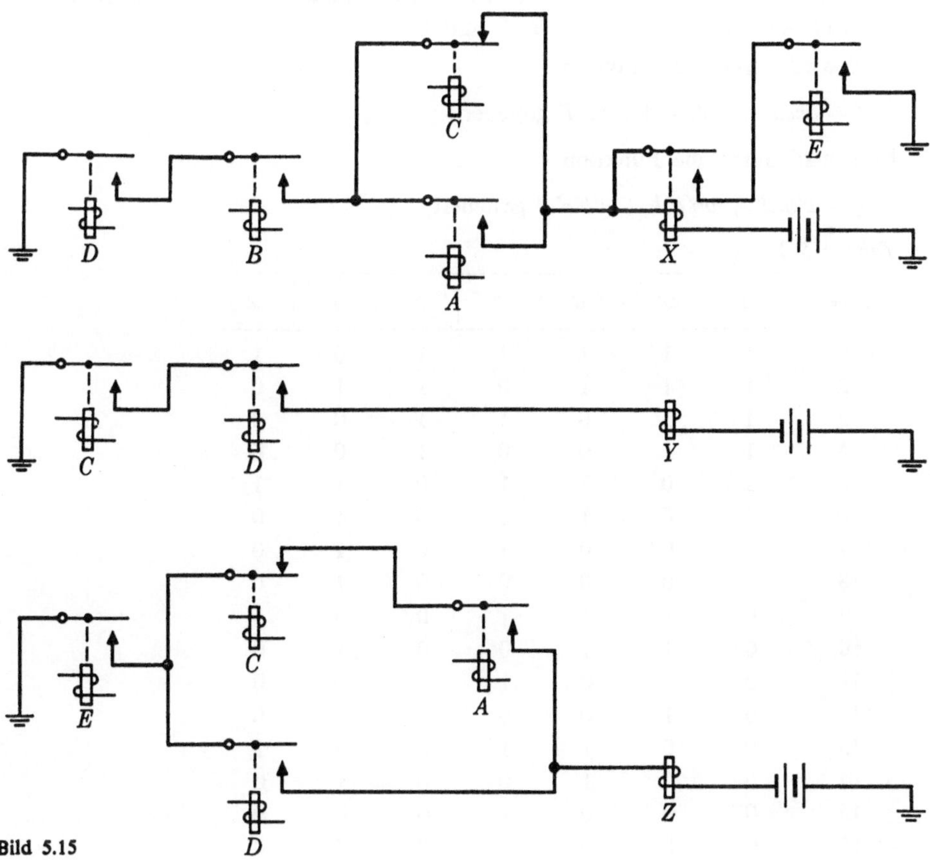

Bild 5.15

2. Man konstruiere eine Vierpolschaltung, um die Relais X, Y und Z durch die Eingangsrelais A, B, C und D unter den folgenden Bedingungen zu steuern (Es genügen 9 Kontakte). X soll genau dann schalten, wenn mindestens eine der folgenden Bedingungen gilt:

a) A und C ziehen an, B fällt ab,
b) B und C ziehen an, A fällt ab,
c) D zieht an.

Y soll genau dann betätigt werden, wenn mindestens eine der folgenden Bedingungen gilt:

d) A zieht an, B, C und D fallen ab,
e) B zieht an, A, C und D fallen ab.

Z soll genau dann anziehen, wenn folgende Bedingung gilt:

f) A zieht an, B und C fallen ab.

3. Man benutze den Gedanken der Relaispyramide (Pyramide aus Wechselkontakten), um ein vierpoliges Netzwerk zu entwerfen, das die drei Relais X, Y und Z steuert, und zwar mit den folgenden Steuerfunktionen: (Die Funktionen beziehen sich auf Eingangsrelais A, B, C und D):

a) X wird durch die Funktion

$$f = abcd' + ab'cd' + a'bc'd' \text{ gesteuert,}$$

b) Y wird durch die Funktion

$$g = a'bcd' + ab'c'd' + a'b'c'd' \text{ gesteuert,}$$

Tabelle 5.2

Zeile	A	B	C	D	X	Y	Z
1	1	1	1	1	1	0	1
2	1	1	1	0	1	1	0
3	1	1	0	1	1	0	0
4	1	1	0	0	1	0	0
5	1	0	1	1	0	1	1
6	1	0	1	0	0	1	0
7	1	0	0	1	0	1	0
8	1	0	0	0	0	1	0
9	0	1	1	1	0	0	1
10	0	1	1	0	0	1	0
11	0	1	0	1	0	0	0
12	0	1	0	0	0	0	0
13	0	0	1	1	0	0	1
14	0	0	1	0	0	1	0
15	0	0	0	1	0	0	0
16	0	0	0	0	0	0	0

c) Z wird durch die Funktion

$$h = abc'd' + a'b'cd' \text{ gesteuert.}$$

4. Man kombiniere und vereinfache die Schaltungen in Bild 5.15 für die Steuerung der drei Relais X, Y Z.

5. Man entwerfe ein Vielpolnetzwerk für die Steuerung dreier Relais X, Y und Z durch die Eingangsrelais A, B, C und D, wobei die Schaltstellungen den Bedingungen von Tabelle 5.2 unterworfen sind. Das Symbol 1 entspricht dem angezogenen Zustand des Relais, das Symbol 0 dem abgefallenen.

5.4 Betätigungs- und Haltekreise

Bild 5.16 zeigt die allgemeinste Art von Steuerkreisen für die Betätigung eines Relais X mit nur einer Wicklung. Er besteht aus zwei Schaltungen, deren erste wir als *Betätigungskreis* bezeichnen. Das ist der Kreis, der für diejenigen Schalterstellungen geschlossen ist, bei denen das Relais ansprechen soll, bevor es in die Haltestellung übergeht. In dem

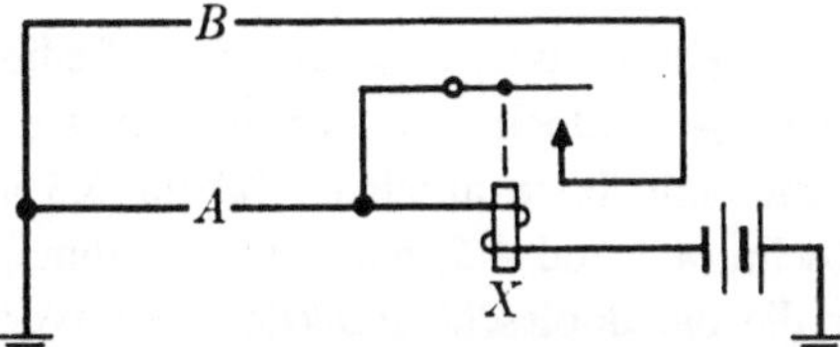

Bild 5.16
Allgemeiner Steuer- und Haltekreis für ein
Relais X

Bild ist diese Schaltung durch einen einzelnen Buchstaben A augedeutet, der einem einzelnen Kontakt oder einem ganzen komplizierten Schaltkreis entsprechen kann. Die zweite Schaltung, die das Relais X ansteuert und die wir einen *Haltekreis* nennen wollen, ist der Schaltkreis, der bei denjenigen Schalterstellungen geschlossen ist, für die das Relais nach einer ersten Betätigung im angezogenen Zustand verharren soll. Dieser Schaltkreis enthält immer einen Arbeitskontakt auf dem Relais X und möglicherweise in Serie mit ihm eine Schaltung, die in dem Bild mit dem einzelnen Buchstaben B angedeutet wird.
Normalerweise sind die Eingangswerte, für die das Relais anziehen soll, und diejenigen, für die es in der angezogenen Stellung verharren soll, getrennt anzugeben, und der Schaltungsentwurf beginnt mit der getrennten Betrachtung der entsprechenden Booleschen Funktionen. Nachdem die ersten Vereinfachungen an der Betätigungs- und Halteschaltung getrennt vorgenommen worden sind, ist es oft möglich, in der Kombination der beiden Schaltungen noch weitere Vereinfachungen anzubringen, wie wir gleich sehen werden. Aus Bild 5.16 ist ersichtlich, daß die Funktion, welche die Steuerung von X darstellt, als $F = f_b + x f_h$ geschrieben werden kann, wo f_b die Boolesche Funktion des Betätigungskreises A und f_h die des Haltekreises B ist.

Beispiel 1

Ein Relais X soll auf folgende Weise durch die Eingänge A, B, C, D, und E gesteuert werden: X soll anfangs anziehen, wenn mindestens eine der folgenden Bedingungen erfüllt ist:

a) B, D und E ziehen an; A und C sind abgefallen.

b) B, C, D und E ziehen an; A bleibt in Ruhe.

c) B, C und E ziehen an; A und D sind abgefallen.

d) B und E ziehen an; A, C, D sind abgefallen.

e) C und E ziehen an; A, B und D sind abgefallen.

f) A, C und E ziehen an; D und B sind abgefallen.

g) A, B, C und E ziehen an; D ist abgefallen.

Hinzu kommen folgende Bedingungen, unter denen X angezogen bleiben soll. (Man beachte, daß das Relais auch für die Bedingungen in Haltestellung geht, für die es anspricht. Daher erübrigt sich eine nochmalige Aufzählung von a) bis g).)

h) A und C ziehen an; B, D und E sind abgefallen.

i) A, B und C ziehen an; D und E sind abgefallen.

Es ist sehr schwer, sich alle diese Bedingungen zugleich bildhaft vorzustellen; benutzen wir jedoch eine Tabelle, um sie darzustellen, dann läßt es sich schon viel leichter mit ihnen arbeiten. Tabelle 5.3 a) und b) ist von derselben Art, wie die in Abschn. 4.5 und 4.6, mit der Ausnahme, daß wir hier nur diejenigen Zeilen zeigen, für die die Boolesche Funktion den Wert 1 hat. Alle andern Zeilen ergeben 0. Da die Eingangsgrößen als von steuernden Relais herrührend angenommen wurden, beziehen sich 0 und 1 auf Relaiszustände, 1 bedeutet, daß das Relais anzieht, 0, daß es abfällt. Die beiden ersten Zeilen von Tabelle 5.3 b) stellen die gegebenen Bedingungen für das Halten des Relais dar. Die beiden letzten Zeilen sind Wiederholungen von Zeile 6 und 7 aus Tabelle 5.3 a), die eigentlich Bedingungen für das Ansprechen des Relais darstellen, jedoch auch in Tabelle b) aufgeführt worden sind, um die Vereinfachung der Booleschen Funktion des Haltekreises zu erleichtern. Man beachte, daß es dem Haltekreis nicht schadet, für irgendwelche Kombinationen geschlossen zu sein, für die auch der Betätigungskreis geschlossen ist (seien diese nun als Hal-

Tabelle 5.3

a) Betätigungskreis

Zeile	A	B	C	D	E
1	0	1	0	1	1
2	0	1	1	1	1
3	0	1	1	0	1
4	0	1	0	0	1
5	0	0	1	0	1
6	1	0	1	0	1
7	1	1	1	0	1

b) Haltekreis

Zeile	A	B	C	D	E
1	1	0	1	0	0
2	1	1	1	0	0
3	1	0	1	0	1
4	1	1	1	0	1

tebedingung gegeben oder nicht), da das Relais auf jeden Fall für diese Eingangskombinationen anspricht.

Um f_b zu bestimmen, bemerken wir, daß die Zeichen 1, 2, 3 und 4 von Tabelle
5.3 a) mit Ausnahme der Spalten C und D ganz gleich sind. Genau so sind die Zeilen
3, 5, 6 und 7 einander gleich, bis auf die Spalten A und B. Die richtige Funktion
ist $f_b = a'be + cd'e = (a'b + cd')e$. Hier wurde Zeile 3 zweimal benutzt, um die
Funktion so einfach wie möglich zu machen. Das Gesetz der Tautologie für Boolesche
Algebra rechtfertigt dieses Vorgehen. Es muß jede Zeile mindestens einmal benutzt
werden, aber jede Zeile kann so oft wie nötig gebraucht werden.

Um f_h zu bestimmen, bemerken wir, daß Zeile 1, 2, 3 und 4 bis auf Spalte B und
E einander gleich sind. Daher ist die richtige Funktion $f_h = acd'$. Die Steuerfunktion
für Relais X kann dann geschrieben werden: $F = (a'b + cd')e + xacd'$. Wenn wir
das Glied $xaa'b$, das gleich Null ist, hinzufügen, können wir F wie folgt in Faktoren
zerlegen:

$$F = (a'b + cd')(e + xa).$$

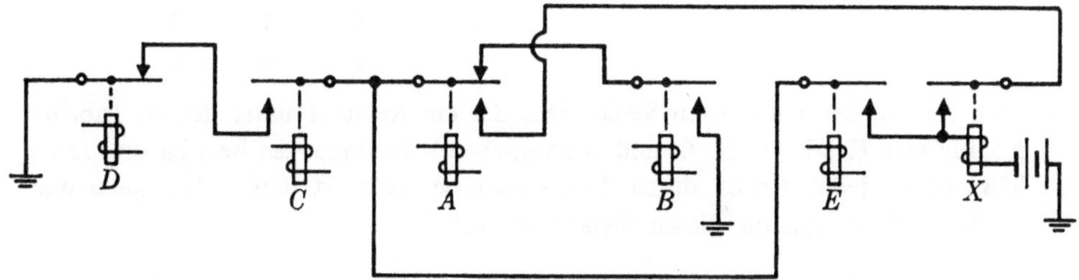

Bild 5.17 Steuerkreis zu Beispiel 1

Das Schaltbild zeigt Bild 5.17 und macht schon von dem gemeinsamen Faktor für
Betätigungs- und Haltekreis Gebrauch, wie wir oben zeigten. Die Methoden und
Beispiele von Abschn. 5.3 finden hier genau so Anwendung wie auf Schaltkreise,
die mehrere getrennte Relais steuern.

Beispiel 2

Nehmen wir an, daß die Funktion, die den Steuerkreis für ein Relais darstellt, durch
$F = ab + a'c + x(a'c')$ gegeben wird, dann kann man die Schaltung in Bild 5.18

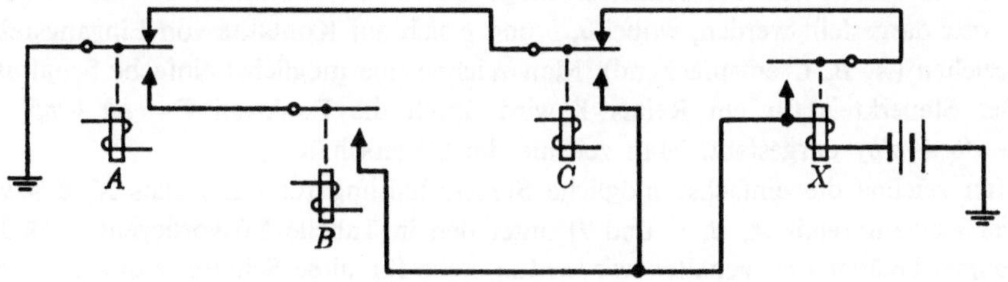

Bild 5.18 Steuerkreis zu Beispiel 2

zeichnen, wobei der Ruhekontakt auf A dem Halte- und Betätigungskreis gemeinsam ist und ein Wechselkontakt dafür sorgt, daß die Kreise disjunktiv sind.

Übungen

1. Man entwerfe und zeichne eine Steuerschaltung für ein Relais X so einfach wie möglich, sodaß das Relais anspricht bezw. festhält, wenn die in Tabelle 5.4 gegebenen Bedingungen gelten. A, B und C sind Eingangsrelais. Man stelle die Boolesche Funktion auf, die diese Steuerschaltung darstellt. Sie kann mit sechs Kontakten gezeichnet werden.

Tabelle 5.4

a) Betätigungskreis

Zeile	A	B	C
1	1	0	1
2	0	1	0
3	0	0	1

b) Haltekreis

Zeile	A	B	C
1	1	1	1
2	1	1	0
3	1	0	0
4	0	1	1
5	0	0	0

2. Man zeichne den einfachsten Steuerkreis, der ein Relais X unter den in Tabelle 5.5 für vier Relais A, B, C und D angegebenen Bedingungen betätigt und festhält, wobei jedes Relais durch Eingangskreise gesteuert wird. Man stelle die Boolesche Funktion für diesen Steuerkreis auf.

Tabelle 5.5

a) Betätigungskreis

Zeile	A	B	C	D
1	1	1	1	0
2	1	1	0	0
3	1	1	0	1
4	1	0	1	1
5	1	0	1	0
6	1	1	1	1

b) Haltekreis

Zeile	A	B	C	D
1	1	0	0	1
2	1	0	0	0

3. Der Steuerkreis für ein Relais X möge durch die Funktion $F = ab' + bc + abx$ dargestellt werden, wobei a, b und c sich auf Kontakte von Eingangsrelais beziehen (A, B, C entspɪechend). Man zeichne eine möglichst einfache Schaltung.

4. Der Steuerkreis für ein Relais Y wird durch die Funktion $F = ab + ab' + a'b + a'by$ dargestellt. Man zeichne die Steuerschaltung.

5. Man zeichne die einfachst mögliche Steuerschaltung für ein Relais X, das von vier Eingangsrelais A, B, C und D unter den in Tabelle 5.6 vorliegenden Bedingungen betätigt und gehalten wird. Man stelle für diese Schaltung die Boolesche Funktion auf.

Tabelle 5.6

a) Betätigungskreis

Zeile	A	B	C	D
1	1	1	0	0
2	1	0	1	1
3	1	1	0	1
4	1	0	1	0

b) Haltekreis

Zeile	A	B	C	D
1	1	0	0	1
2	1	1	1	0

5.5 Schaltwerke und Zeitdiagramme

Bis jetzt haben wir uns in erster Linie auf Schaltkreise beschränkt, von denen angenommen wurde, daß alle Relais und Schalter gleichzeitig schalten. Wir haben das Zeitintervall zwischen dem Schließen der gesteuerten Relaiskontakte, genannt *Anzugszeit* des Relais, außer acht gelassen; genau so haben wir die *Abfallzeit* des Relais, d.h., die Zeit zwischen dem Öffnen des Steuerungskreises und dem Öffnen der Relaiskontakte vernachlässigt. Diese Idealisierung hat das Problem des Entwurfs von Relaisschaltungen vereinfacht, und für viele Anwendungen sind die Schaltverzögerungen auch ohne ernste Folgen. Oft können jedoch diese Schaltintervalle nicht vernachlässigt werden. In vielen Fällen können die Verzögerungen, welche die Relais veranlassen, statt gleichzeitig nacheinander zu schalten, mit Vorteil dazu benutzt werden, Aufgaben zu übernehmen, die auf andere Weise unlösbar wären. In vielen Anwendungen bildet eine Vorrichtung zur Taktangabe, die aufeinanderfolgende Signale abgibt, einen wesentlichen Teil der Schaltung In diesem Abschnitt werden wir einige Schaltungen betrachten, die mit zeitlicher Schaltfolge arbeiten, und Schaubilder, die ihre Arbeitsweise darstellen. Im nächsten Abschnitt werden wir den Entwurf solcher Schaltungen besprechen.

Ein Schaltkreis, für dessen Arbeitsweise die Zeit eine wesentliche Rolle spielt, und in der zwei oder mehrere Ereignisse in zeitlicher Reihen-

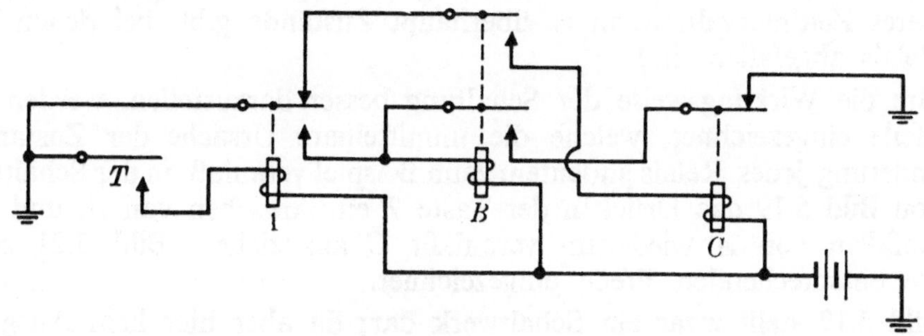

Bild 5.19 Sequentieller Schaltkreis (Schaltwerk)

folge auftreten, wird ein *Schaltwerk* genannt. Eine solche Schaltung zeigt Bild 5.19. Wird in dieser Figur die Taste T gedrückt und einen Augenblick festgehalten, dann schaltet als erste Relais A. Sind seine Kontakte geschlossen, so verbindet A die Wicklung von B mit Masse, daher zieht B an und findet sich in einem Haltekreis wieder, der nur durch einen Ruhekontakt von C geöffnet werden kann. Wird T jetzt losgelassen, dann fällt A ab und schließt dadurch den Steuerkreis für C. Während C anzieht, öffnet es den Haltekreis für B, veranlaßt dadurch B zum Abfallen, und dies wiederum läßt auch C abfallen. Nun werden die Relais im abgefallenen Zustand verharren, bis T wieder gedrückt wird.

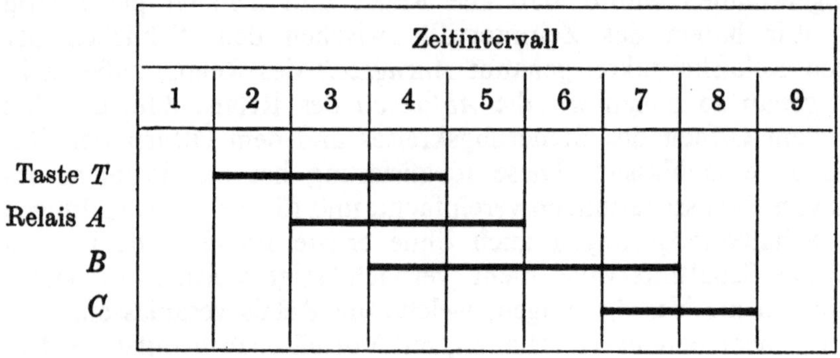

Bild 5.20 Zeitdiagramm für die Schaltung von Bild 5.19

Die Arbeitsweise dieses Schaltwerks kann in einem *Zeitdiagramm*, wie es Bild 5.20 zeigt, zusammengefaßt werden. Die Breite jeder Spalte entspricht der Länge der Anzugs- oder Abfallzeit des betreffenden Relais. Oft ist die genaue Größe dieser Zeitintervalle weniger wichtig als die Reihenfolge der Schaltvorgänge, denen sie entsprechen. In Bild 5.20 wird die Zeitdauer, während der jedes Relais betätigt wird, durch eine horizontale dicke Linie in Höhe des Relaiszeichens angedeutet. Zu beiden Seiten eines solchen Diagramms gibt man gewöhnlich ein leeres Zeitintervall, wenn es überhaupt Zustände gibt, bei denen alle Relais abgefallen sind.

Um die Wirkungsweise der Schaltung besser darzustellen, werden oft Pfeile eingezeichnet, welche die unmittelbare Ursache der Zustandsänderung jedes Relais andeuten. Zum Beispiel veranlaßt in der Schaltung von Bild 5.19 das Drücken der Taste T ein Anziehen von A, und das Abfallen von A wiederum veranlaßt C anzuziehen. Bild 5.21 zeigt die entsprechenden Pfeile eingezeichnet.

Bild 5.19 stellt zwar ein Schaltwerk dar; da aber hier kein Ausgang gezeigt wird, kann die Schaltung keine Funktion übernehmen. Anderer-

seits hat die Schaltung von Bild 5.22 einen Ausgang in Form eines
Lämpchens, das während der Zeit leuchtet, in der Relais C gezogen
und A abgefallen ist. Dieser Ausgang könnte ebenso gut ein Signal

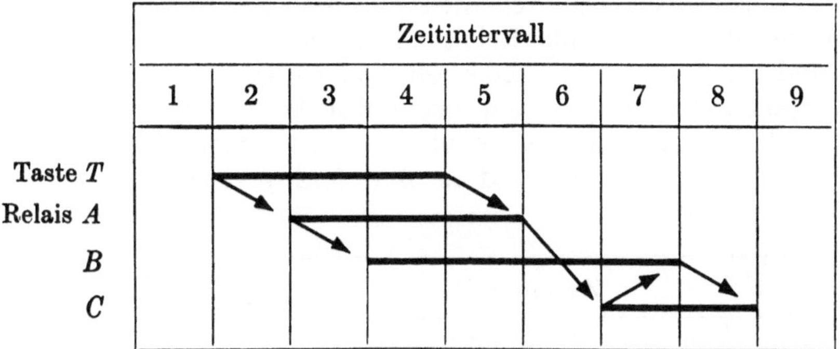

Bild 5.21 Zeitdiagramm für Bild 5.19. Die Pfeile deuten die Steuerung der Relais untereinander an

nach einem anderen Teil des Kreises sein, das irgend welchen anderen
Zwecken diente als gerade dem, ein Lämpchen zum Leuchten zu bringen.
Ein weiteres Merkmal dieser Schaltung ist, daß sie immerfort die gleiche

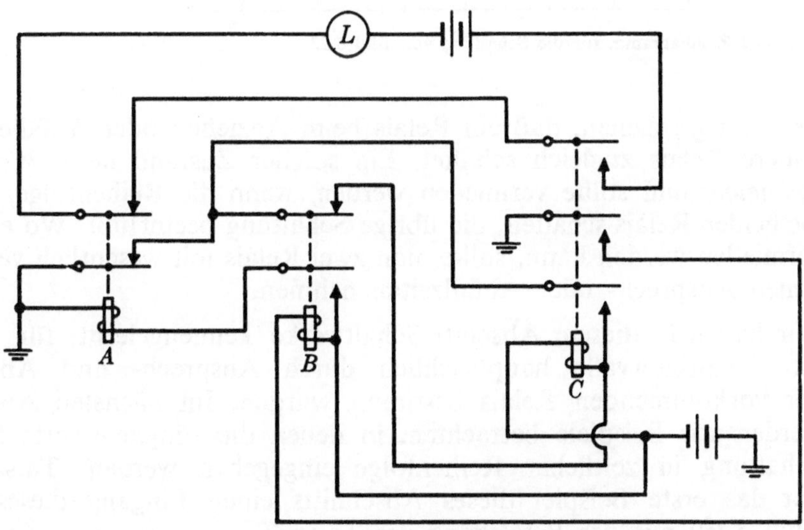

Bild 5.22 Schaltwerk mit Ausgangskreis, das periodisch dieselbe Schaltfolge durchläuft

Reihenfolge von Zuständen durchläuft, bis ein Teil versagt oder der
Strom abgeschaltet wird.
Um das Zeitdiagramm für diese Schaltung zu konstruieren, wollen wir

135

einen Anfangszustand annehmen, in welchen alle Relais abgefallen sind. C wird über Ruhekontakte von A und B zuerst betätigt und wird dann gehalten, bis A anzieht. C schließt den Betätigungskreis von B. Wenn B anzieht, schließt es den Betätigungskreis von A und veranlaßt A anzuziehen. Dadurch wiederum wird der Haltekreis für C unterbrochen. Wenn nun alle Relais abgefallen sind, wird C wieder betätigt, und der Zyklus wird wiederholt. Der Ausgang wird von einem Arbeitskontakt auf C in Serie mit einem Ruhekontakt auf A gebildet und veranlaßt das Lämpchen während des gewünschten Zeitraums zu leuchten. Das Zeitdiagramm wird in Bild 5.23 gezeigt.

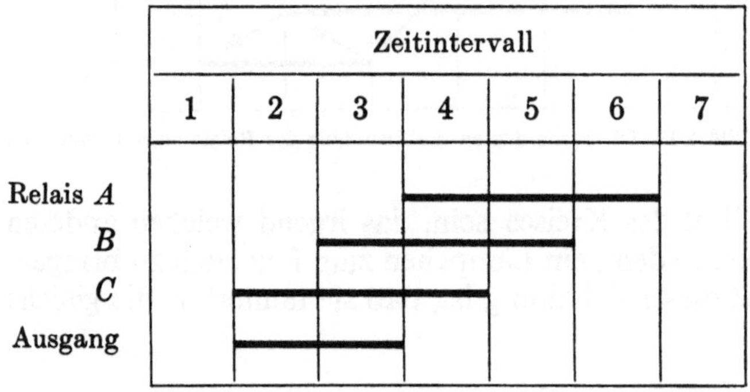

Bild 5.23 Zeitdiagramm für die Schaltung von Bild 5.22

Es kann geschehen, daß ein Relais beim Anziehen oder Abfallen zwei andere Relais zugleich schaltet. Ein solcher Zustand heißt *Wettrennbedingung* und sollte vermieden werden, wenn die Reihenfolge, in der die beiden Relais schalten, die übrige Schaltung beeinflußt. Wo es nicht vermieden werden kann, sollte man zwei Relais mit wesentlich verschiedenen Ansprech- oder Abfallzeiten nehmen.

Wir haben in diesem Abschitt Schaltwerke kennengelernt, für welche die Schaltintervalle hauptsächlich durch Ansprech- und Abfallzeit der vorkommenden Relais bestimmt wurden. Im nächsten Abschnitt werden wir Beispiele betrachten, in denen die Eingangswerte für die Schaltung in zeitlicher Reihenfolge eingegeben werden. Tatsächlich bot das erste Beispiel dieses Abschnitts einen Eingang dieses Typs (Bild 5.19) mit der Betätigung der Taste T.

Übungen

1. Man zeichne ein Zeitdiagramm für die Schaltung in Bild 5.24. Man beginne dabei mit einem Zeitabschnitt, in dem A und B beide abgefallen sind.

136

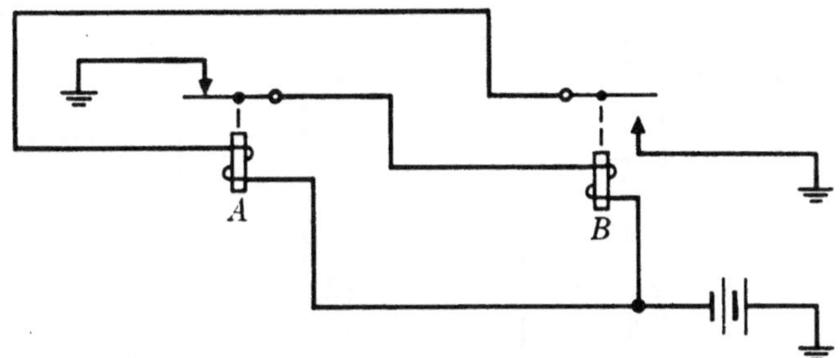

Bild 5.24

2. Man zeichne ein Zeitdiagramm für das Schaltwerk von Bild 5.25 und beginne mit einem Zeitabschnitt, in dem A, B, C zusammen abgefallen sind.

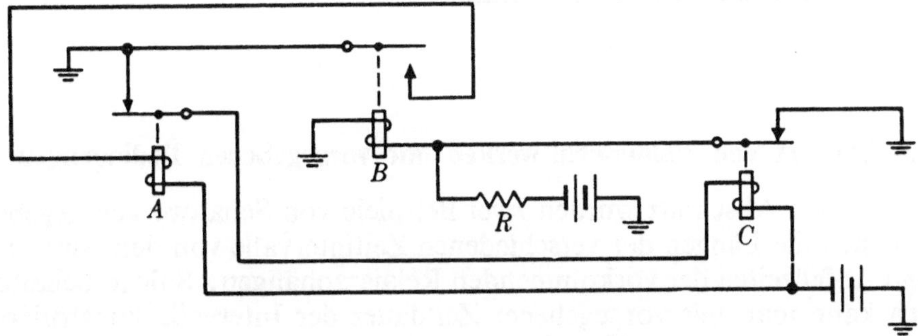

Bild 5.25

3. Man zeichne für das Schaltwerk von Bild 5.26 ein Zeitdiagramm. Dabei wird angenommen, daß T zu Anfang gedrückt und solange festgehalten wird, bis alle Relais stabile Zustände eingenommen haben, worauf T losgelassen wird.

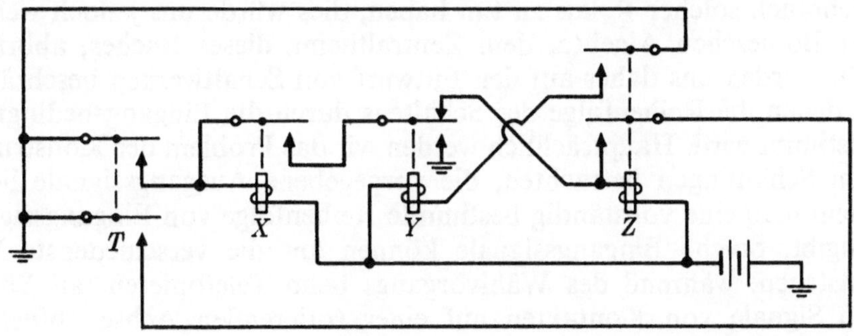

Bild 5.26

4. Man zeichne für Bild 5.27 ein Zeitdiagramm. Es wird dabei angenommen, daß T anfangs gedrückt wird und dann solange festgehalten wird, bis stabile Zustände eingetreten sind, worauf T wieder losgelassen wird.

137

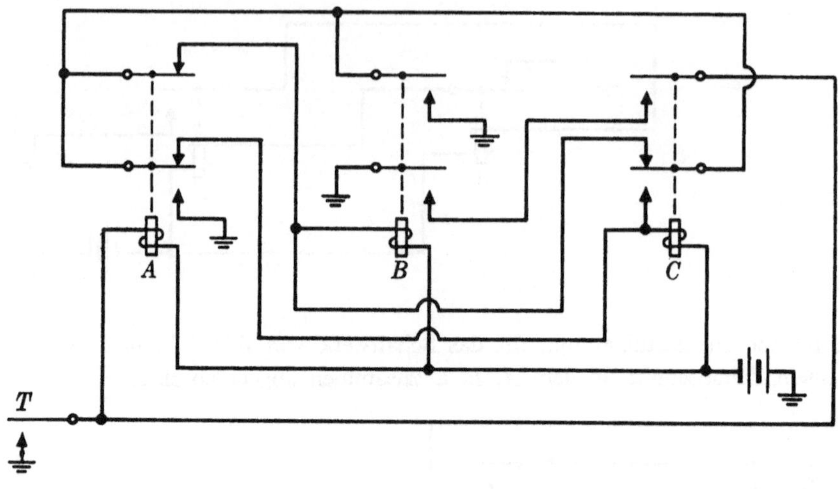

Bild 5.27

5.6 Entwurf von Relaisschaltwerken mit vorgegebenen Bedingungen

Im vorigen Abschnitt wurden zwei Beispiele von Schaltwerken gegeben, in denen die Längen der verschiedenen Zeitintervalle von den Ansprech- und Abfallzeiten der vorkommenden Relais abhängen. Solche Schaltungen kann man mit vorgegebener Zeitdauer der Intervalle konstruieren. Mit mannigfaltigen Methoden, wie der Benutzung von Kurzschlußwicklungen auf den Eisenkernen oder von Reibungsdämpfungen, kann man die Ansprech- oder Abfallzeit eines Relais zwischen weniger als fünf Millisekunden und mehreren Sekunden ändern. Thermische Relais ergeben Verzögerungszeiten bis zu dreißig Sekunden. Wir könnten viele spezielle Probleme nennen, die mit der Konstruktion und dem Gebrauch solcher Relais zu tun haben, dies würde uns jedoch weit von der Booleschen Algebra, dem Zentralthema dieses Buches, abbringen. Wir werden uns daher auf den Entwurf von Schaltwerken beschränken, in denen die Reihenfolge des Schaltens durch die Eingangsbedingungen bestimmt wird. Hauptsächlich werden wir das Problem der Konstruktion von Schaltungen betrachten, die vorgegebene Ausgangssignale liefern, wenn man eine vollständig bestimmte Reihenfolge von Eingangssignalen eingibt. Solche Eingangssignale können auf die verschiedenste Weise entstehen, während des Wählvorgangs beim Telefonieren, an Bürsten, die Signale von Kontakten auf einer rotierenden Achse aufnehmen, am Ausgang anderer Schaltwerke etc. Wir werden uns hier nicht mit der Quelle der Eingangsinformation befassen, sondern mit dem Entwurf einer Schaltung, die aus gegebenen Eingangssignalen eine vorgegebene Folge von Ausgangssignalen herstellt.

In einer *kombinatorischen* Schaltung ergibt jedes Auftreten einer bestimm-

138

ten Kombination von Eingangssignalen ein und dasselbe Ausgangssignal. In einer *sequentiellen* Schaltung (einem Schaltwerk also) ist dies nicht immer der Fall. Wir werden Schaltungen aufbauen, für welche die Reihenfolge der Eingangssignale der entscheidende Faktor ist (und nicht die Kombination von Anfangssignalen zu einer gegebenen Zeit). Es wird nötig sein, Schaltungen zu konstruieren, die in der Lage sind, sich auch an zeitlich zurückliegende Eingangssignalkombinationen zu erinnern, und die genau so gut gegenwärtige Eingangszustände interpretieren können. Um die benötigten Merkmale eines Gedächtnisses einzuführen, brauchen wir zusätzlich zu den Relais, die durch Eingangssignale gesteuert werden, weitere Relais, die zum Teil mit Haltekreisen ausgestattet sind.

In einem Schaltwerk werden wir jedes durch einen Eingangskreis gesteuerte Relais ein *primäres* Relais nennen. Zusätzlich zu primären eingeführte Relais, die durch Kontakte auf den primären Relais gesteuert werden, sollen *sekundäre* Relais heißen.

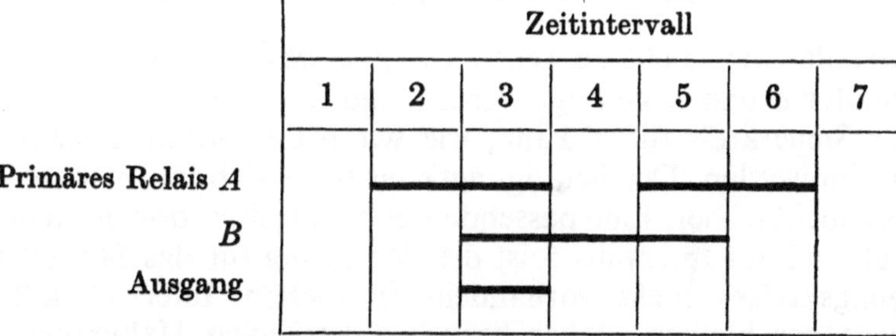

Bild 5.28 Zeitliche Reihenfolge, in der die primären Relais schalten, und gewünschte Ausgangsfunktionen

Man betrachte das Zeitdiagramm von Bild 5.28, das die sequentielle Betätigung zweier primärer Relais und ein vorgegebenes Ausgangssignal darstellt. Das Ausgangssignal, das durch einen geschlossenen Kreis erzeugt werden soll, darf dabei nur in Intervall 3 auftreten. Man beachte, daß eine Kombinationsschaltung nicht genügen wird, da die gleiche Kombination von Eingangssignalen in Intervall 3 und 5 auftritt. D.h., daß wir ein sekundäres Relais einführen müssen, um zwischen diesen beiden Intervallen zu unterscheiden. Bild 5.29 zeigt eine passende Auswahl von Intervallen, in denen das sekundäre Relais X anziehen soll, um uns diesen Dienst zu leisten. Man beachte, daß das Bild andeutet, daß X während eines Teiles von Intervall 4 und während des ganzen Intervalls 5 und eines Teiles von 6 anzieht. Wir nehmen dabei an, daß der Steuerkreis von X so gestaltet werden kann, daß die Bedingungen während des Intervalles 4 das Relais X zum Anziehen bringen und die von 6 zum Abfallen. Die gezeigte Verzögerung wird durch die Ansprech-

und Abfallzeit für X verursacht. Das bedeutet, der Steuerkreis für X wird während des ganzen Intervalles 4 geschlossen sein, aber es vergeht eine kurze Zeit, bis sich die Kontakte von X schließen. Wenn wir einen Augenblick lang annehmen, daß der Steuerkreis für X schon entworfen worden ist, dann ist die Boolesche Funktion, die den Ausgangskreis

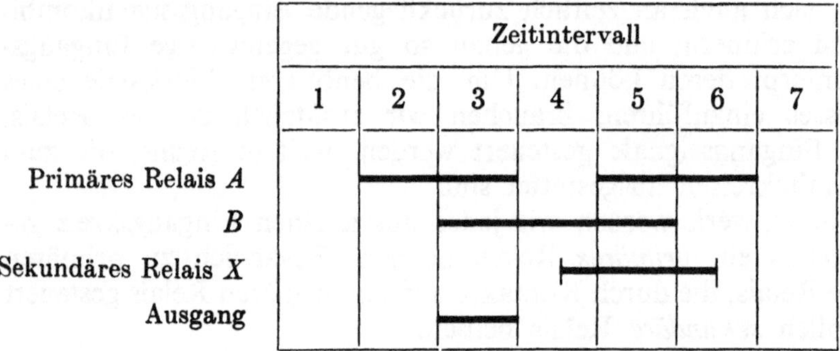

Bild 5.29 Dasselbe, wie Bild 5.28, mit eingezeichneter Schaltfolge des sekundären Relais

darstellt, wie leicht zu sehen ist, $g = abx'$, da nur in Intervall 3 die Schalter a und b betätigt werden und X abfällt.

Der Steuerkreis für X kann, wie wir früher sahen in zwei Teilen entworfen werden. Der Betätigungskreis sollte sich im Intervall 4 schließen, aber nicht früher. Eine passende Betätigungsfunktion ist daher $f_b = a'b$. Während des Intervalls 5 ist die Bedingung für das Schließen des Betätigungskreises nicht vorhanden. In diesem Intervall soll jedoch X angezogen bleiben; daher brauchen wir einen Haltekreis. Die Haltefunktion ist bei uns $f_h = b$. Die gesamte Steuerfunktion ist daher $F = a'b + bx$. Die entsprechende Schaltung zeigt Bild 5.30. Der Ausgangskreis

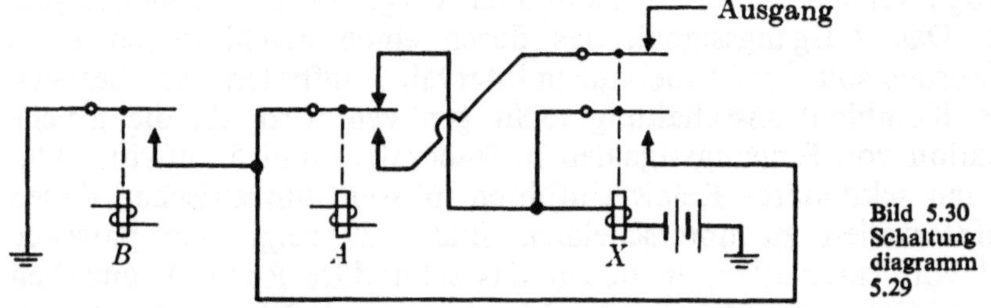

Bild 5.30
Schaltung zum Zeitdiagramm von Bild 5.29

besteht hier aus einer Schaltung, die für die gegebene Bedingung einen Masseschluß ergibt. Er könnte auch als völlig getrennte Zweipolschaltung aufgebaut sein.

Als ein zweites Beispiel nehmen wir an, daß die Wirkung gewisser primärer Relais und die des Ausganges einer Schaltung so aussehen

140

soll, wie es Bild 5.31 zeigt. Um die sekundären Relais für das gewünschte Ausgangssignal zu bestimmen, beachte man, daß es nötig ist, Intervall 5 von Intervall 7 zu unterscheiden, ebenso Intervall 3 von 11, sowie die Intervalle 2 und 4 von den Intervallen 8 und 12. Ein einzelnes

Bild 5.31 Ein Zeitdiagramm

sekundäres Relais, das in 6 erstmalig anspricht, und in 13 abfällt, würde eigentlich genügen. Wenn das Relais jedoch in 13 abfallen soll, würde es auch in 9 abfallen, wenn nicht ein zweites Relais für die Unterscheidung zwischen 9 und 13 vorgesehen würde. Um ein zweites Relais zu vermeiden, haben wir in Bild 5.32 ein Relais angedeutet, das während

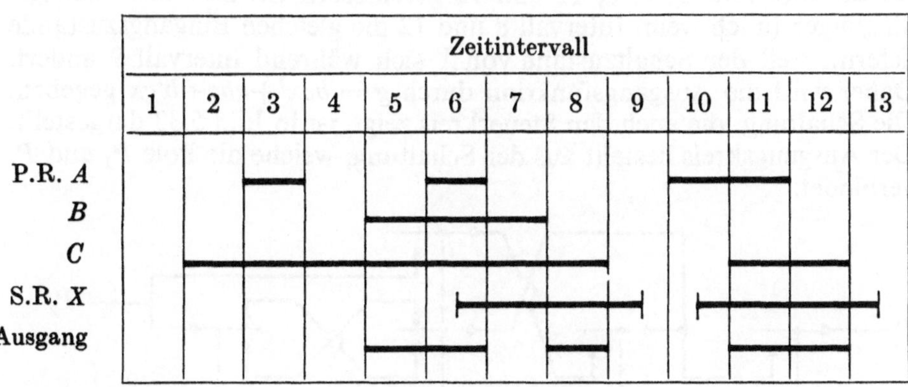

Bild 5.32 Zeitdiagramm von Bild 5.31 mit eingezeichneter Schaltfolge des sekundären Relais

der gesamten Zeit zweimal anspricht, und das im Intervall 9 und 13 abfällt. Legt man die Zustände während der Intervalle 6 und 10 zu Grunde, so könnte man die Betätigungsfunktion für das Relais X so schreiben: $f_b = abc + ab'c'$. Die Kombination: A, B angezogen, C abgefallen, tritt jedoch niemals auf, daher wird das Glied abc' auf die Schaltung keinen Einfluß haben. Wegen $abc' + abc = ab$ können wir f_b vereinfachen zu: $f_b = ab + ab'c'$. Analog wird $ab'c' + abc' = ac'$, so daß die endgültige Form für die Betätigungsfunktion ist: $f_b = ab + ac'$. Wir nennen eine solche Kombination wie hier abc', die zu keiner Zeit im Zeitdiagramm auftritt, eine *ungültige* Kombination. Solche Kombinationen können nach Belieben zur Vereinfachung von Steuerfunktionen benutzt werden.

Um den Haltekreis zu entwerfen, erinnere man sich, daß er für jedes Intervall, in dem X zwar angezogen sein soll, aber nicht vom Steuerkreis her betätigt wird, stets geschlossen sein muß. Es schadet aber nichts, wenn Teile des Haltekreises auch für gewisse andere Intervalle geschlossen sind. Da insbesondere der Haltekreis stets einen Arbeitskontakt x aaf X enthält, macht es nichts aus, wenn der Kreis während irgendeines Intervalls, im dem X abgefallen ist, geschlossen ist (außer bei x). Die einzige wesentliche Forderung an den Haltekreis ist, daß er während jedes Zeitintervalles offen sein muß, in dem X abfallen soll.

Nach den Angaben, die aus Bild 5.32 ersichtlich sind, muß X gerade nach jedem Abfall von C ebenfalls abfallen, und C wird in jedem Intervall betätigt, in dem der Haltekreis geschlossen sein muß. Eine einfache Haltefunktion ist daher $f_h = c$. Fassen wir Betätigungs- und Haltefunktion zusammen, dann bekommen wir als Steuerfunktion für X: $F = a(b+c') + cx$. Der Ausgangskreis ist nun nichts weiter als ein kombinatorischer Schaltkreis, der unter Schaltbedingungen für die Intervalle 5, 6, 8, 11 und 12 geschlossen ist. Das sind fünf Bedingungen (auch wenn Intervall 8 und 12 die gleichen Eingangszustände liefern), weil der Schaltzustand von X sich während Intervall 9 ändert. Daher wird die Ausgangsfunktion durch $g = bcx' + abc + b'cx$ gegeben. Die Schaltung, die auch den Steuerkreis zeigt, ist in Bild 5.33 dargestellt. Der Ausgangskreis besteht aus der Schaltung, welche die Pole P_1 und P_2 verbindet.

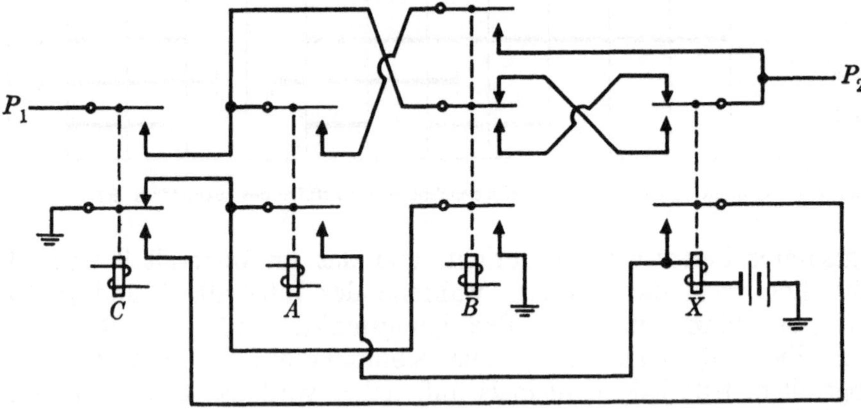

Bild 5.33 Schaltung zu Bild 5.32

Wie diese Beispiele zeigen, sind die ersten Schritte beim Entwurf einer
Schaltung, deren Ausgang die Anforderung erfüllen soll, die in einem
Zeitdiagramm vorgegeben sind, 1. zu entscheiden, wie viele sekundäre
Relais benötigt werden, und 2. für diese Relais eine passende Schalt-
folge festzulegen. Hat man das erst einmal getan, dann kann man die
Steuerkreise für die sekundären Relais mit Hilfe der Booleschen Funk-
tionen entwerfen, in einfachen Fällen durch bloßes Hinsehen. Der
Ausgangskreis ist dann einfach ein kombinatorischer Schaltkreis.

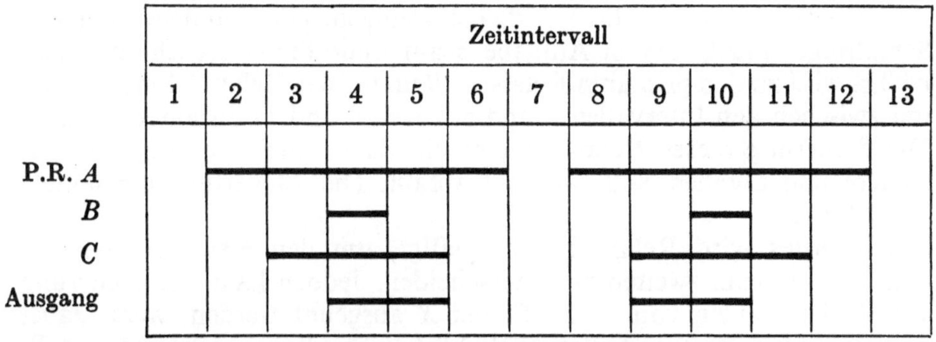

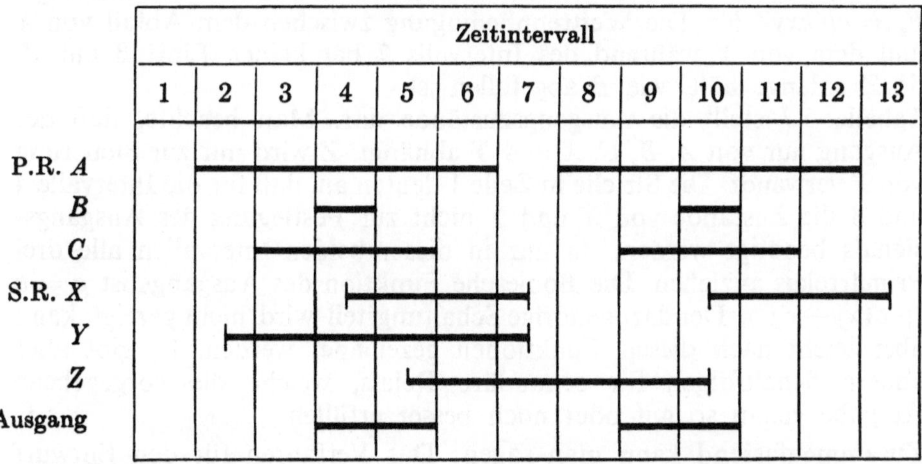

Bild 5.34 Zeitdiagramm mit zwei identischen Eingangskombinationen

Als drittes Beispiel betrachten wir das Zeitschema von Bild 5.34, in
dem eine Folge von Eingangssignalen zweimal auftritt, während das
Ausgangssignal in beiden Fällen verschieden ist. Um eine passende
Ausgangsfunktion aufzustellen, muß man zwischen der ersten und
zweiten Schaltfolge unterscheiden, und zwar zwischen Intervall 3 und 5

Bild 5.35 Dasselbe wie Bild 5.34, mit eingezeichneter Schaltfolge der sekundären Relais

in der ersten Schaltfolge und zwischen Intervall 9 und 11 in der zweiten. Für die Bestimmung der Anzahl der notwendigen sekundären Relais gibt es keine formale Methode, die ein unmittelbares Resultat ergibt. Allgemein können wir sagen, daß n Relais zwischen höchstens 2^n gleichen Eingangskombinationen unterscheiden können. Das Problem jedoch, diese sekundären Relais zu steuern, kann die Sachlage komplizieren und ein oder mehrere zusätzliche Relais nur für Steuerzwecke erforderlich machen.

In Bild 5.35 wird die Möglichkeit einer Schaltfolge für drei sekundäre Relais gezeigt, die für diese Aufgabe genügen. (Eine andere mögliche Schaltfolge findet man in Aufgabe 3 am Ende dieses Abschnitts.) Zunächst wird zu den primären Relais A, B und C das Relais X hinzugefügt, um zwischen den Intervallen 3 und 5, bezw. 9 und 11 zu unterscheiden. Die Steuerung dieses Relais ist einfach, da es anziehen soll, wenn B anzieht und abfallen soll, wenn A abfällt. Die Steuerfunktion lautet: $F_x = b+ax$.

Als nächstes wird Relais Y hinzugefügt, um den ersten Arbeitstakt von A, B, C vom zweiten zu unterscheiden. Jedoch kann die Steuerung von Y nicht allein von A, B, C und X ausgeübt werden, wenn dabei die in Bild 5.35 angedeutete Schaltfolge für Y herauskommen soll. Denn dann würde Y auch im Intervall 8 anziehen, wie man dem Bild entnimmt, was aber nicht sein darf. Um nun Intervall 2 von Intervall 8 zu unterscheiden, wird ein drittes Relais Z eingeführt. Y muß in diesem Fall genau dann schalten, wenn A anzieht, während B, C und Z abgefallen sind. Y muß dann gehalten werden, bis alle drei Primärrelais abfallen. Eine passende Steuerfunktion ist etwa $F_y = ac'z'x'+ay$. Z muß anziehen, wenn B abfällt, während, A, C, X, Y anziehen, und Z muß halten, bis B anzieht. Diese Steuerfunktion schreibt sich wie folgt: $F_z = ab'cxy+b'z$. Die Wettrennbedingung zwischen dem Abfall von X und dem von Y während des Intervalls 7 hat keinen Einfluß auf Z, da Z solange hält, wie B abgefallen ist.

Tabelle 5.7 stellt die Ausgangszustände dar. Man beachte, daß der Ausgang nur von A, B, C, X und Y abhängt. Z wird nur zur Steuerung von Y verwandt. Die Striche in Zeile 1 deuten an, daß für die Intervalle 4 und 8 die Zustände von X und Y nicht zur Festlegung des Ausgangssignals benötigt werden, da nur in diesen beiden Intervallen alle drei Primärrelais anziehen. Die Boolesche Funktion des Ausgangs ist $g = b + c(xy+x'y')$. Der dazugehörige Schaltungsteil wird nicht gezeigt, kann aber leicht nach diesen Funktionen gezeichnet werden. Es gibt aber andere Schaltfolgen für sekundäre Relais, welche die vorgegebene Aufgabe genau so gut oder noch besser erfüllen.

Zusammenfassend kann man sagen: Das Verfahren für den Entwurf eines Schaltwerkes aus einem gegeben Zeitdiagramm besteht aus drei

Tabelle 5.7 Ausgangswerte für das Zeitdiagramm von Bild 5.35

Zeile	A	B	C	X	Y
1	1	1	1	—	—
2	1	0	1	1	1
3	1	0	1	0	0

Teilen. Erstens: durch Probieren wird die Zahl der benötigten sekundären Relais festgelegt. Zweitens: Die Schaltfolge der sekundären Relais muß so gewählt werden, daß zwischen zwei zeitlich voneinander verschiedenen, identischen Eingangskombinationen unterschieden werden kann, falls diese Unterscheidung das gewünschte Ausgangssignal beeinflußt. Drittens werden die Steuerkreise für die sekundären Relais und die Ausgangskreise entworfen. Ein großer Teil dieser Arbeit wird notwendig dadurch geleistet werden müssen, daß man sich das Zeitdiagramm ansieht. Die Auswahl der Schaltfolge für sekundäre Relais wird zum Teil von dem Wunsch bestimmt, möglichst einfache Steuerschaltungen zu bekommen. Die Boolesche Algebra ist zwar geeignet für die Aufstellung der Steuer- und Ausgangsfunktionen, sie ist aber unglücklicherweise nicht flexibel genug, um das ganze Problem zu erfassen. Wie wir gesehen haben, entsprechen Boolesche Funktionen nur den Teilen des Entwurfs, die von Natur aus kombinatorischer Art sind. Sequentielle Arbeitsweise wird heute in erster Linie durch den Einfallsreichtum des Konstrukteurs gemeistert. Dieser Abschnitt wurde hier nicht so sehr für die Anwendung der Algebra eingefügt, sondern als eine Erweiterung vorangegangener Abschnitte, um die Grenzen der Booleschen Algebra zu zeigen, wenn es sich um Probleme des Schaltungsentwurfes handelt, und um die außerordentlich große Flexibilität von Relaisschaltungen zu illustrieren.

Übungen

1. Man zeichne die zu Bild 5.35 gehörende Schaltung.

2. Man führe die notwendigen Sekundärrelais ein, um das Ausgangssignal für jedes Zeitdiagramm in Bild 5.36 sicherzustellen. Man konstruiere in jedem Fall ein neues Zeitdiagramm, das die Arbeitsweise aller benutzten Sekundärrelais zeigt. Man schreibe die Booleschen Funktionen für die Steuerung der sekundären Relais und für das Ausgangssignal. Man zeichne die Schaltbilder mit allen Sekundärrelais und dem Ausgangskreis für Bild 5.36 a).

3. Um das Ausgangssignal von Bild 5.34 zu bekommen, sind nur zwei sekundäre Relais X und Y notwendig, wenn man zuläßt, daß jedes das andere steuern darf. Man wähle so eine Schaltfolge aus und stelle die Steuer- und Ausgangsfunktion auf.

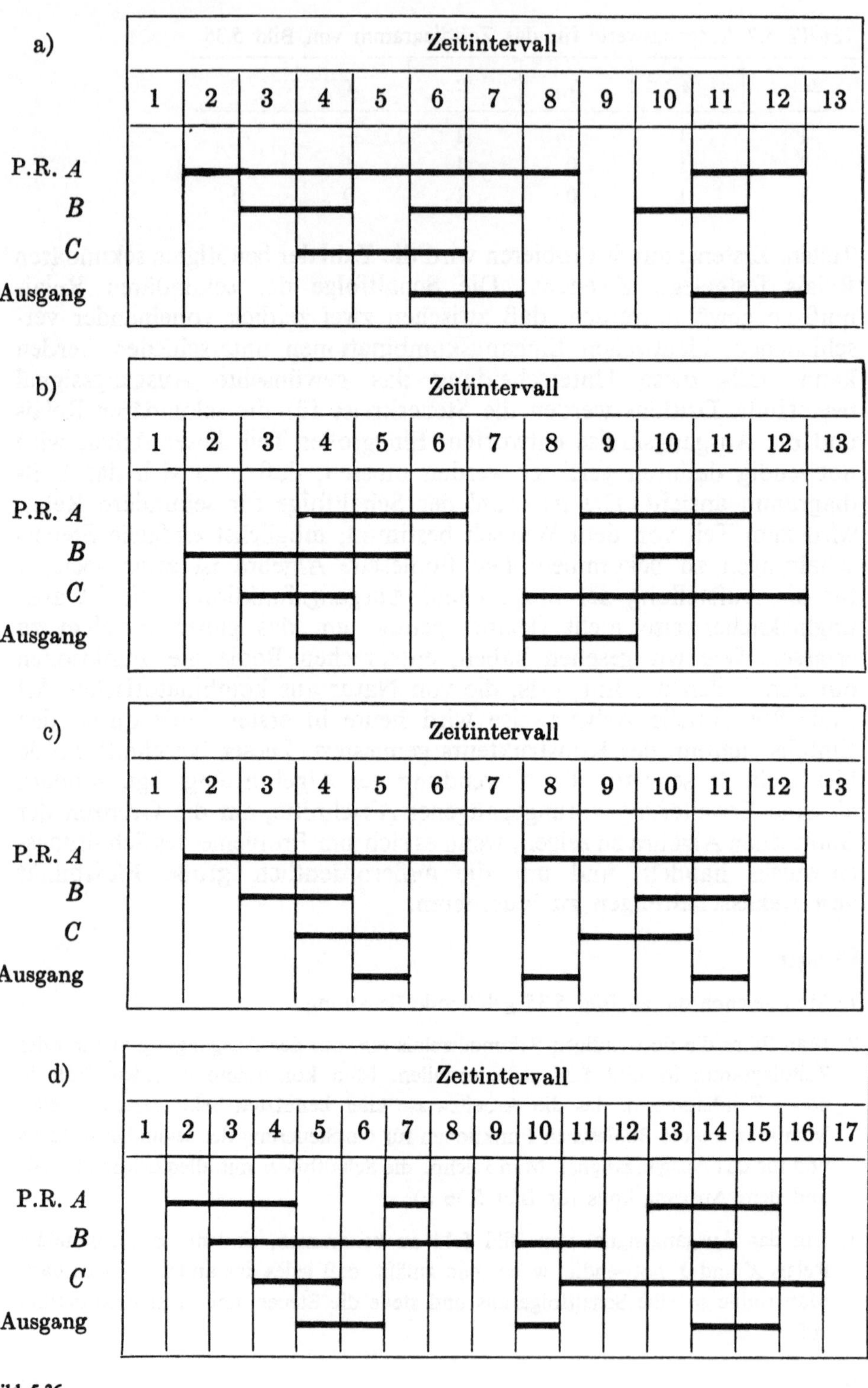

Bild 5.36

4. Es sei das Zeitdiagramm von Bild 5.37 gegeben. Man führe die notwendigen Sekundärrelais ein und stelle die Steuer- und Ausgangsfunktionen auf.

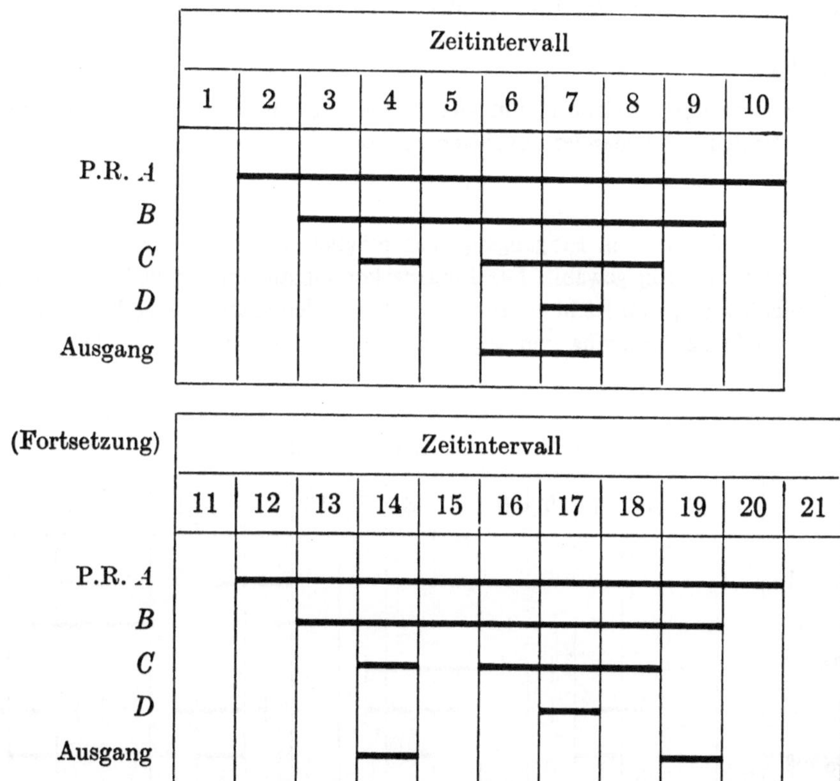

Bild 5.37

5.7 Spezielle Probleme, die auf den Entwurf von Relaisschaltungen führen

Dieser letzte Abschnitt über Relaisschaltungen enthält zwei Beispiele, in denen kein Zeitdiagramm gegeben ist, wo jedoch die Sachlage die Konstruktion eines solchen für die Lösung der Aufgabe erfordert. Diese Situation ist realistischer als die in Abschn. 5.6 und entspricht mehr dem Problem, dem sich der Schaltungskonstrukteur bei der praktischen Anwendung der von uns dargestellten Methoden gegenübersieht.
Nehmen wir an, es sei gefordert, von zwei Tasten vier oder mehr Signale steuern zu lassen, und zwar so, daß kein Signal auftritt, wenn beide Tasten losgelassen sind. Kombinatorische Schaltungen werden dieses Problem allein nicht lösen, weil nur vier Zustände für zwei Schalter möglich sind, und einer von diesen (beide in Ruhestellung) ausdrücklich

ausgeschlossen ist. Daher muß man schon von sequentiellen Signalen und sekundären Relais Gebrauch machen. In folgendem Beispiel ist das Problem etwas genauer gefaßt.

Beispiel 1

Man entwerfe ein Schaltwerk, um vier Lichter, rot, weiß, blau und grün einzeln und unabhängig voneinander aufblitzen zu lassen.

Lösung

Es sind viele Folgen von Eingangssignalen möglich, aber die wenigen in Bild. 5.38 sind recht vernünftig gewählt. Die Eingangskombinationen für die Tasten A und B sind einfach genug, um leicht erlernt zu werden, andererseits sind sie komplex genug, um eine einfache Steuerung von sekundären Relais notwendig zu machen. Die vier

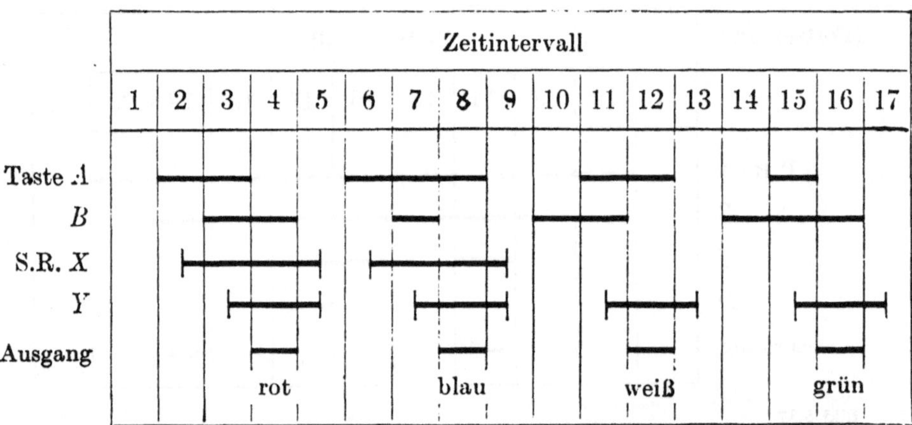

Bild 5.38 Zeitdiagramm für vier Signale, die durch zwei Schalter ausgelöst werden können

Folgen von Eingangssignalen sind die Signale während der Zeitintervalle 2 – 4 6 – 8, 10 – 12 und 14 – 16. Zwischen je zwei Folgen haben wir ein Zeitintervall gelassen, in dem beide Tasten losgelassen sind, da wir die Signalfolgen in beliebiger Anordnung (unabhängig voneinander) hervorrufen wollen. Deswegen ist es notwendig, alle Sekundärrelais in den Intervallen 5, 9, 13 und 17 abfallen zu lassen. Das Bild zeigt eine passende Schaltfolge für zwei sekundäre Relais X und Y, welche zwischen den vier Signalen Unterschiede herstellen wird. Das rote Licht wird von einem Ausgangssignal während Intervall 4 geschaltet, das blaue Licht während Intervall 8, das weiße Licht während 12 und das grüne während 16. Die Ausgangsfunktionen sind:

$F_r = a'bxy$, $F_w = ab'xy$, $F_b = ab'x'y$ und $F_g = a'bx'y$. Die Steuerfunktionen für X und Y sind $F_x = ab'y' + (a + b)x$ und $F_y = ab + (a + b)y$. Die entsprechende Schaltung möge der Leser selbst zeichnen.

148

Beispiel 2

Ein elektrisches Kombinationsschloß mit fünf sichtbaren Tasten *A*, *B*, *C*, *D* und *E* und zwei verborgenen Tasten *F* und *G*. Ein Elektromagnet soll den Riegel wegziehen, wenn die Tasten *B*, *E*, *A*, *D* in dieser Reihenfolge gedrückt werden. (Der Elektromagnet wird durch einen Strom durch seine Wicklung betätigt.) Wenn ein Fehler in der Betätigung der Tasten gemacht wird, soll ein Einbrecheralarm ausgelöst werden. Taste *F* soll den Alarm abschalten und alle sekundären Relais abfallen lassen. Taste *G* soll das Schloß zuschnappen lassen.

Lösung

Zunächst werden wir zwei Relais vorsehen, *T* für das Auslösen des Alarms und *L* für den Elektromagneten, der das Schloß freigibt. Die Betätigung dieser Relais geschieht durch Arbeitskontakte. Wir benutzen hier Relais, weil man mit ihnen Haltekreise aufbauen kann, in denen sie angezogen bleiben, bis das Drücken der

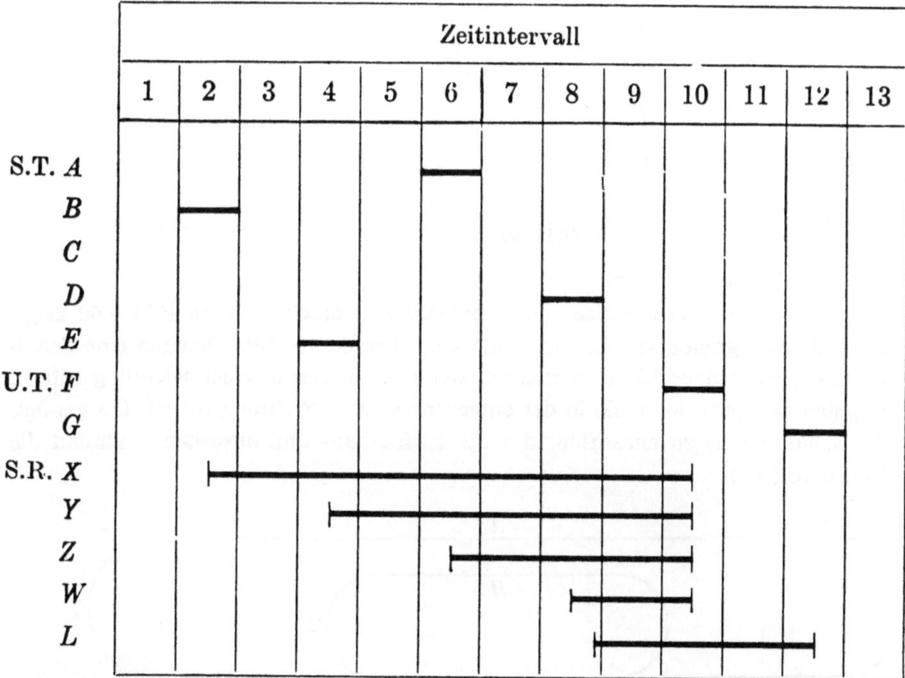

Bild 5.39 Zeitdiagramm für das Kombinationsschloß von Beispiel 2. S. T. bzw. U. T. bedeutet sichtbare und unsichtbare Tasten

richtigen Taste die Relais freigibt. Bild 5.39 zeigt die richtige Schaltfolge für die Betätigung von *L* und aller benötigten Sekundärrelais mit Ausnahme dessen, das den Alarm auslöst. Letzteres kann nicht gezeigt werden, ohne gleichzeitig alle falschen Schaltfolgen mit einzuzeichnen. Die Steuerfunktionen sind dann:

$$F_x = b + f'x, \qquad F_y = e + f'y, \qquad F_z = a + f'z,$$
$$F_w = d + f'w, \qquad F_l = xyzwt' + g'l.$$

Hier garantiert t' in der Steuerfunktion für L, daß der Riegel des Schlosses niemals weggezogen wird, wenn der Alarm ausgelöst wurde. Das Alarmrelais schließlich wird durch

$$F_t = c + x'y + y'z + z'w + f't$$

gesteuert. Man beachte, daß der Alarm ausgelöst wird, sobald irgend ein Fehler gemacht wird. Nach diesen Funktionen kann man das Schaltwerk sofort zeichnen, was dem Leser überlassen bleibt.

Übungen

1. Man zeichne die Schaltung für Beispiel 1.
2. Man zeichne die Schaltung für Beispiel 2.

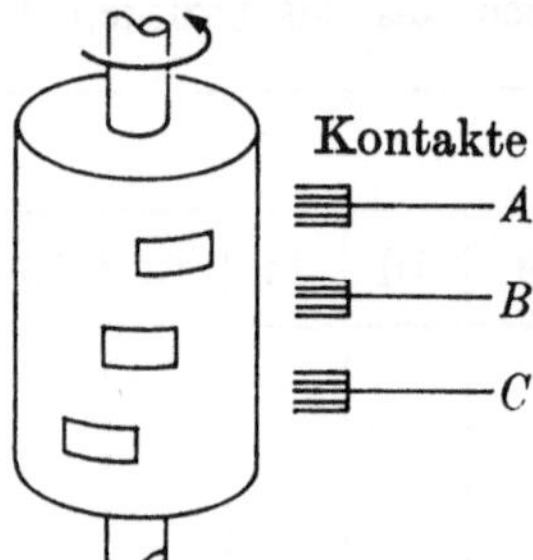

Bild 5.40

3. Auf einer rotierenden Walze sind Kontakte angebracht, wie es Bild 5.40 zeigt. Drei Bürsten greifen von diesen Kontakten Signale ab. Man zeichne eine Schaltung, die ein grünes Licht einschaltet, wenn die Walze in einer Richtung rotiert, dagegen ein rotes, wenn sie in der entgegengesetzten Richtung rotiert. (Es genügt, die Schaltung so zu entwerfen, das die Lichter an- und ausgehen, während die Walze rotiert.)

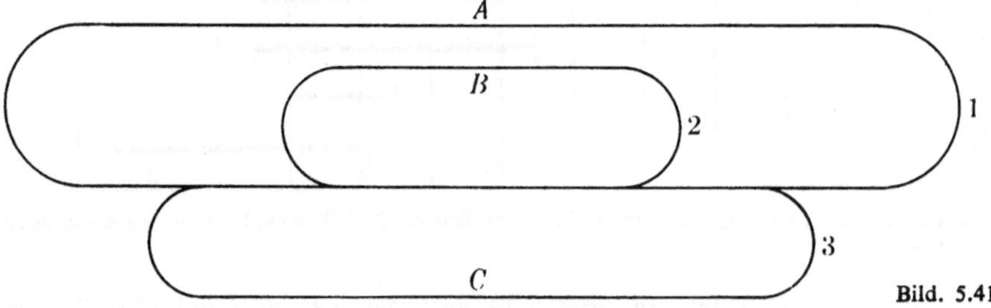

Bild. 5.41

4. Ein Eisenbahnmodell möge das Aussehen haben, wie es Bild 5.41 zeigt. Die Weichen werden von Elektromagneten betätigt. Wenn der Magnet nicht anzieht, bleibt die Weiche in Richtung des geraden Gleises stehen; zieht der Magnet an, so verbindet die Weiche den gekrümmten mit dem geraden Gleisabschnitt. Man

150

entwerfe eine Relaisschaltung, die den Zug veranlaßt, zuerst Schleife 1 zu durchlaufen, dann Schleife 2 und dann Schleife 3, und diese Reihenfolge immerfort zu wiederholen. Das Ganze soll durch Tasten an den Punkten A, B und C gesteuert werden, die der Zug im Vorüberfahren betätigt.

6. Rechenschaltungen

6.1 Einleitung

Eine der am meisten die Öffentlichkeit beschäftigenden Errungenschaften der letzten Jahre war die Entwicklung der schnellen digitalen Rechenanlagen, oft irrtümlich „Elektronenhirne" genannt. Obwohl es nicht unser Ziel ist, eine ins einzelne gehende Beschreibung der Arbeitsweise solcher Rechenautomaten zu geben, ist es doch angebracht, unsere Ausführungen über die Schaltalgebra mit einer kurzen Schilderung einiger Probleme des Schaltungsentwurfs abzurunden, die bei der Konstruktion solcher Anlagen auftreten. Unter den vielen Teilen, die bei einem Rechner entworfen werden müssen, sind etwa Vorrichtungen, über die der Maschine Informationen und Befehle zugeführt werden können, Einrichtungen, mit denen die Maschine Befehle ausführt und vielfältige spezielle Aufgaben durchführen kann, Einrichtungen, durch welche die Ergebnisse dieser Maschinenarbeit dem Bedienenden zugänglich gemacht werden können. Jedes dieser Teilgebiete hat seine eigenen Schaltungsprobleme. Das an zweiter Stelle erwähnte Gebiet (kurz gesagt, die Rechenschaltungen), ist wahrscheinlich dasjenige, das den Anfänger am meisten fesselt. Aus diesem Grunde haben wir dieses Kapitel über einige grundlegende Schaltungen, welche die einfachen arithmetischen Operationen der Addition, Subtraktion und Multiplikation ausführen können, mit in dieses Buch aufgenommen. Wir hoffen, daß die wenigen kurzen Andeutungen den Leser anregen werden, diese Materie in einem der vielen darüber erschienenen Bücher weiterzuverfolgen, die den Entwurf von Rechenmaschinen in aller Ausführlichkeit behandeln.

Bevor wir Schaltungen entwerfen können, die mit Zahlen rechnen, müssen wir untersuchen, auf welche Weise diese Zahlen überhaupt in Schaltelementen dargestellt werden können. Jede solche Darstellung hängt wiederum von einem Codierungsverfahren für diese Zahlen ab. In der Praxis werden viele verschiedene Codierungsverfahren benutzt; aber am leichtesten verständlich ist vielleicht dasjenige, das auf dem binären Zahlensystem aufbaut. Diesem System ist der nächste Abschnitt gewidmet.

6.2 Das binäre Zahlensystem

Jedem Leser ist das dezimale Zahlensystem vertraut; wir benutzen es, um das binäre zu veranschaulichen. Wenn wir die Zahl 3814 schreiben, dann hat jede der Ziffern 3, 8, 1 und 4 eine Bedeutung, die von ihrer Stellung innerhalb der Zahl abhängt: 3 bezieht sich auf Tausender, 8 auf Hunderter, 1 auf Zehner und 4 auf Einer. Eine andere Art, diese Zahl darzustellen ist, sie als Summe von Vielfachen der Potenzen von 10 zu schreiben. Dann haben wir

$$3814 = 3(10^3) + 8(10^2) + 1(10^1) + 4(10^0).$$

Aus dieser Schreibweise können wir leicht die große Bedeutung der 10 für unser Dezimalsystem erkennen. Man nennt die Zahl 10 auch die *Basis* des Dezimalsystems.

Jede positive ganze Zahl über 1 könnte genau so gut wie 10 als Basis für ein Zahlensystem dienen. Zum Beispiel würde die Zahl 194 als Zahl zur Basis 5 geschrieben, 1234 ergeben, was bedeutet, daß

$$194 = 1(5^3) + 2(5^2) + 3(5^1) + 4(5^0)$$

ist.

Dieselbe Zahl würde zur Basis 7 geschrieben, 365 lauten, d.h.

$$3(7^2) + 6(7^1) + 5(7^0).$$

Wenn man eine größere Basis als 10 benutzen würde, müßte man neue Ziffernsymbole einführen, da in jedem System alle ganzen Zahlen, die kleiner als die Basis sind, durch einzelne Ziffern dargestellt werden müssen.

Um die eben eingeführten Gedanken exakt zu fassen, werden wir als *Ziffer* jedes einzelne Symbol definieren, das eine nicht-negative ganze Zahl darstellt. Eine *Zahl* wird als eine Folge von $k+1$ Ziffern definiert, $N = a_k \ldots a_2 a_1 a_0$, wo jedes a_i eine Ziffer ist. Eine Zahl steht zu der Basis B des Zahlensystems durch die Gleichung

$$N = a_k B^k + \ldots + a_2 B^2 + a_1 B + a_0.$$

in Beziehung.

Um irgend eine Zahl N aus dem Dezimalsystem in das System mit der Basis B überzuführen, kann man folgende Methode anwenden.

1. Man bestimme die höchste Potenz k der Basis B, welche die Zahl N nicht übersteigt.
2. Man dividiere N durch B^k. Der Quotient, a_k, ist die erste Ziffer von N im neuen Zahlensystem; der Rest r_1 wird in 3 weiterverwendet.
3. Ist r_1 größer als B^{k-1}, dann dividiere man r_1 durch B^{k-1}, um einen Quotienten a_{k-1}, die zweite Ziffer von N, und einen Rest r_2 zu erhalten, der in 4 benutzt wird.
   b) Wenn r_1 kleiner ist als B^{k-1}, dann ist die zweite Ziffer von N eine 0, und man geht mit r_1 zu 4 über.

4. Man wiederhole Schritt 3 mit dem Ergebnis von a) oder b) bis alle
   Potenzen von B kleiner als k der Reihe nach durchlaufen sind.

Beispiel 1

Man rechne 97 in das Zahlensystem mit der Basis 3 um.

Lösung

3^4 ist 81 und damit die höchste Potenz von 3 kleiner als 97. 97 : 81 ergibt 1 Rest 16.

Die erste Ziffer von 97 zur Basis 3 ist daher 1. Da 16 kleiner ist als $3^3 = 27$,
ist die zweite Ziffer eine 0. Nun wird 16 durch $3^2 = 9$ geteilt und ergibt einen
Quotienten 1 und einen Rest 7. Die dritte Ziffer ist daher 1. 7 geteilt durch 3
ergibt nun 2 als vierte Ziffer und den Rest 1. Teilt man nun diesen Rest durch
$3^0 = 1$, dann ergibt sich als letzte Ziffer unserer Zahl eine 1. Auf diese Weise
sehen wir, daß die dezimale Zahl 97 im Zahlensystem zur Basis 3 geschrieben werden muß: 10121.

Um von einer gegebenen Basis zum Dezimalsystem überzugehen,
braucht man die Zahl nur nach Definition in Potenzen der Basis zu
entwickeln und die entstehende Summe als Zahl in dezimaler Schreibweise auszuwerten.

Beispiel 2

Wie sieht die Dezimalzahl aus, die im System mit der Basis 4 2312 heißt?

Lösung

2312 heißt im System mit der Basis 4:

$2(4^3) + 3(4^2) + 1(4) + 2 = 128 + 48 + 4 + 2,$

das in dezimaler Schreibweise gleich 182 ist.

Die Basis 2 ist von besonderem Interesse, da eine Zahl mit der Basis 2
geschrieben, nur mit Hilfe von zwei Ziffern, 0 und 1 aufgebaut wird.
Es ist leicht zu sehen, wie eine solche Zahl durch eine Folge von Schaltern,
Relais, Lampen oder anderen Bauteilen dargestellt werden kann, deren
jeder nur einen von zwei Zuständen einnehmen kann, die dann den
Ziffern 0 und 1 entsprächen. Das System mit der Basis 2 heißt das
binäre Zahlensystem. Das oben Ausgeführte genügt, um das System
für Basis 2 zu definieren, aber zur besseren Anschaulichkeit zeigt Tabelle
6.1 die ersten sechzehn Zahlen in dezimaler und binärer Schreibweise.
Für Umrechnungen beliebiger ganzer Zahlen aus dem binären ins
dezimale System oder umgekehrt, kann man die oben erwähnte Methode
benutzen.
Man kann auch Brüche in dem binären System einführen, indem man
negative Potenzen von 2 betrachtet und die Zahl an einer geeigneten

Stelle durch Komma aufteilt, genau wie es im Dezimalsystem geschieht. Wir werden uns in diesem Kapitel der Einfachheit halber auf ganze Zahlen beschränken, mit der Einführung von Brüchen treten aber keine neuen Schwierigkeiten hinzu. Zum Beispiel ist 3/4 in dezimaler

Tabelle 6.1 Dezimale und binäre Darstellung der Zahlen

Dezimal	Binär	Dezimal	Binär
1	1	9	1 001
2	10	10	1 010
3	11	11	1 011
4	100	12	1 100
5	101	13	1 101
6	110	14	1 110
7	111	15	1 111
8	1,000	16	10 000

Schreibweise gleich 0,75. d.h. $7(10^{-1})+5\ 10^{-2}$. Im Binärsystem wird 3/4 als 0,11 geschrieben, d.h. $1(2^{-1})+1(2^{-2})$.

Übungen

1. Man rechne die Dezimalzahl 317 in das Zahlensystem mit folgender Basis um:
   a) Basis 2   b) Basis 3   c) Basis 5
   d) Basis 7   e) Basis 8   f) Basis 9

2. Man rechne die Binärzahl 101 101 in die Zahlensysteme mit folgenden Basen um:
   a) Basis 10   b) Basis 5   c) Basis 3
   d) Basis 8

3. Wenn 34123 eine Zahl zur Basis 5 ist, was entspricht ihr im Dezimalsystem?

4. Man rechne das Folgende in binäre Schreibweise um:
   a) 32   b) 76   c) 125
   d) 1024   e) 1/16   f) 1516

5. Man rechne die folgenden binären Zahlen ins Dezimalsystem um:
   a) 101111   b) 111101   c) 100001
   d) 10110101   e) 11,01   f) 1111,11

6. Man rechne die folgenden Dezimalbrüche ins Binärsystem um, mit einer Genauigkeit von sechs Binärstellen.
   a) 13,25   b) 32,5   c) 3,171
   d) 0,015

7. Wenn z und e Ziffern für 10 und 11 im System mit der Basis 12 darstellen sollen, rechne man die Zahl $2ze76$ in das Dezimalsystem um.

8. Man benutze z und e wie in Aufgabe 7, um die Dezimalzahl 1276 in eine Zahl der Basis 12 umzurechnen.

9. Man berechne das Produkt von 17 und 43, indem man erst zur Basis 5 übergeht, dann die Rechenoperation vornimmt, und dann mit dem Resultat ins Dezimalsystem zurückgeht. Man prüfe die Ergebnisse auf dem gewöhnlichen Wege.

10. Gegeben seien $a = 10110$ und $b = 111001$, beide im binären System. Man berechne unter ausschließlicher Verwendung binärer Schreibweise die Werte $a+b$, $b-a$, und b/a, und kontrolliere die Ergebnisse durch Übergang zum Dezimalsystem.

6.3 Logische Schaltelemente

Wir haben bisher zwei Bauelemente eingeführt, aus denen man praktisch verwendbare Schaltungen aufbauen kann, nämlich Relais und handbetätigte Schalter. Beim Bau elektronischer Rechenautomaten werden jedoch andere Bauelemente weit häufiger verwendet. Schaltelemente, die aus Dioden oder Elektronenröhren bestehen, waren lange Zeit allgemein gebräuchlich (der Transistor hat die Elektronenröhre weitgehend verdrängt. d.Ü.) Statt nun die verschiedenen Arten elektronischer Bauteile, die man dazu benutzen könnte zu untersuchen, wollen wir lieber den Begriff eines *logischen Schaltelementes* einführen. Es genügt zu wissen, daß diese Elemente konstruiert werden können; man kann in der Tat fabrikmäßig hergestellte Bausteine dieser Art, für die verschiedensten Apparate passend, im Handel bekommen. Ob diese Bausteine aus Relais oder Röhren oder anderen Einzelteilen aufgebaut sind, ist für den Hauptteil dieses Kapitels gleichgültig. Der Leser mag an Relais denken, weil wir zeigen werden, daß alle diese logischen Bausteine aus Relais allein aufgebaut werden können. Diese Relaisschaltungen haben oft sehr mangelhafte Betriebseigenschaften, verglichen mit Schaltungen aus anderen Bausteinen; wir werden aber die Besprechung elektronischer Bauteile den Werken über den Entwurf von Rechenanlagen überlassen.

Wir stellen uns einen logischen Baustein als einen kleinen Kasten mit einem oder mehreren Eingangsdrähten und einem oder mehreren Ausgangsdrähten vor. Diese Drähte übertragen Signale in Form einer positiven Spannung, entsprechend einem Wert 1, oder der Spannung 0 entsprechend dem Wert 0. Wir werden für den Zustand eines Drahtes einen einzelnen Buchstaben, sagen wir x, benutzen. Wenn der Draht ein Signal überträgt, sagen wir, daß x den Wert 1 annimmt, wenn er kein Signal überträgt, hat x den Wert 0. Das stellt nur eine kleine Modifikation unseres früheren Standpunktes dar, wonach 0 und 1 offene und geschlossene Kreise bedeutete; da wir uns einen geschlossenen Kreis als einen signalübertragenden vorstellen können und einen offenen

156

Kreis als einen, der nicht in der Lage ist, ein Signal zu übertragen. Es könnten ebensogut auch andere Signale als positive Spannung in Frage kommen; tatsächlich wird das benutzte Signal im allgemeinen von der Art der Schaltelemente abhängen, die zum Aufbau der Schaltung verwendet werden. Der Einfachheit halber nehmen wir nur diesen einen Typus von Signalen und werden danach alle unsere Schaltungen einrichten.

Wir werden ein Schaltelement in unseren Schaltbildern als einen Kreis darstellen, in dem ein logisches Verknüpfungszeichen die Art des Bausteins andeutet, und an welchem Striche den Eingang und Ausgang bezeichnen. Zur Unterscheidung von Ein- und Ausgang dienen Pfeile auf diesen Strichen; zeigt ein Pfeil zum Kreis hin, so bezeichnet er einen Eingang. Das erste logische Schaltelement, das wir betrachten wollen, hat einen einzigen Eingang und einen einzigen Ausgang. Das Element macht aus einem gegebenen Signal dessen Komplement, d.h., der Ausgang trägt eine 0, wenn am Eingang eine 1 steht, und umgekehrt.

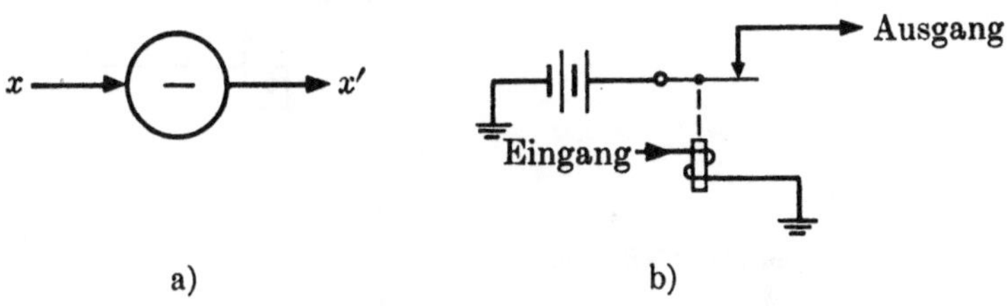

Bild 6.1 a) Symbol und b) Relaisschaltung für den Komplementbaustein

Bild 6.1 zeigt die von uns benutzte Bezeichnung[1], ein Kreis mit (—) in der Mitte und eine mögliche Konstruktion dieses Elementes aus Relais. Der Eingang wurde mit x bezeichnet, der Ausgang ist daher x'. Die nächsten beiden logischen Schaltelemente entsprechen den logischen Verknüpfungen „und" und „oder". Diese beiden können zwei oder mehrere Eingänge haben und einen einzigen Ausgang. Das „und"-Element wird in Schaltbildern als Kreis mit ($\wedge$) in der Mitte gezeichnet. Dieses Element gibt ein Ausgangssignal ab (der Ausgang hat den Wert 1), wenn und nur wenn jeder Eingang ein Signal trägt (den Wert 1 hat). Wenn zum Beispiel die Eingänge eines „und"-Elementes x, y und z sind, kann man die Ausgangsfunktion xyz schreiben, wie immer in der Booleschen Algebra. Das „oder"-Element, als Kreis mit

---

[1] Wir halten uns bei der Bezeichnung der logischen Schaltelemente (nicht in den Formeln) an die deutsche Konvention, man vergleiche die Tabelle der Verknüpfungen auf Seite 7 (A.d.Ü.)

einem ($\vee$) in der Mitte bezeichnet, gibt ein Ausgangssignal ab, wenn
mindestens ein Eingang ein Signal führt. Wenn z.B. die Eingänge eines
„oder"-Elementes x, y und z sind, dann ist der Ausgang die Boolesche
Funktion $x+y+z$. Bild 6.2 zeigt die symbolischen Bezeichnungen
dieser Elemente und mögliche Schaltungen zu ihrer Verwirklichung.

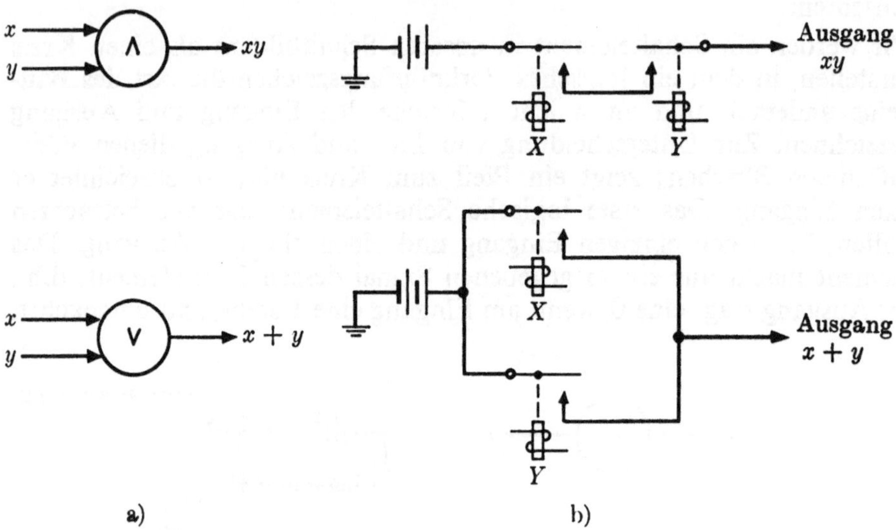

Bild 6.2 „Und" - und „Oder"- Baustein

Es werden nur zwei Eingänge gezeigt. Die Erweiterung auf mehrere
Eingänge ist evident. Es sind noch viele andere Schaltungen mit diesen
oder anderen Bausteinen möglich.

Als letztes logisches Schaltelement betrachten wir den sogenannten
Flip-Flop, den wir durch einen Kreis mit einem F in der Mitte bezeichnen.
Dieses Element hat einen einzelnen Eingang und einen einzigen Ausgang.
Der Flip-Flop hat zwei stabile Zustände; im einen Zustand ist der
Ausgang 1, im anderen 0. Der Zustand des Flip-Flop ändert sich jedesmal,
wenn ein Signal am Eingang erscheint (auch wenn es nur momentan
erscheint). In diesem Fall verharrt er im neuen Zustand (mit entsprechen-
dem Ausgangswert), bis das nächste Signal ankommt.

Wir wollen einen Flip-Flop mit den Methoden von Kap. 5 entwerfen.
Das Zeitdiagramm von Bild 6.3 stellt den gewünschten Ausgangswert
als Funktion eines intermittierenden Eingangssignals dar. Auch eine
Schaltfolge für zwei sekundäre Relais wird gezeigt, die den gewünschten Ausgangswert liefert. Die Steuerfunktionen für X und Y sind:

$$F_x = ay' + a'x, \text{ und } F_y = a'x + ay.$$

158

Die Ausgangsfunktion ist $ay' + a'x$, was mit F_x übereinstimmt, weil diese Funktionen identisch sind.

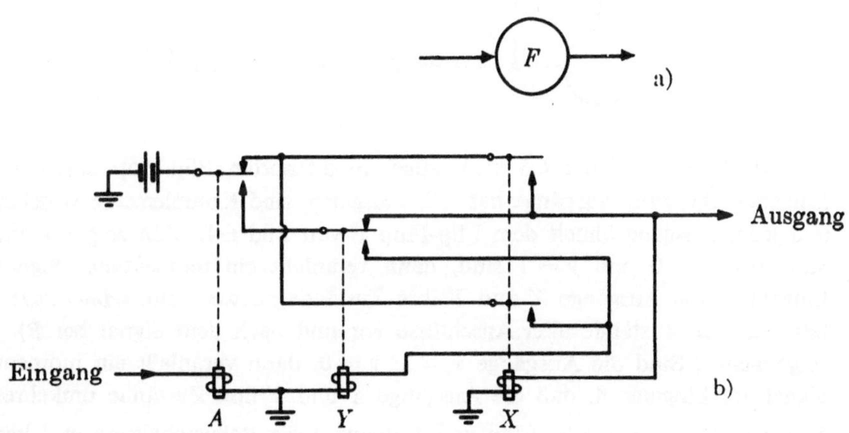

Bild 6.3 Zeitdiagramm eines Flip-Flop

Bild 6.4
a) Symbol und b) Relaisschaltung für ein Flip-Flop

Das Symbol für den Flip-Flop in späteren Diagrammen und den durch es dargestellten Relaisschaltkreis zeigt Bild 6.4. Wegen der Gleichheit der beiden Funktionen werden für das Relais X zwei Arbeitskontakte benötigt, einer für den Ausgang, der andere für die Steuerschaltung des Relais Y. Die Zusammenfassung beider Kontakte zu einem würde unerwünschte Schleichwege ergeben.

Dieser Flip-Flop könnte freilich viel einfacher mit Vakuumröhren oder Transistoren konstruiert werden.

1. Man zeichne Symbol und Schaltung für das „und"-Element mit drei Eingängen x, y und z.

2. Dasselbe für ein „oder"-Element mit drei Eingängen x, y und z.

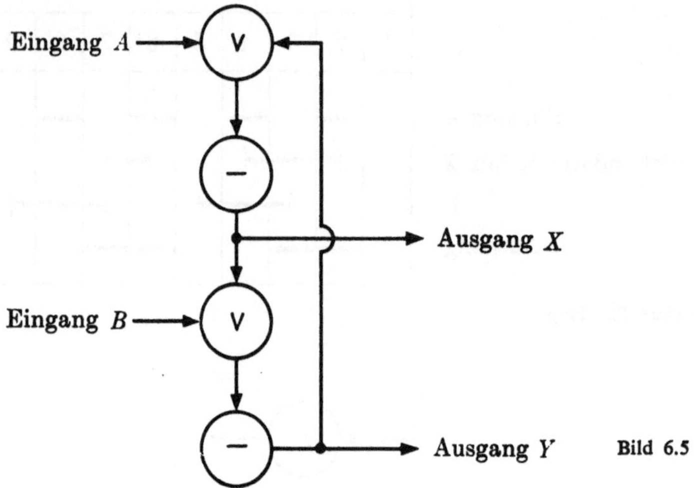

3. Die Schaltung von Bild 6.5 stellt einen modifizierten Flip-Flop dar, der zwei Eingänge und zwei Ausgänge hat. Die Ausgänge sind Komplemente voneinander und jeder Ausgang ähnelt dem Flip-Flop F von Bild 6.4. Man zeige: Wenn die Ausgänge $x = 0$ und $y = 1$ sind, dann veranlaßt ein momentanes Signal am Eingang B die Ausgänge X und Y ihre Zustände zu wechseln. (*Anleitung*: Man tabelliere die Zustände aller Anschlüsse vor und nach dem Signal bei B). Man zeige weiter: Sind die Ausgänge $x = 1$, $y = 0$, dann veranlaßt ein momentanes Signal am Eingang A, daß die Ausgänge X und Y ihre Zustände umkehren.

4. Man zeichne für den Flip-Flop von Aufgabe 3 die Relaisschaltung und benutze dabei dieselbe Bezeichnung für Ein- und Ausgänge.

6.4 Addition binärer Zahlen

Es gibt verschiedene weit verbreitete Methoden, nach denen Rechenmaschinen Zahlen addieren. Allen Rechnern ist jedoch gemeinsam, daß sie immer nur zwei Zahlen auf einmal addieren. Wenn eine Summe von drei Zahlen gewünscht wird, werden zwei Zahlen zuerst addiert, und zu der Summe wird dann die dritte addiert. Daher wollen wir uns in der folgenden Untersuchung auf das Problem der Addition zweier Zahlen beschränken. Die Methoden der Addition kann man einteilen in *Parallel-* oder *Serienmethoden.* Der Unterschied wird durch die Art bestimmt, wie die Zahlen in den Rechner gegeben werden. *Bei Parallelmethoden* wird eine Zahl durch Signale (oder deren Abwesenheit) dargestellt, die durch eine Reihe von Anschlüssen übermittelt werden, und wobei für jede Ziffer ein Anschluß vorgesehen ist. Beispielsweise würde die Zahl 101 durch drei Anschlüsse dargestellt werden, wobei der erste und dritte Anschluß ein Signal trügen, (eine positive Spannung), der zweite nicht. Bei der parallelen Addition zweier Zahlen werden alle Stellen der Zahl zugleich verarbeitet und ergeben auf einer dritten Reihe von Anschlüssen Signale, die der Summe entsprechen. Bei *Serienmethoden* werden die Zahlen Ziffer für Ziffer in die Maschine gegeben, mit der niedrigsten Stelle beginnend. Wenn die Folge der Signale in das Addierwerk gegeben wird, werden die Ziffern der Reihe nach verknüpft, und die Summe erscheint als Folge von Signalen am Ausgang.

Bezüglich dieser beiden grundsätzlichen Methoden kann man sagen, daß die Parallelmethode mehr apparativen Aufwand erfordert, während die Serienmethode mehr Zeit kostet. Man kann beide nicht scharf gegeneinander abgrenzen; die Ersparnis an Zeit oder an Apparaten hängt von sehr vielen Faktoren ab. Bisher ist nicht bewiesen worden, daß eine von beiden Methoden in irgendeinem allgemeinen Sinne wirklich die bessere ist. Daher werden beide angewandt. Wir werden hier nur auf eine Parallelmethode eingehen. Der interessierte Leser kann Beschreibungen anderer Methoden in den Lehrbüchern finden.

Wenn man zwei Ziffern in irgendeinem Zahlensystem verknüpft, und wenn deren Summe der Basis gleichkommt oder sie übersteigt, muß eine Ziffer in die nächste Stelle zur Linken „übertragen" werden. D.h., daß wir bei der Addition zweier Zahlen mit mehreren Ziffern, mit Ausnahme der ersten Stelle von rechts, stets an jeder Stelle drei Ziffern addieren müssen, nämlich die beiden Summandenziffern und den Übertrag der vorhergehenden Stelle, der im binären System 0 oder 1 sein kann. Wegen des Übertrages ist es praktisch, die Addition in zwei Schritten durchzuführen. Der erste wird von einem neuen logischen Schaltelement vorgenommen, das wir ein *Halbaddierwerk* nennen wollen. Das Halbaddierwerk ist eine Vorrichtung, die in der Lage ist, die Operationen auszuführen, die in Tabelle 6.2 dargestellt sind. Das bedeutet, das Halbaddierwerk hat zwei Eingänge, entsprechend den beiden Addenden, und zwei Ausgänge, einen für die Summenziffer, den anderen für die Übertragsziffer, wie in Tabelle 6.2 angedeutet wird. Das im Folgenden benutzte Schaltsymbol zeigt Bild 6.6. Die kleinen Buchstaben *s* und *ü* unterscheiden die Ausgänge voneinander.

Erste Addendenziffer	0	1	0	1
Zweite Addendenziffer	0	0	1	1
Summenziffer		0	1	1	0
Übertragsziffer		0	0	0	1

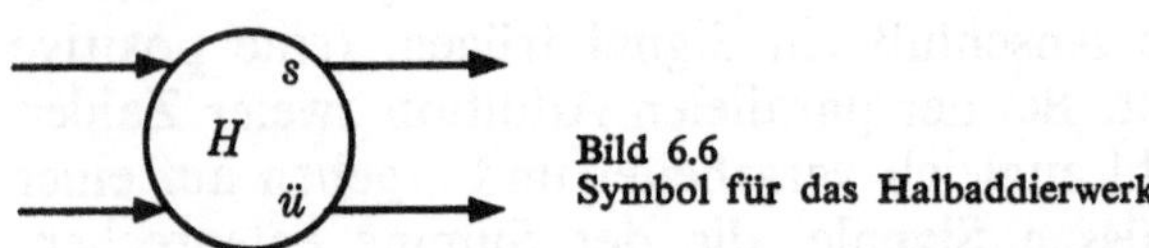

Bild 6.6
Symbol für das Halbaddierwerk

Eine Schaltung für das Halbaddierwerk kann sofort hergeleitet werden, indem man die Ausgangssignale für Summe und Übertrag getrennt als Funktionen der Eingangssignale auffaßt. Wenn wir die Eingangssignale x und y nennen, ist es klar, daß die Funktion für die Summe als $s = xy' + x'y$ geschrieben werden kann, da 1 als Summe nur dann auftritt, wenn ein Addend, aber nicht beide zugleich, 1 ist. Analog ist die Funktion für den Übertrag durch $ü = xy$ gegeben. Wenn wir diese Funktionen direkt in logische Schaltelemente umsetzen, bekommen wir eine Schaltung für das Halbaddierwerk, wie Bild 6.7 zeigt. Andere Schaltungen werden in den Aufgaben besprochen.

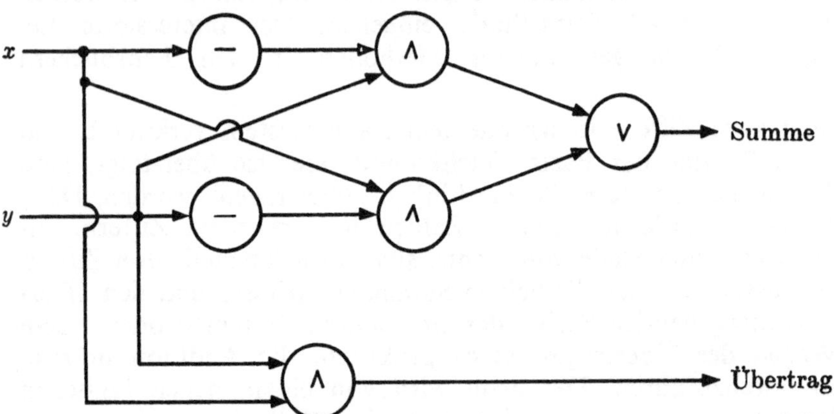

Bild 6.7 Logische Schaltung des Halbaddierwerkes

Mit dem Halbaddierwerk von Bild 6.7 als Baustein ist es nicht schwer, eine Schaltung für parallele Addition zweier binärer Zahlen zu bauen. Nehmen wir der Einfachheit halber an, daß die zwei Zahlen höchstens drei Stellen haben und durch $X = x_3 x_2 x_1$ und $Y = y_3 y_2 y_1$ dargestellt werden, wo jedes x_i und y_i entweder 0 oder 1 ist. Diese Ziffern werden

162

paarweise Halbaddierwerken zugeführt, wie Bild 6.8 zeigt. Die Summe ist die Zahl $s_4 s_3 s_2 s_1$, die durch die vier Ausgänge gegeben wird. Daß diese Schaltung funktioniert, ist evident. Nach der ersten Stelle ist die

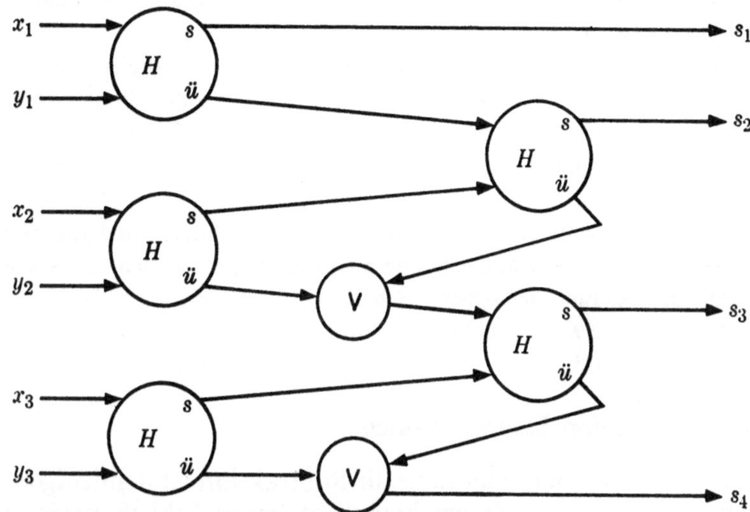

Bild 6.8 Schaltung für die Addition zweier dreistelliger Binärzahlen

Schaltung für jede höhere Stelle dieselbe. Zwei Eingangssignale, sagen wir x_2 und y_2, werden in einem Halbaddierwerk verknüpft. Die Summe geht zu einem zweiten Halbaddierwerk, um mit einem Übertrag von der ersten Stelle verknüpft zu werden. Die Summe in Halbaddierwerk 2 ist die zweite Stelle des Resultates, die Überträge der beiden Halbaddierwerke werden in einem „oder"-Element verknüpft und ergeben den Übertrag zur nächst höheren Stelle. Man beachte, daß die beiden Halbaddierwerke nicht zugleich ein Übertragsignal ergeben können; denn wenn das erste 1 als Übertrag ergab, muß es 0 als Summe haben. Daher kann das zweite Halbaddierwerk keinen Übertrag führen. Wenn man mehr als drei Ziffern addiert, ergibt der vierte Ausgang den Übertrag in die vierte Stelle, anstatt selbst die vierte Stelle des Resultates darzustellen.

Übungen

1. Man zeige, daß Summe und Übertrag eines Halbaddierwerkes so geschrieben werden könnten: $s = (x+y)(x'+y')$ und $ü = (x'+y')'$. Man zeichne die entsprechende Schaltung analog Bild 6.7.
2. Man zeige, daß Summe und Übertrag eines Halbaddierwerkes auch durch $s = (x+y)(xy)'$ und $ü = xy$ gegeben werden könnten und zeichne die dazu gehörige Schaltung. (Das ist wahrscheinlich die einfachste Schaltung für ein Halbaddierwerk.)

3. Man zeichne die vollständige Relaisschaltung für die logische Schaltung von Bild 6.7.

4. Man zeichne die Relaisschaltung für die logische Schaltung von Aufgabe 2.

5. Man zeichne eine logische Schaltung analog Bild 6.8 für die Addition zweier fünfstelliger Zahlen.

6. Man definiere ein *Volladdierwerk* als logisches Schaltelement mit drei Eingängen und zwei Ausgängen, wie folgt: Zwei Eingänge sollen die n-ten Stellen der beiden Addenden sein, der dritte Eingang möge den Übertrag vom Addierwerk für die Verknüpfung der beiden $(n-1)$ten Stellen führen. Die Ausgänge sollen Summe und Übertrag für die n-te Stelle führen. Man stelle zunächst eine Tabelle auf, welche die acht möglichen Eingangskombinationen und die gewünschten Ausgangswerte zeigt. Dann schreibe man die entsprechenden Booleschen Funktionen an und zeichne die logische Schaltung des Volladdierwerks.

7. Man zeichne eine logische Schaltung unter Benutzung des in Aufgabe 6 konstruierten Volladdierwerks, die zwei dreistellige Zahlen addiert.

6.5 Subtraktion binärer Zahlen

Der Entwurf einer Schaltung für Subtraktion ist demjenigen für Addition sehr ähnlich. Der Unterschied liegt hauptsächlich darin, daß die Eingänge nach ihrer Reihenfolge unterschieden werden müssen, und daß anstatt eines Übertrages die „geborgte" Ziffer übertragen werden muß. Tabelle 6.3 veranschaulicht die Operationen, welche durch ein logisches Element ausgeführt werden sollen, das wir als *Halbsubtrahierwerk* bezeichnen. Das Schaltsymbol zeigt Bild 6.9. Wir müssen zwischen den beiden Eingängen unterscheiden. Das „+" bedeutet die Ziffer

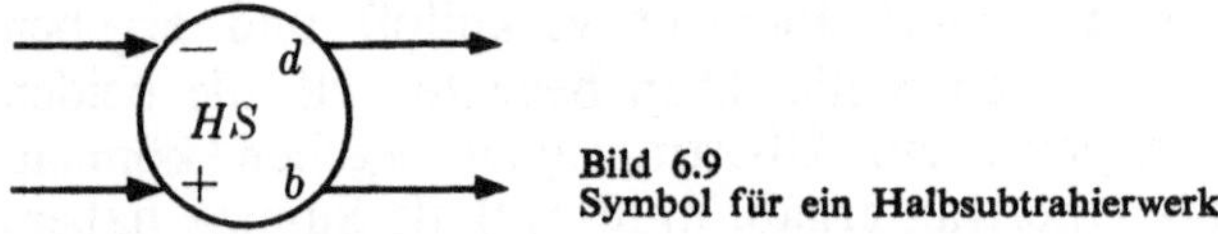

Bild 6.9
Symbol für ein Halbsubtrahierwerk

des Minuenden, das „−" die Ziffer des Subtrahenden. Die Ausgänge ergeben die Ziffer der Differenz und die geborgte Ziffer.

Um ein Halbsubtrahierwerk zu konstruieren, entnehmen wir Tabelle 6.3, daß die Funktion für die Differenzstelle durch $d = xy' + x'y$ gegeben wird, wobei x und y die beiden Eingänge sind. Für diese Differenzziffer

Tabelle 6.3 Subtraktion binärer Zahlen

Minuendenziffer	0	1	0	1
Subtrahentenziffer	0	0	1	1
Differenzziffer	0	1	1	0
Borgeziffer	0	0	1	0

164

ist die Reihenfolge der Eingänge unwesentlich, für die geborgte Ziffer jedoch muß eine Reihenfolge der Eingänge vorgegeben werden. Wir nehmen x als Minuendenziffer und y als Subtrahendenziffer. Dann ist die geborgte Ziffer durch $b = x'y$ gegeben. Aus diesen Funktionen kann man das Halbsubtrahierwerk unmittelbar konstruieren, wie in Bild 6.10 geschehen. Man beachte, daß die Schaltung für die Differenzziffer eines Halbsubtrahierwerkes mit der Summenschaltung eines Halbaddierwerks identisch ist.

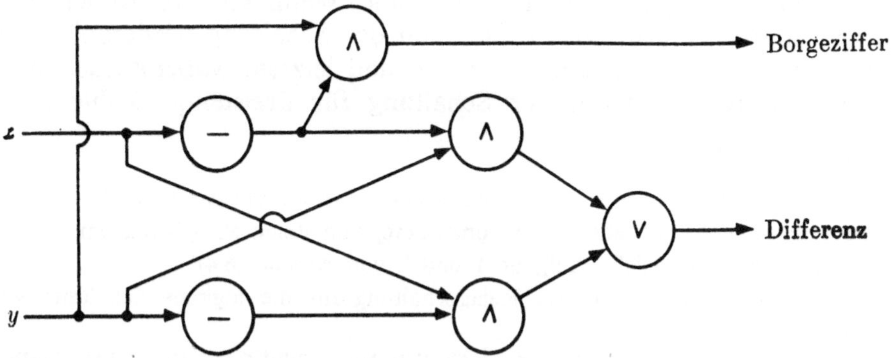

Bild 6.10 Logische Schaltung eines Halbsubtrahierwerks

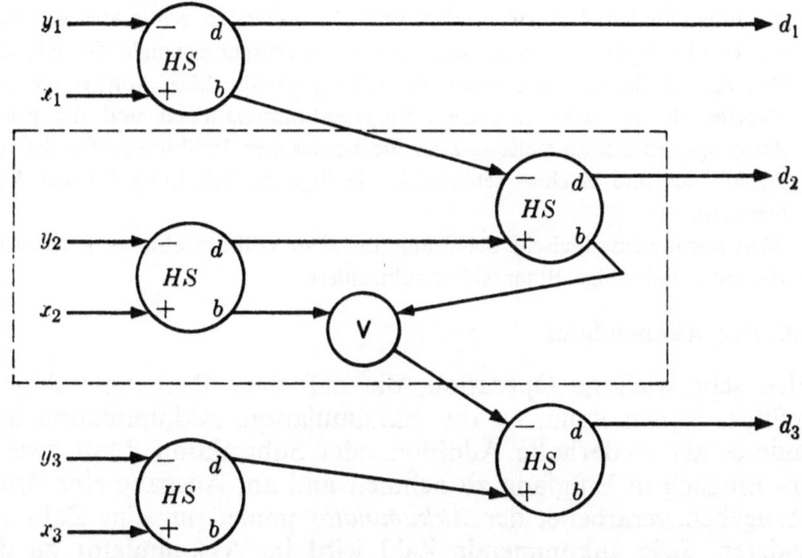

Bild 6.11.Schaltung für die Subtraktion zweier dreistelliger binärer Zahlen

Unter Benutzung des Halbsubtrahierwerks und des „oder"–Elementes kann man, genau wie im vorigen Abschnitt, eine logische Schaltung konstruieren, die eine Binärzahl von der anderen abzieht. Der Minuend sei eine dreistellige Zahl $X = x_3 x_2 x_1$. (Die Beschränkung auf drei Stellen geschieht nur der Einfachheit halber; jede beliebige Stellenzahl könnte analog behandelt werden.) Der Subtrahend $Y = y_3 y_2 y_1$ sei eine Zahl von höchstens drei Stellen, die wir als nicht größer annehmen als den Minuenden. Die Differenz der beiden Zahlen ist eine Zahl $D = d_3 d_2 d_1$, die durch die Ausgänge der Schaltung dargestellt wird. Die Schaltung zeigt Bild 6.11. Die Baueinheit, welche die an zweiter Stelle stehenden Ziffern verknüpft, ist die für die Schaltung typische und ist in der Figur gestrichelt umrahmt. Wenn größere Zahlen verknüpft werden sollen, wird dieser Teil der Schaltung wiederholt, und zwar für alle Stellen außer der ersten und letzten, wobei kleine Änderungen auftreten, wie in der Schaltung für dreistellige Zahlen.

Übungen

1. Man suche ein anderes Paar von Funktionen, welche die Ausgänge eines Halbsubtrahierwerkes darstellen, und konstruiere, von ihnen ausgehend, eine andere logische Schaltung (siehe Aufgabe 1 und 2 von Abschn. 6.4).
2. Man zeichne die vollständige Relaisschaltung für die logische Schaltung von Aufgabe 1.
3. Man zeichne eine logische Schaltung ähnlich der zu Bild 6.11, die zwei fünfstellige Zahlen subtrahiert.
4. Ein *Vollsubtrahierwerk* sei ein logisches Schaltelement, das als Eingangssignale die n-ten Stellen des Minuenden und Subtrahenden sowie die geborgte Ziffer der $(n-1)$ten Stelle erhält und daraus als Ausgangssignale die n-te Ziffer der Differenz und eine neue geborgte Ziffer herstellt. Man konstruiere zuerst die Tabelle für die acht möglichen Eingangskombinationen und die gewünschten Ausgangswerte. Man stelle sodann die Booleschen Funktionen für die Ausgangssignale auf und zeichne schließlich die logische Schaltung für ein Vollsubtrahierwerk.
5. Man zeichne eine logische Schaltung, mit dem Vollsubtrahierwerk von Aufgabe 4, die zwei dreistellige Binärzahlen subtrahiert.

6.6 Der Akkumulator

Eine sehr wichtige Operation, die auf einer Rechenmaschine durchgeführt werden kann, ist die Akkumulation. Akkumulation ist nichts anderes als wiederholte Addition oder Subtraktion. Statt zwei Zahlen am Eingang in Empfang zu nehmen und am Ausgang eine dritte Zahl abzugeben, verarbeitet der *Akkumulator* immer nur eine Zahl nach der anderen. Jede ankommende Zahl wird im Akkumulator zu der dort gespeicherten Zahl addiert, und die Summe wird dann wieder im Akkumulator gespeichert. Dabei werden die ursprünglichen Summanden ausgelöscht und nur die Summe bleibt stehen. Wegen dieser Notwendigkeit, eine Zahl zu speichern, und sie dann in eine andere Zahl überzu-

führen, die ihrerseits wieder gespeichert wird, ist es ziemlich klar, daß
der Flip-Flap ein grundlegendes Bauelement des Akkumulators darstellt.

Das *Akkumulatorregister* ist eine Folge von Flip-Flops, deren jeder
einer Stelle einer gespeicherten Zahl entspricht. Am Anfang der in
Rede stehenden Rechnung steht eine Zahl in diesem Register gespeichert (das könnte selbstverständlich auch die 0 sein). Der Addend,
der zu der im Akkumulator gespeicherten Zahl addiert werden soll,
ist in einer zweiten Reihe von Flip-Flops gespeichert, dem *Addendenregister*. Wir werden einen Akkumulator gewissermaßen stückweise
entwerfen, indem wir uns für jede Stelle der Zahl die Schaltung getrennt
überlegen. Dieser Schaltungsteil wird als Einheit für jede Ziffer wiederholt, mit Ausnahme der ersten und letzten, an denen kleine Änderungen
nötig werden.

Tabelle 6.4 zeigt die Funktionsweise der n-ten Einheit des Akkumulators.
Die Eingangssignale für diese Einheit sind die Signale vom Akkumu-

Tabelle 6.4 Funktion einer Baueinheit des Akkumulators

Eingänge			Ausgänge		
Akkumulator-register y	Addenden register x	Übertrag $ü$	Addier-impuls p	Übertrag $ü$	Nichst-übertrag $ü'$
1	1	1	0	1	0
1	1	0	1	1	0
1	0	1	1	1	0
1	0	0	0	0	1
0	1	1	0	1	0
0	1	0	1	0	1
0	0	1	1	0	1
0	0	0	0	0	1

latorregister, vom Addendenregister und der Übertrag von der voran-
gehenden Einheit. Die Ausgangssignale sind der Übertrag zur nächst-
höheren Stelle, das Komplement dieses Übertrages, das wir als *Nicht-
Übertrag* bezeichnen wollen, und das wir n oder $ü'$ schreiben, und
schließlich ein Impuls, der dem Akkumulator zugeführt werden kann
oder nicht. Bei der Zuführung ändert dieser Impuls den Zustand der
Akkumulatorstelle, sodaß dort die neue Summe erscheint, die nach
vollendeter Addition dort gespeichert wird. Die Ein- und Ausgänge
dieser Baueinheit sind schematisch in Bild 6.12 angedeutet. Die Haupt-
schwierigkeit ist, daß diese Schaltung nicht kombinatorisch arbeiten

kann. Die Rolle des Flip-Flop in der Einheit für den Akkumulator
erzwingt eine sequentielle Arbeitsweise der Schaltung. Es ist einfacher,
die Überträge zu berechnen, bevor die Summenstellen an die Reihe
kommen. Der Grund ist der, daß der berechnete Übertrag von dem
eingegebenen Übertrag, dem Zustand des Addendenregisters und dem
des Akkumulatorregisters vor der Addition abhängt.

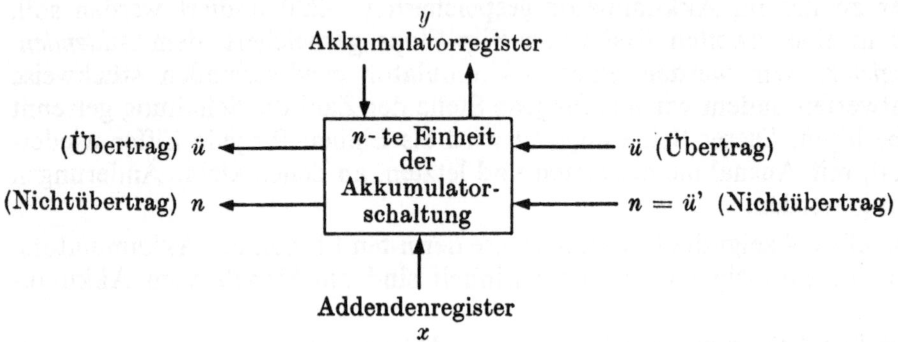

Bild 6.12 Blockschaltung einer Akkumulatoreinheit

Wenn dem Akkumulator der Impuls zugeführt würde, bevor der Übertrag fertig aufgebaut ist, würde man ein falsches Resultat erhalten.
Wir werden folgende Reihenfolge der Operationen einhalten (sie ist
nur eine von vielen):

1. Der Addend kommt ins Addendenregister.

2. Am Nicht-Übertragseingang der niedrigsten Stelle des Akkumulators
   wird ein Signal gegeben.

3. Nachdem alle Übertragssignale stehen, wird ein „Addierimpuls"
   allen Stellen des Akkumulators gleichzeitig zugeführt.

Schritt 1 ist klar und sorgt nur für die Zuführung der Addendenstellen
als konstante Signale. Nunmehr wird an den Nicht-Übertrag der niedrigsten Stelle ein Signal angelegt, um die Ausbreitung des Übertrages
über die ganze Schaltung einzuleiten. Die Schaltung sollte Einheit
für Einheit von der niedrigsten zur höchsten Stelle mit den richtigen
Übertragssignalen zur Ruhe kommen. Die Schaltung für den Impuls
zum Akkumulator darf nichts durchlassen, bis alle Überträge gebildet
worden sind. Das wird bewerkstelligt, indem man einen Impuls, genannt
Addierimpuls und mit p bezeichnet, gleichzeitig allen Stellen zuführt,
sobald der Übertrag bis an die höchste Stelle vorgedrungen ist. Der
richtige Zeitpunkt kann von den Übertragssignalen abgeleitet werden,
da diese in Paaren auftreten, sodaß immer der eine oder der andere
Ausgang ein Signal führt. Wenn der Übertrag die höchste Stelle erreicht,

168

wird der Addierimpuls gegeben, der jetzt veranlaßt, daß die neue Summe im Akkumulatorregister erscheint.

Aus Tabelle 6.4 kann man die Ausgangsfunktionen einer Baueinheit des Akkumulators wie folgt berechnen.

Ausgangswert für das Akkumulatorregister:

$f = (x'\ddot{u}+x\ddot{u}')p$. Wo p der eben erwähnte Addierimpuls ist.

Übertrag: $\ddot{u} = xy+y\ddot{u}+x\ddot{u}$. Hier ist $\ddot{u}$ auf der rechten Seite der eingegebene Übertrag, auf der linken Seite der Ausgangsübertrag.

Nicht-Übertrag: $n = (xy+y\ddot{u}+x\ddot{u})'$. Da dieses Signal das Komplement des obigen ist, kann man es durch ein einziges „Negations-Element" erhalten.

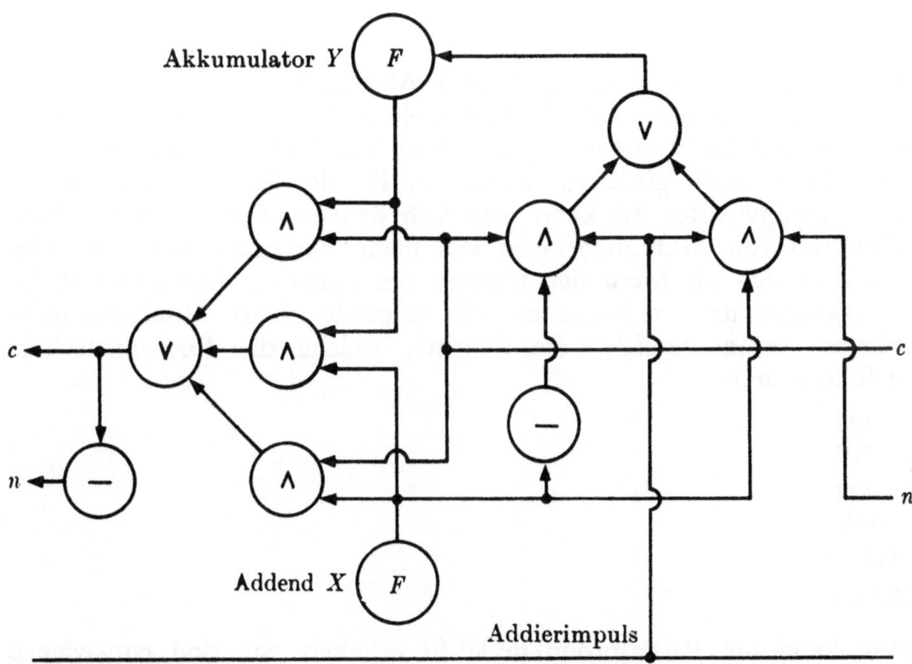

Bild 6.13 Logische Schaltung der n-ten Einheit des binären Akkumulators

Die logische Schaltung der n-ten Baueinheit des Akkumulators wird in Bild 6.13 gezeigt. Dieser Akkumulator, oder jede der vielen Schaltungen, die dasselbe leisten, ist in einem Rechengerät von großem Wert. Neben seiner augenscheinlichen Bedeutung für das Aufsummieren von Addenden kann man ihn mit Vorteil in vielen komplizierteren arithmetischen Operationen benutzen, unter ihnen die der Multiplikation. Wenn man die relativen Vorzüge eines Akkumulators im Vergleich mit einem Addierwerk abschätzen will, sind andere Faktoren oft dermaßen ausschlaggebend, daß die Beantwortung dieser Frage unmöglich ist. Die Art des Speichers, der in der Maschine mit dem Addierwerk zusammenarbeiten soll, der Mechanismus für die Verschiebung der Stellen einer Zahl etc., alles das spielt eine große Rolle. Ein Addierwerk mit Speicher ist einem Akkumulator äquivalent, wenn auch die Reihenfolge der Operationen verschieden ist. Ein Rechner könnte mit oder ohne Akkumulator gebaut werden.

Übung

Man konstruiere die n-te Baueinheit einer Schaltung, die eine Zahl von derjenigen subtrahiert, die im Akkumulatorregister gespeichert ist. Man nehme dabei an, das die zu subtrahierende Zahl nicht größer ist als die im Akkumulator stehende.

6.7 Binäre Multiplikation

Wir haben in den vorangegangenen Abschnitten über arithmetische Operationen gesehen, daß für diese viele andere logische Schaltungen bekannt sind und benutzt werden. Diese Sachlage trifft auf die Multiplikation in noch größerem Maße zu. Da der Rechenprozeß selbst schon komplizierter ist, kann man sich denken, daß es für die Ausführungen von Multiplikationen viel mehr Varianten gibt. Am häufigsten werden die Methoden benutzt, bei denen auf irgendeine Weise ein Akkumulator im Spiele ist. Die folgende binäre Multiplikationsaufgabe veranschaulicht die Schritte, welche die Rechenmaschine ausführen muß:

$$
\begin{array}{r}
111 \\
101 \\
\hline
111 \\
000 \\
111 \\
\hline
100011.
\end{array}
$$

Man kann die Partialprodukte leicht erhalten. Sie sind entweder 0 oder mit dem Multiplikanden identisch. Die Aufsummierung ist jedoch etwas komplizierter insofern, als die zu akkumulierenden Partialprodukte nicht einfach dreistellige Zahlen sind, sondern jedes Partialprodukt um eine Stelle nach links verschoben ist, relativ zu seinem Vorgänger. Außer einer Akkumulation braucht man daher noch eine Einrichtung, die den Multiplikanden an jede gewünschte Stelle verschiebt. Man kann dies entweder mit dem Partialprodukt oder mit der im Akkumulator selbst stehenden Zahl durchführen, solange nur die Ziffern vor jedem Rechnungsschritt in der richtigen Stellung aufgereiht werden.

170

Das Vorangegangene deutete einen Weg an, wie man das Problem der Multiplikation anpacken könnte (und in der Tat gewöhnlich anpackt). Statt jedoch die Schaltungen einzuführen, die für die Verschiebung notwendig sind, werden wir dieses Kapitel mit einer Schaltung beschließen, die in der Lage ist, zwei dreistellige binäre Zahlen unmittelbar zu multiplizieren. In dieser Schaltung (Bild 6.14) kommen nur Schaltelemente vor, die wir schon früher eingeführt haben. Obwohl

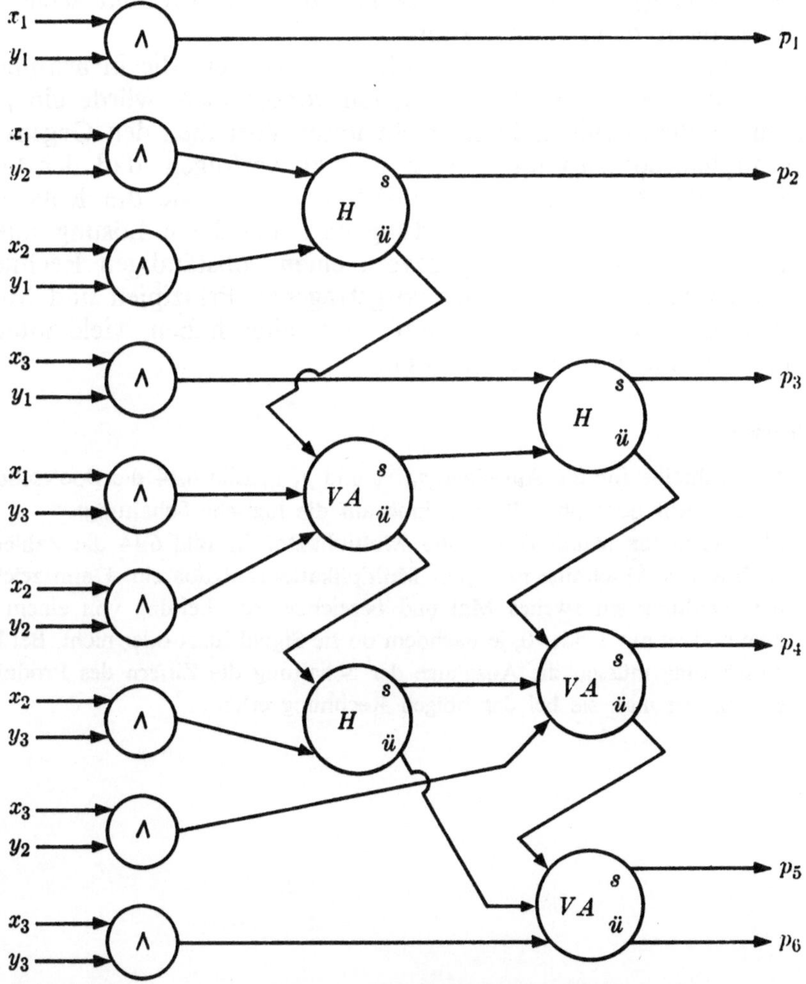

Bild 6.14 Logische Schaltung für die simultane Multiplikation zweier dreistelliger Binärzahlen

die Wirkungsweise dieser Schaltung keinesfalls leicht zu sehen ist, kann sich der Leser durch sorgfältiges Nachfahren der Wege im Vergleich mit dem Rechnungsbeispiel davon überzeugen, daß die Schaltung richtig funktioniert. Zusätzlich zu dem früher eingeführten Halbaddierwerk benutzen wir das in Aufgabe 6 von Abschn. 6.4 beschriebene Volladdierwerk mit gleicher Bezeichnung, außer daß VA den Buchstaben H im Halbaddierwerk ersetzt. Die beiden Elemente arbeiten in gleicher Weise. Das Volladdierwerk hat jedoch drei Eingänge anstatt deren zwei für das Halbaddierwerk. Die Bezeichnungen in Bild 6.14 sind analog zu denen der Addierschaltung. Der Multiplikator ist $X = x_3 x_2 x_1$, der Multiplikand $Y = y_3 y_2 y_1$. Das Produkt bezeichnen wir mit $P = p_6 p_5 p_4 p_3 p_2 p_1$. Man beachte, daß das Produkt sechs Ziffern, jedoch nicht mehr haben kann.

Eine vollständige Behandlung aller Schaltungen, die in arithmetischen Verknüpfungen in Rechenautomaten vorkommen, würde ein größeres Buch als dieses füllen. Es ist nicht unser Vorhaben den Gegenstand zu erschöpfen, sondern ihn nur so weit zu verfolgen, daß der Leser die Natur solcher Probleme zu würdigen weiß, sowie die Rolle, die die Boolesche Algebra aller Erwartung nach bei deren Lösung spielt. Wir sind natürlich weit entfernt davon, einen vollständigen Rechner konstruieren zu können, die hier vorgetragenen Prinzipien und Methoden sollten den Leser jedoch darauf vorbereitet haben, viele interessante und lohnende Probleme zu lösen.

Übungen

1. Man schreibe für die Ausgänge p_1, p_2 und p_3 in Bild 6.14 die Booleschen Funktionen. (Mit oder ohne Bezugnahme auf die logische Schaltung)
2. Man setze für Multiplikand und Multiplikator in Bild 6.14 die Zahlen der zu Anfang des Abschnitts gezeigten Multiplikationsaufgabe ein. Dann zeichne man die Schaltung ein zweites Mal und bezeichne jede Leitung von einem Element zum andern mit 1 oder 0, je nachdem ob sie Signal führt oder nicht. Bei korrekter Ausführung müssen die Ausgänge der Schaltung die Ziffern des Produktes darstellen, wie man sie bei der obigen Rechnung erhält.

7. Einführung in die Wahrscheinlichkeitsrechnung in endlichen Stichprobenräumen

7.1 Einleitung

In Kap. 1 wurde die Mengenalgebra hauptsächlich zu dem Zweck entwickelt, den Begriff der Booleschen Algebra in anschaulicher Weise einzuführen. Die Anwendungsbreite dieser Algebra auf praktische Probleme war etwas begrenzt, und die meisten dieser Aufgaben wurden später mit Hilfe der logischen Algebra gelöst. Daher mag es manchem Leser so scheinen, als ob die Mengenalgebra von sich aus weiter nichts zu bieten hat als eine nette Illustrierung der Grundbegriffe der Booleschen Algebra. Nichts ist jedoch weiter von der Wahrheit entfernt als dies. Das vorliegende Kapitel ist zum Teil dazu angefügt worden, um die wesentliche, ja lebenswichtige Rolle aufzuzeigen, die die Mengenalgebra in der Mathematik spielt.

Viele Studenten haben in den Elementarkursen über Wahrscheinlichkeitsrechnung den Eindruck gewonnen, daß die Wahrscheinlichkeitstheorie sehr auf der Anschauung fuße und vom mathematischen Standpunkt aus nicht präzise fundiert ist. Die Bearbeitung von Aufgaben aus der Wahrscheinlichkeitsrechnung läuft auf wenig mehr hinaus, als den Lehrer im Raten zu übertreffen (Der Verfasser bezieht sich dabei anscheinend auf amerikanische Studienverhältnisse A.d.Ü.) Wir hoffen, daß diese kurze Einführung die Begriffe *Wahrscheinlichkeit, Ereignis, Stichprobenraum* zumindest für den Fall eines endlichen Stichprobenraums klarlegt. Dieser endliche Fall ist genügend allgemein, um den Leser in den Stand zu setzen, viele Probleme der Wahrscheinlichkeitsrechnung zu lösen, die sich aus den ihm vertrauten Situationen ergeben.

7.2 Ereignis, Stichprobenraum, Wahrscheinlichkeit

Feststellungen wie „es sieht so aus, als ob es morgen regnen wird", „eine Bridgehand wird im allgemeinen keine vier Asse enthalten" und „unter fünf Kindern einer Familie ist wahrscheinlich mindestens ein Junge" sind Wahrscheinlichkeitsaussagen. Einer der Gründe für die Untersuchung der Wahrscheinlichkeitsgesetze liegt in dem Wunsche, solche qualitativen Aussagen in quantitative umzuformen. Zum Beispiel ist die Aussage „wenn ich eine Münze werfe, sind die Chancen, daß sie „Kopf" zeigt, gleich 50 : 50" eine quantitative Wahrscheinlichkeitsaussage, die für gewöhnlich als richtig angesehen wird. Das Vorgehen bei der Aufstellung solcher quantitativer Aussagen ist, zuerst ein mathematisches Modell zu konstruieren, das dem in Rede stehenden Fall angemessen scheint, dann das Modell mit den Methoden der mathematischen Wahrscheinlichkeitstheorie zu analysieren, und schließlich die Ergebnisse auf den praktischen Fall anzuwenden. Die Wahrscheinlichkeitstheorie hat daher mehr mit mathematischen Modellen zu tun als mit natürlich auftretenden Problemen. D.h., sie arbeitet nicht unmittelbar mit natürlichen Erscheinungen, sondern mit abstrakten mathematischen Begriffen. Ihre Nützlichkeit hängt von der Fähigkeit des jeweiligen Forschers ab, ein Modell zu konstruieren, das die wirkliche Situation in vernünftiger Weise wiedergibt.

Gesetzt, wir betrachten ein wirkliches oder ein Gedankenexperiment mit einer endlichen Zahl N möglicher Ergebnisse. Als Universalmenge nehmen wir die Menge aller Ergebnisse und definieren für jede Untermenge X die Wahrscheinlichkeit von X als die Zahl $W(X) = n(X)/N$. Wir beachten, daß aus dieser Definition unmittelbar folgt, daß $W(1) = 1$, $W(0) = 0$, und $W(X') = 1 - W(X)$ gilt. In der Sprache der Wahrscheinlichkeitstheorie heißt die Universalmenge der *Stichprobenraum,* jede Untermenge heißt ein *Ereignis,* und die Einsmengen heißen *Stichprobenpunkte.* $W(X)$ ist das Verhältnis der Anzahl aller Stichprobenpunkte im Ereignis X zur Anzahl aller Stichprobenpunkte des Stichprobenraums und heißt gewöhnlich die *Wahrscheinlichkeit des Eintreffens des Ereignisses X.*

In obiger Definition wurden die Worte *Experiment* und *Ergebnis* gebraucht, um den definierten Begriffen anschauliche Bedeutungen beizulegen. Man beachte aber, daß diese Worte nicht zum mathematischen Modell gehören. Das Modell besteht lediglich aus einer Menge mit N beliebigen Elementen, allen möglichen Untermengen dieser Menge und den Zahlen $W(X)$, die den Mengen X zugeordnet werden. Man kann dieses Modell auf zwei Arten verallgemeinern. Erstens, indem man Stichprobenräume mit mehr als endlich vielen verschiedenen Punkten zuläßt, und zweitens, indem man den Stichprobenpunkten beliebige Wahrscheinlichkeiten zuordnet, anstatt zu fordern, daß jeder Stichprobenpunkt die Wahrscheinlichkeit $1/N$ habe. Beide Verallgemeinerungen werden in den üblichen Vorlesungen über Wahrscheinlichkeitsrechnungen mitbehandelt. Der Zweck dieses Kapitels ist, einen Einblick in die Rolle zu geben, welche die Mengenalgebra in dieser Theorie spielt, und dafür genügt es, nur den in unserer Definition angegebenen einfachsten Fall zu betrachten.

Wie wir vorhin gesehen haben, ist das Problem, ein passendes Modell zu wählen, der schwierigste Teil bei der Formulierung exakter Wahrscheinlichkeitsaussagen. Zur Veranschaulichung einer richtigen und einer falschen Modellwahl betrachten wir die Aufgabe, die Wahrscheinlichkeit zu berechnen, daß beim Werfen von zwei Würfeln die Summe sieben auftritt.

Erstes Modell. Wir betrachten als mögliche Ergebnisse die elf möglichen Summen 2, 3, … , 12. D.h., unser Stichprobenraum hat elf Punkte, und wenn X das Ereignis darstellt, daß die Summe 7 auftritt, dann haben wir $W(X) = 1/11$. Schon die Anschauung aber sagt uns, daß dieses Ergebnis nicht korrekt ist. Tatsächlich stellt dieses $W(X)$ auch nicht die wirkliche Wahrscheinlichkeit dar. Hier liegt der Fehler nicht bei der Mathematik, sondern in der Wahl des Modells. Das Modell könnte auf zwei verschiedene Arten geändert werden, um ein vernünftiges Ergebnis zu liefern. Eine Möglichkeit ist, die Zuordnung der Wahrscheinlichkeiten zu den Stichprobenpunkten zu ändern. 7 als Summe ist natürlich wahrscheinlicher als 2 oder 12. Da aber unsere Definition der Wahrscheinlichkeit diese Abänderung nicht zuläßt, besehen wir uns die zweite Möglichkeit.

Zweites Modell. Der Stichprobenraum soll aus 36 Punkten bestehen, deren jeder einem Paar von Zahlen entspricht, die man unter den ganzen Zahlen von 1, 2, … , 6 auswählt. Die erste Zahl des Paares stellt die Zahl dar, die auf dem ersten Würfel erscheint, die zweite Zahl die auf dem zweiten. So sind (1, 1), (2, 5) und (5, 2) Stichprobenpunkte. X sei wieder das Ereignis, daß die Summe 7 erscheint. X besteht aus den sechs Punkten (1, 6), (6, 1), (2, 5), (5, 2), (4, 3) und (3, 4). Daher ist $W(X) = 6/36 = 1/6$ ein vernünftigerer Wert als der erste.

Beide Wahrscheinlichkeitswerte waren mathematisch korrekt, da sie richtig aus den Modellen abgeleitet wurden. Der zweite Wert ist natürlich der realistischere. In komplizierteren Fällen kann es schwer oder gar unmöglich sein festzustellen, ob ein gegebenes Modell sich der praktischen Situation genügend genau anpaßt, obwohl gewöhnlich auf verschiedene Weise nachgeprüft werden kann, ob das Modell überhaupt paßt oder nicht. In dem im obigen Beispiel könnte man mit zwei Würfeln, sagen wir, etwa sechshundertmal würfeln. Wenn etwa hundertmal die Summe 7 aufträte, wären wir geneigt, das Modell als gut gewählt anzusehen.

Spricht man von zwei Ereignissen X und Y, dann bedeutet die Redewendung „die Wahrscheinlichkeit, daß X oder Y eintritt" die Wahrscheinlichkeit des Ereignisses $X+Y$ und „die Wahrscheinlichkeit, daß X und Y beide eintreffen" bedeutet die Wahrscheinlichkeit des Ereignisses XY.

Beispiel 1

In einem Beutel sind 10 Spielmarken enthalten, die von 0 bis 9 numeriert sind. X sei das Ereignis, daß man zufällig die Marke 5 oder 8 herausholt, Y das Ereignis, daß eine größere Zahl als 5 gezogen wird. Man berechne die Wahrscheinlichkeiten dafür, daß a) X eintritt, b) Y eintritt, c) X oder Y oder beide eintreten und d) daß X und Y zugleich eintreten.

Lösung

Der Stichprobenraum enthält 10 Punkte, X enthält zwei, Y vier Punkte, $X + Y$ enthält fünf Punkte und XY enthält einen Punkt. Daher sind die Wahrscheinlichkeiten

a) $W(X) = \frac{1}{5}$
                                      b) $W(Y) = \frac{2}{5}$

c) $W(X+Y) = \frac{1}{2}$
                          d) $W(XY) = \frac{1}{10}$.

Die nächsten zwei Theoreme folgen direkt aus Sätzen in Kap. 1 und sind oft für die Berechnung von Verknüpfungen von Ereignissen brauchbar. Wir sagen, daß zwei Ereignisse einander *ausschließen*, wenn die ihnen entsprechenden Mengen disjunkt sind. Anschaulich gesprochen schließen zwei Ereignisse einander aus, wenn sie nicht zusammen eintreten können.

Satz 1. Schließen die Ereignisse A und B einander aus, dann gilt

$$W(AB) = 0 \quad \text{und} \quad W(A+B) = W(A) + W(B).$$

Beweis. Daß $W(AB) = 0$ ist, folgt unmittelbar aus der Definition des Ausdrucks „einander ausschließen". Da A und B disjunkte Mengen darstellen, folgt aus Abschn. 1.10, daß $n(A+B) = n(A) + n(B)$ ist. Dividieren wir hier beide Seiten mit N (der Anzahl der Elemente des Stichprobenraums), dann ergibt sich $W(A+B) = W(A) + W(B)$.

Satz 2. Für beliebige Ereignisse A und B gilt: $W(A+B) = W(A) + W(B) - W(AB)$.

Beweis. Hat der Stichprobenraum, in dem die Ereignisse A und B auftreten, N Elemente, dann ist nach Definition $W(A+B) = n(A+B)/N$. Nach Satz 1 aus Abschn. 1.10 gilt $n(A+B) = n(A) + n(B) - n(AB)$, und daher gilt

$$W(A+B) = \frac{n(A)}{N} + \frac{n(B)}{N} - \frac{n(AB)}{N}$$

$$= W(A) + W(B) - W(AB),$$

womit der Beweis vollständig erbracht ist.

Beispiel 2

Gegeben sei $W(A) = \frac{1}{2}$, $W(B) = \frac{2}{3}$ und $W(AB) = \frac{2}{9}$ für zwei Ereigniss A und B, gesucht sind

a) $W(A+B)$, b) $W(A'B')$ und c) $W(A'B)$.

Lösung

a) Nach Satz 2 gilt $W(A+B) = W(A) + W(B) - W(AB) = \frac{1}{2} + \frac{2}{3} - \frac{2}{9} = 1\frac{7}{18}$.

b) $A'B'$ ist das Komplement von $A+B$, daher $A+B$, so daß $W(A'B') = 1 - W(A+B) = \frac{1}{18}$.

c) Da $B = B(A+A') = AB+A'B$ und da die Mengen AB und $A'B$ zueinander disjunkt sind, gilt $W(B) = W(AB)+W(A'B)$, oder $W(A'B) = W(B)-W(AB) = \frac{2}{3}-\frac{2}{9} = \frac{4}{9}$.

Oft zeichnet man mit Vorteil im Zusammenhang mit einer Wahrscheinlichkeitsaufgabe ein Venndiagramm, um sich die Beziehungen zwischen den verschiedenen zu veranschaulichen. Bild 7.1 zeigt ein Venndiagramm für Beispiel 2.

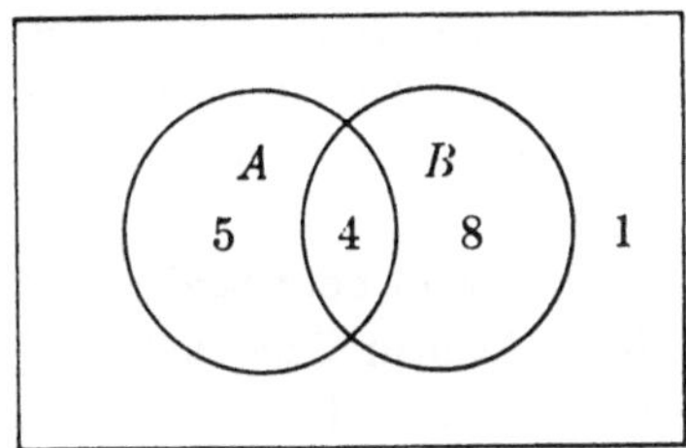

Bild 7.1
Beziffertes Venndiagramm zu Beispiel 2

Man kann die verschiedenen Gebie wie in Abschn. 1.10 beziffern. Die Anzahl der Elemente. die man für die Universalmenge vorgibt, ist ganz beliebig, nur sollte sie ein Vielfaches aller Nenner der gegebenen Wahrscheinlichkeiten sein, damit im Diagramm nur ganze Zahlen stehen. Im vorliegenden Fall kann man 18 als Anzahl der Elemente der Universalmenge (also des Stichprobenraums) wählen. Daraus und aus den gegebenen Wahrscheinlichkeiten erhalten wir $n(A) = 9$, $n(B) = 12$ und $n(AB) = 4$. Die übrigen Zahlen kann man wie gewöhnlich ergänzen. Aus diesem bewerteten Venndiagramm kann man jede gewünschte Wahrscheinlichkeit sofort ablesen.

Übungen

1. Eine Schüssel enthält fünf von 1 bis 5 numerierte Marken. Es wird eine Marke aus der Schüssel entnommen und, ohne daß diese wieder zurückgelegt wird, eine zweite gezogen. Man beschreibe das mathematische Modell und bestimme folgende Wahrscheinlichkeiten.

   a) Die Wahrscheinlichkeit, daß die erste Marke eine gerade Zahl zeigt.
   b) Die Wahrscheinlichkeit, daß die zweite Marke eine gerade Zahl zeigt.
   c) Die Wahrscheinlichkeit, daß beide Marken gerade Zahlen zeigen.
   d) Die Wahrscheinlichkeit, daß entweder die erste oder die zweite Marke eine gerade Zahl zeigt.

2. Wenn wir auf Aufgabe 4 in Abschn. 1.10 zurückgreifen, welche Wahrscheinlichkeit besteht dafür, daß eine zufällig ausgewählte Person

   a) keinen Zettel bekommen hat?
   b) nur Zettel von genau einer Farbe bekommen hat?
   c) einen roten oder einen blauen Zettel oder beides bekommen hat?
   d) einen blauen, aber keinen weißen Zettel bekommen hat?
   e) Zettel von mehr als einer Farbe bekommen hat?

3. Es werden zwei Würfel geworfen. A sei das Ereignis, daß die Würfel als Summe
eine gerade Zahl zeigen, B das Ereignis, daß mindestens ein Würfel eine 5 zeigt.
Man beschreibe das benutzte mathematische Modell und berechne die Wahrscheinlichkeiten folgender Ereignisse.

a) A b) B c) $A+B$ d) AB e) $A'B$ f) $AB+A'B'$

4. Ein Satz Dominosteine besteht aus kleinen Holzbrettchen, wobei jedes Brettchen
an jedem seiner beiden Enden eine Anzahl Punkte zwischen 0 und 6 einschließlich
aufgedruckt zeigt. Die beiden Enden sind bis auf ihre Punktzahlen völlig gleich;
keine zwei Dominosteine sind identisch, und es gibt davon 28 Stück. Man berechne die Wahrscheinlichkeit dafür, daß ein zufällig herausgegriffener Domi-
nostein

a) an einem oder beiden Enden eine 5 hat,

b) an keinem Ende eine größere Zahl hat als 3,

c) auf beiden Enden eine ungerade Zahl hat,

d) eine Gesamtsumme von 7 hat.

5. A und B seien Ereignisse in einem gewissen Stichprobenraum. Es ist bekannt,
daß $W(A) = \frac{1}{2}$, $W(B) = \frac{2}{3}$ und $W(A+B) = \frac{3}{4}$ ist. Man berechne

a) $W(AB)$ b) $W(A'+B')$ c) $W(A'B)$ d) $W(A+B')$

6. Satz 2 ist eine direkte Erweiterung von Satz 1 aus Abschn. 1.10. Man stelle einen
Satz der Wahrscheinlichkeitsrechnung auf, der das Korollar des letztgenannten
Satzes auf dieselbe Art verallgemeinert, und beweise ihn.

7. Drei Ereignisse A, B und C haben in einem gewissen Stichprobenraum die folgenden Eigenschaften:
$W(A) = 0,35;$ $W(B) = 0,60;$ $W(C) = 0,45;$ $W(AB) = 0,25;$ $W(AC) = 0,15;$
$W(BC) = 0,20$ und $W(ABC) = 0,10$. Man berechne

a) $W(A+B)$ b) $W(A+C)$ c) $W(A+B+C)$

d) $W(A'BC)$ e) $W(AB'C')$ f) $W(A+B'+C)$

g) die Wahrscheinlichkeit, daß genau eines der drei Ereignisse A, B, C eintritt.

h) die Wahrscheinlichkeit, daß genau zwei der drei Ereignisse A, B, C eintreten.

7.3 Bedingte Wahrscheinlichkeit

Um den Begriff der bedingten Wahrscheinlichkeit einzuführen betrachten wir das folgende Beispiel. Eine Urne enthält 10 große Kugeln,
von denen 6 weiß und vier schwarz sind, sowie 10 kleine Kugeln, von
denen 3 weiß und 7 schwarz sind. Das Ereignis, daß eine zufällig gezogene Kugel weiß ist, bezeichnen wir mit A, das Ereignis dagegen,
daß die Kugel groß ist, wird ungeachtet der Farbe mit B bezeichnet,
dann ist es klar, daß $W(A) = \frac{9}{20}$ ist. Nehmen wir an, daß wir eine
große Kugel ziehen. Die Wahrscheinlichkeit, daß diese Kugel auch
weiß ist, ist $\frac{3}{5}$. Der Grund dafür, daß diese Werte verschieden sind
ist, daß der erste Wert in einem Stichprobenraum mit 20 Punkten
berechnet wurde, von denen 9 Punkte weißen Kugeln entsprechen, wäh-

rend der zweite aus einem Stichprobenraum ermittelt wurde, der 10 Punkte enthält, von denen 6 zu weißen Kugeln gehören. Dieses Letztere nennt man die Wahrscheinlichkeit, daß die Kugel weiß ist, wobei bekannt ist, daß sie groß ist. Wir bezeichnen sie mit $W(A|B)$. Dieses anschauliche Beispiel legt folgende Definition nahe.

Definition. Sei X ein Ereignis in einem beliebigen Stichprobenraum, für das die Wahrscheinlichkeit von Null verschieden ist, ferner sei Y ein beliebiges Ereignis desselben Raumes. Die *bedingte Wahrscheinlichkeit* dafür, daß Y eintritt, wenn man weiß, daß X eingetreten ist, wird definiert durch

$$W(Y|X) = \frac{n(XY)}{n(X)}. \tag{1}$$

Wenn man Zähler und Nenner von $W(Y|X)$ durch die Anzahl der Punkte des Stichprobenraumes dividiert, dann bekommt man

$$W(Y|X) = \frac{W(XY)}{W(X)} \tag{2}$$

Eine andere gleichfalls sehr brauchbare Schreibweise der Formel bekommen wir, wenn wir beide Seiten von (2) mit $W(X)$ multiplizieren.

$$W(XY) = W(Y|X)W(X). \tag{3}$$

Zum Schluß leiten wir noch eine oft sehr nützliche Formel ab, indem wir Satz 2 aus Absch. 1.10 anwenden. Y sei ein beliebiges Ereignis, ferner seien $X_1, X_2, \ldots X_n$ Ereignisse, die einander paarweise ausschliessen und die Eigenschaft haben, daß gilt:

$$X_1 + X_2 + \ldots + X_m = 1,$$

die also den gesamten Stichprobenraum ausfüllen. Aus Satz 2, Abschn. 1.10 folgt dann, daß

$$W(Y) = W(YX_1) + W(YX_2) + \ldots + W(YX_m) \quad \text{ist,}$$

und wenn wir nun Gleichung (3) anwenden, erhalten wir

$$W(Y) = W(Y|X_1)W(X_1) + W(Y|X_2)W(X_2) + \ldots W(Y|X_m)W(X_m). \tag{4}$$

Beispiel 1

Man berechne die Wahrscheinlichkeit, daß eine Bridgekarte ein Aß ist, wenn schon bekannt ist, daß sie zu den vier obersten Karten einer Farbe gehört (also Bube, Dame, König, Aß).

Lösung

Y sei das Ereignis, daß die Karte ein Aß ist, X das Ereignis, daß sie zu den vier obersten einer Farbe gehört. Die Definition ergibt dann

$$W(Y|X) = \frac{n(XY)}{n(X)} = \frac{4}{16} = \frac{1}{4}.$$

Beispiel 2

Von einer bestimmten Gruppe von Studenten sind zwei Drittel männlich, ein Drittel weiblich. Ein Zehntel der Männer sind farbenblind. Welche Wahrscheinlichkeit besteht dafür, daß ein zufällig herausgegriffener Student männlich oder farbenblind ist?

Lösung

Y sei das Ereignis, daß der Student farbenblind ist, X, daß er männlich ist. Gleichung (3) ergibt:

$$W(XY) = W(Y|X)W(X) = (\tfrac{1}{10})(\tfrac{2}{3}) = \tfrac{1}{15}$$

Beispiel 3

In einer Fabrik betätigen drei Arbeiter A, B und C, die einander schichtweise ablösen, eine bestimmte Maschine. Aus den Aufzeichnungen geht hervor, daß die Produktionsziffern von A, B und C sich wie $4 : 5 : 6$ verhalten. A produziert 1% Ausschuß, B 2% und C 3%. Welche Wahrscheinlichkeit besteht dafür, daß eine zufällige Stichprobe an ihrer Maschine ein Stück Ausschuß ergibt?

Lösung

Sei D das Ereignis, daß die Stichprobe Ausschußware ergibt, A, B und C seien die Ereignisse, daß während der Probenahme der Arbeiter A, B oder C die Maschine bediente. Mit Gleichung (4) finden wir

$$W(D) = W(D|A)W(A) + W(D|B)W(B) + W(D|C)W(C)$$
$$= 0,01(\tfrac{4}{15}) + 0,02(\tfrac{1}{3}) + 0,03(\tfrac{2}{5})$$
$$\text{ca.} = 0,0213,$$

Übungen

1. Wenn ein Würfel geworfen wird, berechne man a) die Wahrscheinlichkeit, daß eine 6 erscheint, b) die Wahrscheinlichkeit, daß eine 6 erscheint, wenn bekannt ist, daß mindestens eine 4 erscheinen wird.

2. Ein Würfel wird zweimal geworfen. Man berechne die Wahrscheinlichkeit dafür, daß die beiden Würfe als Summe 7 ergeben, wenn bekannt ist, daß beim ersten Wurf eine 2 erschien.

3. Unter den in Aufgabe 2 aus Abschn. 1.10 beschriebenen Studenten wird einer zufällig herausgegriffen. a) Mit welcher Wahrscheinlichkeit hört er mathematische Vorlesungen? b) Mit welcher Wahrscheinlichkeit hört er mathematische

180

Vorlesungen, wenn bekannt ist, daß er Englisch-Kurse mitmacht? c) Mit welcher Wahrscheinlichkeit hört er Mathematik, wenn bekannt ist, daß er Kurse in Englisch und Chemie besucht?

4. Eine Urne enthält 15 Kugeln, von denen 10 weiß und 5 schwarz sind. Eine Kugel wird auf gut Glück herausgegriffen und nicht wieder zurückgelegt. Dann wird eine zweite Kugel gezogen. Mit Hilfe von Gleichung (3) berechne man die Wahrscheinlichkeit dafür, daß beide Kugeln weiß sind.

5. Sechs Urnen enthalten je 10 Kugeln. Die erste Urne enthält eine weiße und 9 schwarze Kugeln; allgemein enthält die i-te Urne i weiße und $10-i$ schwarze Kugeln ($i = 1 \ldots 6$). Unter den Urnen wird eine auf gut Glück herausgegriffen und aus ihr eine Kugel entnommen. Unter Benutzung von Gleichung (4) berechne man die Wahrscheinlichkeit dafür, daß die Kugel weiß ist.

6. Wenn in Aufgabe 5 eine weiße Kugel gezogen und beiseite gelegt wurde, berechne man die Wahrscheinlichkeit dafür, daß die nächste Kugel, die man derselben Urne entnimmt, ebenfalls weiß ist.

7. Ein Gefäß enthält 15 rote und 5 blaue Spielmarken. Auf gut Glück wird eine Marke herausgegriffen und zusammen mit 5 neuen Marken derselben Farbe wieder ins Gefäß zurückgelegt. Man berechne die Wahrscheinlichkeit dafür, daß eine zweite Ziehung eine rote Marke zu .Tage fördert.

8. Für zwei Ereignisse A und B gilt: $W(A) = \frac{1}{2}$. $W(B) = \frac{2}{3}$, und $W(A|B) = \frac{1}{3}$. Man berechne

   a) $W(A')$,   b) $W(AB)$,   c) $W(A+B)$ und d) $W(B|A)$.

9. Drei Gefäße enthalten folgende Gegenstände:
   Gefäß 1 enthält 5 Spielmarken, numeriert mit 1...5.
   Gefäß 2 enthält 3 weiße und 7 schwarze Kugeln.
   Gefäß 3 enthält 5 weiße und 5 schwarze Kugeln.
   Dem Gefäß 1 wird auf gut Glück eine Marke entnommen. Wenn die Nummer der Marke eine gerade Zahl ist, wird aus Gefäß 2 eine Kugel entnommen; ist die Nummer ungerade, so entnimmt man die Kugel dem Gefäß 3. Man berechne die Wahrscheinlichkeit dafür, daß die gezogene Kugel weiß ist.

10. Für zwei Ereignisse A und B ist bekannt, daß die Wahrscheinlichkeit des Eintretens von A das doppelte der Wahrscheinlichkeit von B beträgt, und daß $W(A|B)$ gleich $\frac{1}{2}$ ist. Man berechne $W(B|A)$.

7.4 Hilfsformeln für das Abzählen

Die Frage, wie man beim Abzählen der Elemente einer Menge vorzugehen hat, ist streng genommen keine Angelegenheit der Mengenalgebra. Um jedoch zu zeigen, auf welche Weise die Mengenalgebra die Grundlage für die Wahrscheinlichkeitstheorie abgibt, wollen wir kurz auf Stichprobenräume von verwickelterer Natur eingehen. Dazu benötigen wir die Theorie der Permutationen und Kombinationen. Diese Theorie ist im wesentlichen eine Technik des Abzählens, und wir werden sie kurz besprechen, um den Anfänger in die Materie einzuführen. Der mit diesen Dingen vertraute Leser kann diesen Abschnitt übergehen.

Zunächst definieren wir ein *geordnetes Paar* als eine spezielle Art von Menge, die genau zwei Elemente enthält, wobei wir aber hier die beiden Elemente voneinander unterscheiden. Wir sagen, die Menge hat ein *erstes* und ein *zweites Element*. Solche Paare bezeichnen wir mit (x,y), wo x das erste und y das zweite Element ist. Ein fundamentales Prinzip für das Abzählen von Mengen lautet:

Wenn X und Y zwei beliebige Mengen mit endlich vielen Elementen sind, ist die Anzahl aller verschiedenen geordneten Paare (x,y) mit $x \in X$ und $y \in Y$ gleich $n(X)n(Y)$.

Man kann den Begriff des geordneten Paares leicht zum Begriff des geordneten r-tupels erweitern, das eine Menge mit genau r Elementen darstellt, bei der man eindeutig ein erstes, zweites, ... , r-tes Element der Menge bestimmen kann. Solche r-tupel bezeichnet man mit $(x_1, x_2, ... , x_r)$. Obiges Prinzip erweitert sich dann und ergibt die Anzahl aller verschiedenen r-tupel als das Produkt der Anzahlen der Elemente, die an erster, zweiter, ... , r-ter Stelle stehen können.

Definition. Die Anzahl der *Permutationen von n Elementen zu je r,* $0 \leqslant r \leqslant n$, wird definiert als Anzahl aller verschiedenen r-tupel, die man aus n Elementen bilden kann, wobei kein Element in einem r-tupel mehr als einmal vorkommen kann. Diese Anzahl bezeichnen wir mit $_nP_r$.

Satz 1. Der Wert von $_nP_r$ ist gegeben durch

$$_nP_r = n(n-1)(n-2)...(n-r+1). \tag{1}$$

Beweis. Betrachten wir die Definition von $_nP_r$, dann ist es klar, daß man das erste Element des r-tupels aus einer Menge von n Elementen auswählt. Hat man das erste Element fest gewählt, bleibt eine Menge von $n-1$ Elementen übrig, aus der das zweite Element gewählt werden kann, usw. Daraus folgt die Formel.

Für den Fall $r = n$ sagt Satz 1 aus, daß es $n(n-1)(n-2...(2)(1)$ Permutationen von n Elementen zu je n gibt. Diese Zahl kommt so oft vor, daß man für sie am besten das neue Zeichen $n!$ einführt. Wir erweitern die Definition dieses Symbols auf den Fall $n = 0$, indem wir festsetzen: $0! = 1$. Mit dieser neuen Schreibweise können wir Gleichung (1) auch so schreiben:

$$_nP_r = \frac{n!}{(n-r)!} \quad \text{für } r = 0, 1, 2, ... , n. \tag{2}$$

Definition. Die Anzahl der *Kombinationen* von n Elementen zu je r wird definiert als Anzahl aller verschiedenen Untermengen, welche r Elemente enthalten, und die in einer Menge von n Elementen enthalten sind. Diese Anzahl bezeichnen wir mit $\binom{n}{r}$.

Satz 2. Der Wert von $\binom{n}{r}$ ist:

$$\binom{n}{r} = \frac{n!}{r!(n-r)!} \tag{3}$$

Beweis. Der Unterschied zwischen $_nP_r$ und $\binom{n}{r}$ ist offenbar der, daß $\binom{n}{r}$ nur Untermengen abzählt, während mit $_nP_r$ auch die verschiedenen Anordnungsmöglichkeiten erfaßt werden. Daher stehen die beiden Anzahlen in folgender Beziehung:

$$_nP_r = r! \binom{n}{r}. \tag{4}$$

Diese Beziehung folgt daraus, daß nach Satz 1 jede einmal festgewählte Untermenge auf $r!$ Arten angeordnet werden kann. Wenn man in Gleichung (4) $_nP_r$ durch $n!/(n-r)!$ ersetzt und beide Seiten der sich ergebenden Gleichung durch $r!$ dividiert, bekommt man Gleichung (3). Bevor man in irgendeinem speziellen Problem diese Formeln anwendet, muß man sich zunächst darüber klar werden, ob Permutationen oder Kombinationen vorliegen. Obwohl hier keine Regeln als Ersatz für intelligentes Denken angegeben werden können, kann man sich bei der Entscheidung, ob Permutation oder Kombination, daran halten: Spielt in der Aufgabe die „Anordnung" eine Rolle oder nicht? Bei der Wahl eines Dreierausschusses, wo es nicht darauf ankommt, wer der erste, zweite oder dritte ist, wird man natürlich von Kombinationen sprechen. Wenn jedoch der erste Gewählte Vorsitzender sein soll und der zweite den Posten des Sekretärs übernimmt, wird es besser sein, an Permutationen zu denken. Das heißt, wir würden in diesem Fall den Ausschuß: Müller, Präsident; Schmidt, Sekretär; und Schulze als völlig verschieden von dem Ausschuß: Schulze, Präsident; Schmidt, Sekretär; und Müller ansehen.

Beispiel 1

Wieviele vierstellige Zahlen kann man aus den Ziffern von 1 bis 7 bilden, wenn keine Ziffer in einer Zahl mehrfach vorkommt?

Lösung

Die Anzahl solcher Zahlen ist: $_7P_4 = 7!/3! = 840$

Beispiel 2

Wieviele verschiedene Geldbeträge kann man aus einem Pfennigstück, einem Zweipfennigstück, einem Fünfpfennigstück, einem Zehnpfennigstück und einem Fünfzigpfennigstück zusammenlegen?

Lösung

Die Anordnung der Münzen spielt hier keine Rolle, daher lautet die Antwort:

$$\binom{5}{1}+\binom{5}{2}+\binom{5}{3}+\binom{5}{4}+\binom{5}{5} = 31$$

wobei man eine, zwei, drei, vier oder fünf Münzen zusammenlegen darf.

Beispiel 3

Aus einem Pokerspiel werden fünf Karten herausgegriffen. Man berechne die Wahrscheinlichkeit dafür, daß diese Karten von gleicher Farbe sind und im Werte lük-
kenlos aufeinander folgen.

Lösung

Man kann sich zunächst die Auswahl der Farbe und der möglichen Kartenfolgen
innerhalb einer Farbe als eine Auswahl von Elementepaaren vorstellen, wobei das
erste Element des Paares aus der Klasse aller Farben genommen wird, während wir
das zweite Element der Klasse aller erlaubten lükkenlosen Kartenfolgen entnehmen.
Daher kann man das Grundprinzip des Abzählens anwenden. Es gibt vier mögliche
Farben, und eine erlaubte Kartenfolge kann mit einer von den neun Karten A,
$2, 3, \ldots, 9$ anfangen. Die Gesamtzahl aller denkbaren Kombinationen von fünf
Karten (also die Anzahl der Elemente dieses Stichprobenraumes) ist $\binom{52}{5}$. Daher
ist die gewünschte Wahrscheinlichkeit gleich $(4)(9)/\binom{52}{5}$, oder angenähert $0,000\,014$.

Übungen

1. a) Wieviele verschiedene vierstellige Zahlen kann man aus den Ziffern von 1
      bis 5 bilden, so daß keine Ziffer mehrfach auftritt?
   b) Wieviele dieser Zahlen sind gerade?
   c) Wieviele der geraden Zahlen sind größer als 3000?

2. Wieviele Geraden werden durch zehn Punkte bestimmt, von denen keine drei
   auf derselben Geraden liegen?

3. Wieviele verschiedene Packen von je fünf Karten kann man von einem Bridgespiel austeilen?

4. Auf wieviel Arten kann man sechs verschiedenfarbige Perlen auf einer Schnur
   aufreihen, die hinterher an den Enden zusammengeknüpft wird? Man erkläre,
   warum diese Frage eine andere Antwort erfordert, als die Frage nach der Anzahl
   der Möglichkeiten, sechs Personen an einen runden Tisch zu setzen, und warum

diese beiden Anzahlen verschieden sind von der Anzahl der Möglichkeiten, sechs Personen in gerader Reihe zu plazieren.

5. Auf wieviel Arten kann man aus einer Gruppe von sechs Herren und fünf Damen ein Komitee, bestehend aus drei Herren und 3 Damen, bilden, von denen eine Person zum Präsidenten ernannt wird? (Zwei Komitees mögen genau dann einander gleich sein, wenn sie die gleichen Mitglieder und den gleichen Präsidenten haben.)

6. a) Welche Wahrscheinlichkeit besteht dafür, daß unter fünf Karten eines Bridgespiels zwei Asse vorkommen, aber nicht mehr?

   b) Wie ändert sich die Wahrscheinlichkeit, wenn bekannt wird, daß eine der fünf Karten der Kreuzbube ist?

   c) Wie sieht diese Wahrscheinlichkeit aus, wenn bekannt ist, daß unter den fünf Karten ein Aß ist?

   d) Was ergibt diese Wahrscheinlichkeit, wenn bekannt wird, daß unter den fünf Karten das Pik-Aß ist?

7. Man berechne die Wahrscheinlichkeit dafür, daß man bei einem Pokerspiel fünf Karten zugeteilt bekommt:

   a) Aß, König, Dame, Bube, Zehn von einer Farbe.

   b) Vier Karten von gleichem Wert.

   c) Drei Karten von gleichem Wert und zwei andere gleichwertige Karten.

   d) Fünf Karten der gleichen Farbe, jedoch nicht in lückenloser Folge.

8. Man berechne die Wahrscheinlichkeit dafür, daß unter fünf Karten eines Bridgespiel mindestens drei Karten von gleicher Farbe vorkommen, die lückenlos aufeinanderfolgende Zahlenwerte haben, und unter denen kein Aß vorkommt.

9. Welche Wahrscheinlichkeit besteht dafür, daß die Geburtstage von zwölf Personen in zwölf verschiedene Kalendermonate fallen? (Man gehe davon aus, daß die Wahrscheinlichkeit dafür, daß ein gegebener Geburtstag auf einen der zwölf Monate fällt, gleich $\frac{1}{12}$ ist, und betrachte die Ereignisse als voneinander unabhängig.)

10. Bei einer Party stellen zehn Personen ihre Schuhe zu einem Haufen zusammen. Von diesem Haufen nimmt jemand wahllos acht Schuhe weg. Welche Wahrscheinlichkeit besteht dafür, daß unter den acht Schuhen kein vollständiges Paar ist?

7.5 Bernoulli-Versuche, Binomialverteilung

Wenn X und Y zwei Ereignisse eines beliebigen Stichprobenraumes sind, ist im allgemeinen nicht $W(Y|X) = W(Y)$. Anschaulich gesprochen heißt das, die Kenntnis vom Eintritt des Ereignisses X liefert Information über das Ereignis Y und beeinflußt damit die Wahrscheinlichkeit des Eintretens von Y. Jedoch gibt es Fälle, in denen die Kenntnis

eines Ereignisses keinen Aufschluß über ein zweites Ereignis gibt. Wenn zum Beispiel eine Münze zweimal geworfen wird, kann man daraus, daß beim ersten Mal „Kopf" kam, nichts über das Ergebnis des zweiten Wurfes schließen. Wir sagen in solchen Fällen, daß das Ergebnis des zweiten Wurfs *unabhängig* von dem des ersten ist.
Wenn aber $W(Y|X) = W(Y)$ ist, dann reduziert sich die Gleichung (3), Abschn. 7.3, auf die Formel $W(XY) = W(X)W(Y)$. Dadurch wird folgende Definition nahegelegt:

Definition. Zwei Ereignisse X und Y heißen *unabhängig* (voneinander), wenn gilt: $W(XY) = W(X) W(Y)$. Andernfalls heißen X und Y (voneinander) *abhängig*.

Beispiel

Die Wahrscheinlichkeit dafür, daß eine einzelne Karte eines Bridgespieles ein Pik-Aß darstellt, ist gleich $\frac{1}{52}$, da der Stichprobenraum zweiundfünfzig Punkte enthält, von denen nur einer in dem Ereignis „die Karte ist ein Pik-Aß" enthalten ist. Wenn nun A das Ereignis darstellt, daß die Karte ein Aß ist, und P das Ereignis, daß die Farbe der Karte Pik ist, dann gilt

$$W(A) = \tfrac{4}{52} = \tfrac{1}{13} \quad \text{und} \quad W(P) = \tfrac{1}{4}.$$

Das Ereignis AP ist das Ereignis, daß die Karte ein Pik-Aß ist. Wegen

$$W(AP) = \tfrac{1}{52} = (\tfrac{1}{13})(\tfrac{1}{4}) = W(A)W(P),$$

sieht man leicht, daß A und P voneinander unabhängige Ereignisse sind.

Man kann die Definition auf m Ereignisse $X_1, X_2, \ldots, X_m$ erweitern, es ist jedoch nicht ganz so leicht, diese Definition anschaulich zu rechtfertigen. Wir möchten hier dem Begriff „Unabhängigkeit" die Bedeutung beilegen, daß die Information über das Eintreten einiger von den m Ereignissen die Wahrscheinlichkeit des Eintretens eines der restlichen Ereignisse nicht beeinflußt. Dieser Gedanke wird in der folgenden Definition präzis gefaßt.

Definition. Die Ereignisse $X_1, X_2, \ldots X_m$ heißen *unabhängig*, wenn die Wahrscheinlichkeit für das gemeinsame Auftreten von beliebigen r der m Ereignisse $(2 \leqslant r \leqslant m)$ gleich dem Produkt der r Wahrscheinlichkeiten ist, daß die einzelnen Ereignisse eintreten.
Zur Veranschaulichung der Folgerungen aus dieser Definition beweisen wir den folgenden Satz.

Satz 1. Sind die Ereignisse A, B, C unabhängig, so sind auch $A+B$ und C unabhängig.

186

Beweis

$$W[(A+B)C] = W(AC+BC)$$
nach dem distributiven Gesetz für Mengen
$$= W(AC)+W(BC)-W(ABC) \text{ nach Satz 2, Abschn. 7.2}$$
$$= W(A)W(C)+W(B)W(C)-W(A)W(B)W(C)$$
nach Definition der Unabhängigkeit
$$= [W(A)+W(B)-W(A)W(B)]W(C)$$
nach dem distributiven Gesetz für Zahlen
$$= [W(A)+W(B)-W(AB)]W(C)$$
nach Definition der Unabhängigkeit.
$$= W(A+B)W(C). \text{ nach Satz 2, Abschn. 7.2.}$$

Das ist aber gerade die Bedingung dafür, daß $A+B$ und C unabhängige Ereignisse sind, was zu beweisen war.

Der Begriff der Unabhängigkeit von Ereignissen macht es möglich, den Begriff der unabhängigen Wiederholungen eines Experimentes präzis zu definieren. Anschaulich stellen wir uns vor, daß wir ein Experiment immer wieder in solcher Weise durchführen, daß das Ergebnis jedes einzelnen Versuches unabhängig von allen anderen ist. Beispiele solcher Experimente sind das wiederholte Werfen von Münzen, wiederholtes Austeilen von Fünf-Karten-Päckchen aus einem Bridgespiel, oder das Abwiegen von Weizenproben, die unter gleichen Bedingungen auf verschiedenen Bodenstellen gewachsen sind. Genauer gesagt, kann sich die Definition nur auf den dem Experiment zugeordneten Stichprobenraum beziehen, da der Ausdruck *Experiment* nicht exakt definiert ist.

Definition. S sei ein Stichprobenraum mit den Punkten $P_1, P_2, \ldots, P_n$. Unter *r unabhängigen Versuchen* bezüglich S verstehen wir den Stichprobenraum aus allen möglichen r-tupeln $(P_{i_1}, P_{i_2}, \ldots, P_{i_v})$, wo ein beliebiger gegebener Punkt P_j auch mehrfach in einem einzelnen r-tupel vorkommen kann.

Obwohl der Begriff der Unabhängigkeit von Versuchen in dieser Definition nicht ausdrücklich erwähnt wird, folgt er aus unserer Definition der Wahrscheinlichkeit in einem Stichprobenraum. Man betrachte zum Beispiel zwei unabhängige Versuche bezüglich eines Raums mit den Punkten X, Y und Z. Unabhängigkeit des ersten und zweiten Versuchs heißt, daß etwa die Wahrscheinlichkeit des Paares (X,Z) gleich ist dem Produkt der Wahrscheinlichkeiten dafür, daß X beim ersten und Z beim zweiten Versuch auftritt. Man sieht leicht, daß dies der Fall ist. Sei A das Ereignis, daß X beim Versuch 1 eintritt, B das Ereignis, das Z beim Versuch 2 eintritt. AB ist dann das Ereignis, daß sowohl A als auch B eintritt. $W(AB)$ kann man dann aus der Definition der wiederholten Versuche berechnen. Der dafür geeignete Stichprobenraum enthält neun Punkte, von denen nur einer dem Ereignis AB entspricht. Daher ist $W(AB) = \frac{1}{9}$. Aber $W(A) = \frac{1}{3}$ und $W(B) = \frac{1}{3}$. Daher gilt $W(AB) = W(A)W(B)$, und die Versuche sind unabhängig.

Definition. Der Ausdruck *Bernoullische Versuche* eines Experimentes bedeutet wiederholte Versuche eines Experimentes, das nur zwei mögliche Ereignisse liefern kann, und zwar so, daß bei jedem Versuch die Wahrscheinlichkeiten für die Ergebnisse dieselben bleiben.

Beispiel 2

Man betrachte das Experiment; mit einem Würfel sechsmal zu würfeln. Wenn wir uns nur dafür interessieren, ob bei einem einzelnen Wurf eine 5 erscheint, können wir das Experiment als Bernoulli-Versuche ansehen, mit den zwei möglichen Ergebnissen A (daß 5 erscheint) und B (daß 5 nicht erscheint). $W(A) = \frac{1}{6}$ und $W(B) = \frac{5}{6}$. Die Wahrscheinlichkeit dafür, daß eine 5 bei jedem der sechs Würfe erscheint, ist daher $(\frac{1}{6})^6$, da die Versuche unabhängig sind.

Bei Bernoulli-Versuchen ist es üblich, daß eins der beiden möglichen Versuchsergebnisse als *Erfolg*, das andere als *Mißerfolg* zu bezeichnen. In den meisten Problemen interessiert nur die Anzahl der Erfolge bei n Versuchen, nicht die Reihenfolge ihres Auftretens. Die Wahrscheinlichkeit für genau k Erfolge in n Versuchen wird im nächsten Satz gegeben.

Satz 2. $b(k; n, p)$ sei die Wahrscheinlichkeit, daß n Bernoulli-Versuche, deren Erfolgswahrscheinlichkeit p beträgt, und deren Mißerfolgswahrscheinlichkeit $q = 1-p$ ist, k Erfolge und $n-k$ Mißerfolge ergeben $(0 \leqslant k \leqslant n)$. Dann gilt $b(k; n, p) = \binom{n}{k} p^k q^{n-k}$.

Beweis

Man betrachte zunächst die Wahrscheinlichkeit dafür, daß die n Versuche k Erfolge und $n-k$ Mißerfolge in irgendeiner fest vorgegebenen Reihenfolge ergeben. Aus der Unabhängigkeit der Versuche folgt, daß die Wahrscheinlichkeit von k Erfolgen und $n-k$ Mißerfolgen in dieser speziellen Reihenfolge gleich $p^k q^{n-k}$ ist. Die Anzahl der verschiedenen Anordnungen von n Versuchen mit k Erfolgen ist gleich der Anzahl der Untermengen mit genau k Elementen, die in einer Menge von n Elementen enthalten sind. Die Elemente sind hier die n numerierten Versuche. Das heißt, die Anzahl der Anordnungen ist $\binom{n}{k}$. Da diese Anordnungen einander ausschließende Ereignisse darstellen, (eine Reihe von n Versuchen kann nicht zur selben Zeit zwei verschiedene Anordnungen von Erfolgen und Mißerfolgen ergeben) kann man die Wahrscheinlichkeiten einfach addieren. Daher ist die Wahrscheinlichkeit $b(k; n, p)$ gleich $\binom{n}{k} p^k q^{n-k}$, was zu beweisen war.

Definition. Die Funktion $b(k; n, p)$ heißt die *Binomialverteilung*.

Beispiel 3

In einem gewissen College sind von 6000 Studenten ein Drittel Mädchen. Wie groß ist die Wahrscheinlichkeit dafür, daß von zehn zufällig herausgegriffenen Studenten genau drei Mädchen sind?

Lösung

Die Auswahl von zehn Studenten stellt strenggenommen keine Folge von zehn Bernoulli-Versuchen dar, denn, wenn der erste ein Mädchen ist, dann ist die Wahrscheinlichkeit, daß der zweite auch ein Mädchen ist, nicht mehr $\frac{1}{3}$, sondern $1999/5999$. Jedoch gibt die Betrachtung einer Folge von Bernoulli-Versuchen anstelle der exakten Sachlage, nämlich mit $p = \frac{1}{3}$ und $q = \frac{2}{3}$, eine sehr gute Annäherung an die richtige Wahrscheinlichkeit. Die Näherung ist:

$$b(3; 10, \tfrac{1}{3}) = \binom{10}{3}(\tfrac{1}{3})^3(\tfrac{2}{3})^7 = 0{,}26$$

Übungen

1. Wie groß ist die Wahrscheinlichkeit dafür, daß unter sechs Würfen mit einem einzelnen Würfel genau zweimal eine 1 erscheint?

2. Wie groß ist die Wahrscheinlichkeit dafür, daß beim zehnmaligen Werfen einer Münze

   a) genau sechsmal Kopf erscheint?

   b) mindestens sechsmal Kopf erscheint?

3. Welche Wahrscheinlichkeit besteht dafür, daß beim gleichzeitigen Werfen von fünf Würfeln mindestens einer eine 6 zeigt?

4. Bei einem Quiz aus zehn Fragen, deren jede vier mögliche Antworten zuläßt, beantwortet ein Teilnehmer die Fragen durch bloßes Raten. Welche Wahrscheinlichkeit besteht dafür, daß er bei 70% oder besser steht?

5. Zwei Würfel werden zusammen zehnmal geworfen. Erfolg soll eintreten, wenn eine Summe von 7 Punkten auf beiden Würfeln erscheint.

   a) Mit welcher Wahrscheinlichkeit treten genau drei Erfolge ein?

   b) Mit welcher Wahrscheinlichkeit treten in den zehn Versuchen mindestens drei Erfolge ein?

6. Man bilde alle möglichen dreistelligen Zahlen aus den Ziffern von 0 bis 5, welche nicht mit 0 beginnen. Jede Zahl wird auf eine Marke geschrieben und die Marke in eine Schale gelegt. Man berechne die Wahrscheinlichkeit dafür, daß eine auf gut Glück der Schale entnommene Marke eine gerade Zahl trägt.

7. Man beweise: Sind die Ereignisse A, B. C und D unabhängig, so sind auch die Ereignisse $A+B$ und $C+D$ unabhängig.

Lösungen ausgewählter Übungsaufgaben

Abschnitt 1.3

1. a) Die Menge aller französisch oder deutsch geschriebenen Bücher. c) Die Menge aller deutsch geschriebenen Bücher.
2. a) Die Menge besteht aus allen gelben (französisch geschriebenen) Büchern und allen schwarzen englisch geschriebenen Büchern.
3. a) wahr   c) wahr
5. a) SD c) GD

Abschnitt 1.4

2. a)   c)

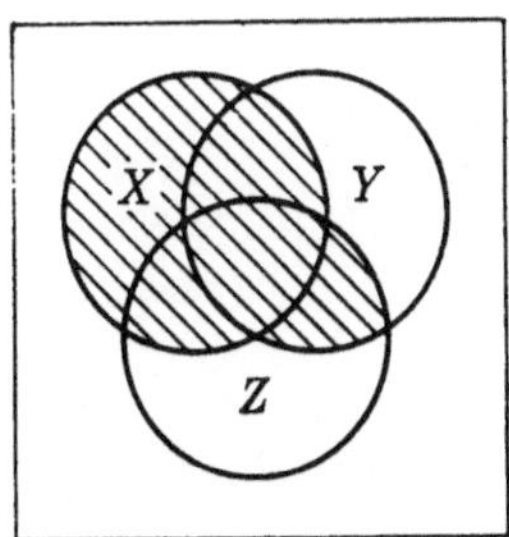
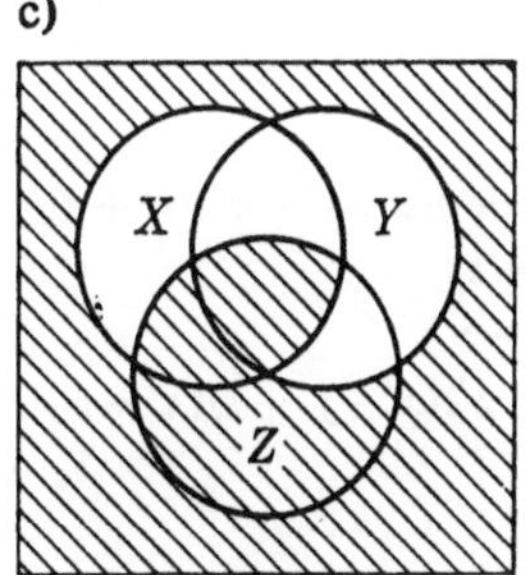

3. a) gültig   c) gültig   d) gültig   g) gültig   i) gültig
4. a) $X'Y'$ c) $XYZ + X'Y'Z'$

Abschnitt 1.6

1. a) X c) $YZ+XZ$
2. a) $(X+Y')(X+Z)$ c) $(X+Y)(X+Z+W)$ e) $A(X'+Y)$
3. a) 0   c) A e) B g) 0
4. a) $A'B$ c) $C(ABD)'$ e) $AB+A'B'+C$ g) XY i) $X+Y$

Abschnitt 1.7

2. a) $X'YZ' = 0$
3. a) $X'+Y \subseteq Z+W'$ c) $YZW \subseteq X$
7. Ein guter Student bekommt eine gute Stellung.

Abschnitt 1.8

3. $X+AB'+A'B = 0$
6. Vereinfachte Statuten: a) Jedes Mitglied des Sozialausschusses muß dem Exekutivrat angehören. b) Kein Mitglied des Exekutivrates darf dem Finanzausschuß angehören.
7. 1) In Mu gibt es keine Hexen. 2) Die Menge der Leute, die rote Federn tragen, ist mit der Menge der Leute identisch, die verheiratet sind.

Abschmitt 1.9

1. Allgemeine Lösung: $AB'+A'B \subseteq X \subseteq B$. Eliminante: $AB' = 0$
3. Allgemeine Lösung: $X = 0$. Eliminante: $0 = 0$

5. Allgemeine Lösung: $BD'+B'D \subseteq X \subseteq AC+A'C'$.
Eliminante: $(AC'+A'C)(BD'+B'D) = 0$
7. Allgemeine Lösung: $X = 0$. Eliminante: $B = C$

Abschnitt 1.10

3. $n(E) \geqq n[E(S+F)] = n(ES+EF) = n(ES)+n(EF)-n(EFS) = 26,$
während $n(E)$ als 25 angegeben war.

Abschnitt 2.4

1. a) $xy+xy'+x'y$ c) $uv'w+u'vw'+uv'w'$
   e) $xyzt+x'y'zt+xy'z't$
3. a) $xyz+xyz'+xy'z+xy'z'+x'y'z+x'y'z'$
   c) $xy'z+x'yz+xy'z'+x'yz'$
5. $xyz'+xy'z$ 7. $f_1 = xz'$

Abschnitt 2.5

1. a) $x+y$
   c) $(u+v+w)(u+v+w')(u+v'+w')(u'+v'+w)(u'+v'+w')$
   g) $(x+z)(x+z')(x'+z)$
3. a) $(x+y'+z)(x+y'+z')$
   c) $(x+y+z)(x+y+z')(x'+y'+z)(x'+y'+z')$
6. a) $u'+v$ 7. a) $x'y'$

Abschnitt 3.2

1. a) ja   c) nein   e) ja
2. a) Mathematik ist leicht, und 2 ist kleiner als 3.
   c) Daß Mathematik leicht ist, und 2 kleiner als 3, ist nicht beides wahr.
3. a) $p+q$ c) $pq+p'q'$
4. a) Eis ist nicht kalt oder ich bin nicht müde.
   c) Apfelsinen passen zum Gemüsesalat.
5. a) falsch   c) wahr   e) falsch   g) falsch   i) wahr
6. a) stets falsch   c) einmal wahr, einmal falsch

Abschnitt 3.3

1. a) Tautologie   c) Tautologie
3. $F_1 = p'q+r$, $F_3 = pq+p'q'r$, $F_5 = p'+q'$
5. a), c)

p	q	r	$pqr+p'qr'+p'q'r'$	$(p'+qr)'(pq+q'r)$
1	1	1	1	0
1	1	0	0	1
1	0	1	0	1
1	0	0	0	0
0	1	1	0	0
0	1	0	1	0
0	0	1	0	0
0	0	0	1	0

192

Abschnitt 3.6

1. a) 1, 2, 4, 5, 7, 9   c) 1, 2, 3, 4, 5, 6, 7, 9, 10
3. Ja. Es ist unmöglich, daß die beiden Aussagen zugleich wahr oder zugleich falsch sind.
7. a)   c)

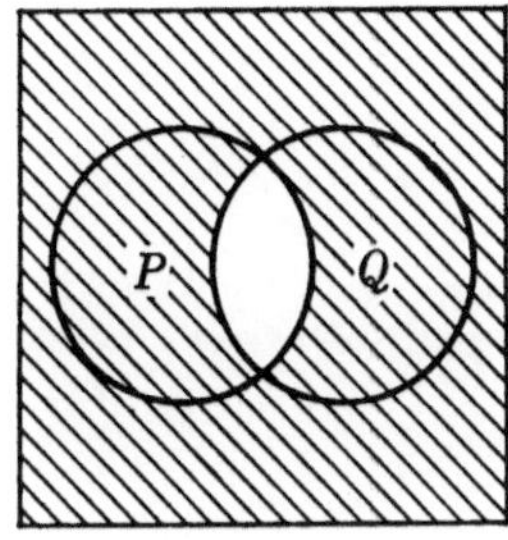
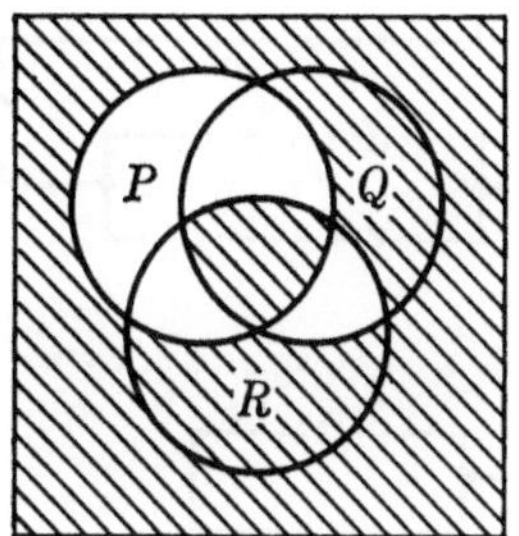

Abschnitt 3.7

1. a) Einige Menschen sind wohlhabend.
   c) Kein Mensch ist wohlhabend.
2. a) Einige reelle Zahlen sind größer als 7.
   c) Zu jeder reellen Zahl gibt es eine zweite, so daß die Summe beider Zahlen 7 ist.
3. a) Mindestens ein Amerikaner ist nicht spleenig.
   c) Niemand ist immer glücklich.
   e) Es gibt mindestens zwei Dreiecke, für die entsprechende Seiten gleich sind und die trotzdem nicht kongruent sind.

Abschnitt 3.8

3. a) Ungültig c) gültig e) ungültig
   g) gültig
4. a) Ungültig c) gültig
5. Ja. Er nahm keine Suppe.

Abschnitt 3.10

3. $p \rightarrow q = p \downarrow (p \downarrow q)$
5. a) Weder p noch q. c) $p' = p \uparrow p$, $pq = (p \uparrow p) \uparrow (q \uparrow q)$
6. a)   c) ja

p	q	$p \pm b$
1	1	0
1	0	1
0	1	1
0	0	0

Abschnitt 3.11

1. Keine grauen Enten dieses Dorfes tragen Spitzenkragen.

3. *Anleitung*: Man zeige, daß die Regeln widerspruchsvoll sind, indem man sie auf eine Gleichung der Form $1 = 0$ reduziert.

5. Einer

Abschnitt 4.2

2. a)

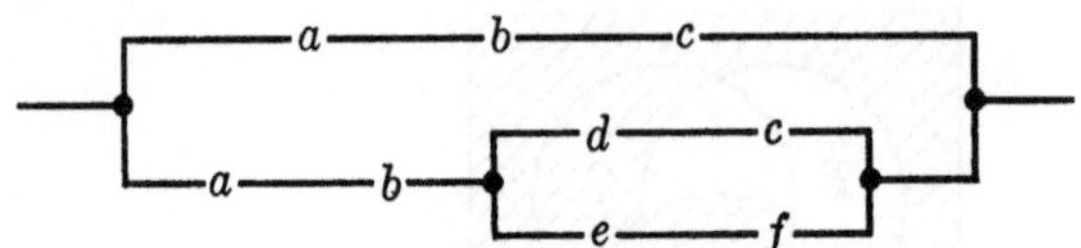

c)

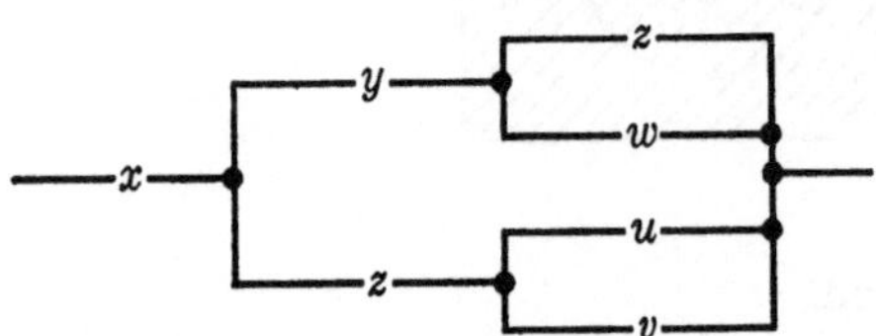

3. a) $(a+b)[cde+(f+g)h]$ c) $u[v(y+x(z+t))+ws(x+y)]$

4. a)

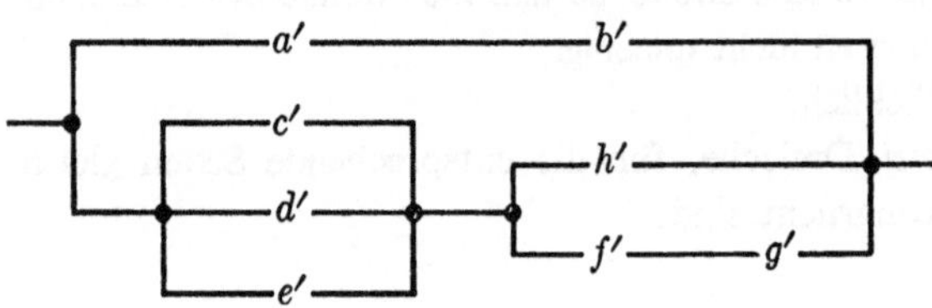

7.

a	b	c	Schaltungszustand
1	1	1	0
1	1	0	1
1	0	1	0
1	0	0	0
0	1	1	0
0	1	0	0
0	0	1	0
0	0	0	1

8. Schaltung, die f_1 realisiert:

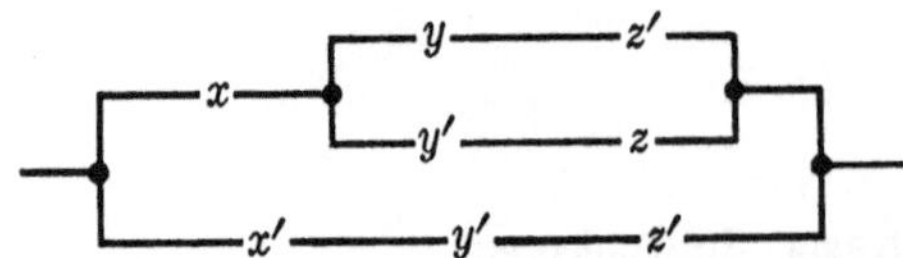

194

1.   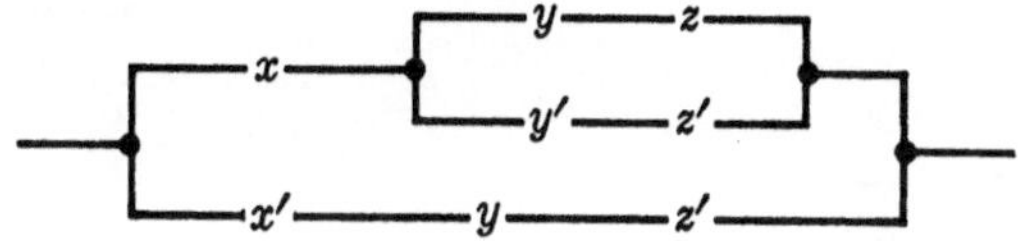   3.   5.

Abschnitt 4.4

1. $a(b+c)$ 2. $x(y+z)$ 4. a) $a'(x+bc'y)+w(c'+x+ab+ay)$

Abschnitt 4.5

1. Schaltung mit acht Kontakten, die f realisiert:

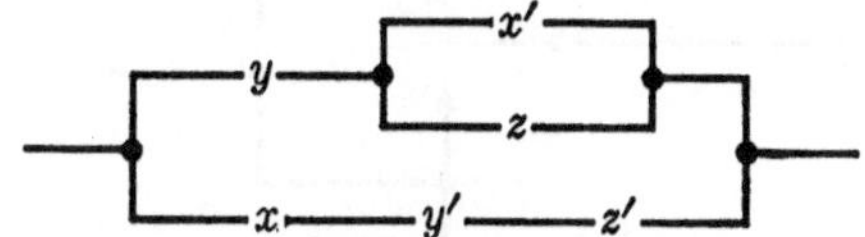

Schaltung, die h realisiert. In Zeile 5 steht 1, in Zeile 7 steht 0. (sechs Kontakte)

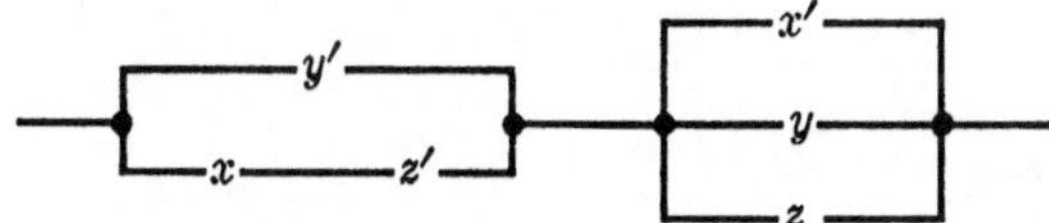

Schaltung für h mit 0 in Zeile 5, 1 in Zeile 7 (sechs Kontakte):

5. Serienparallelschaltung:

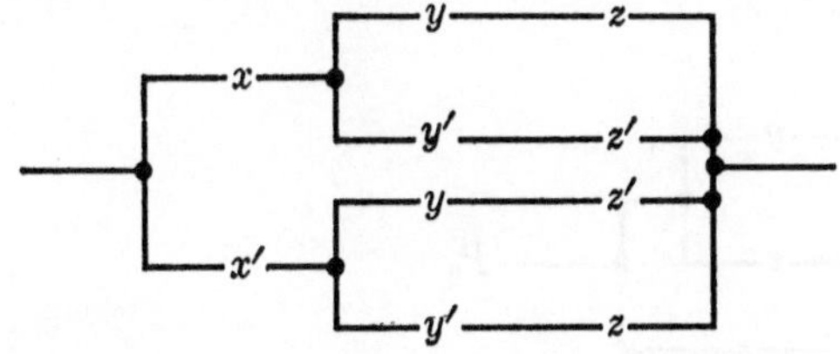

Abschnitt 4.6

1.

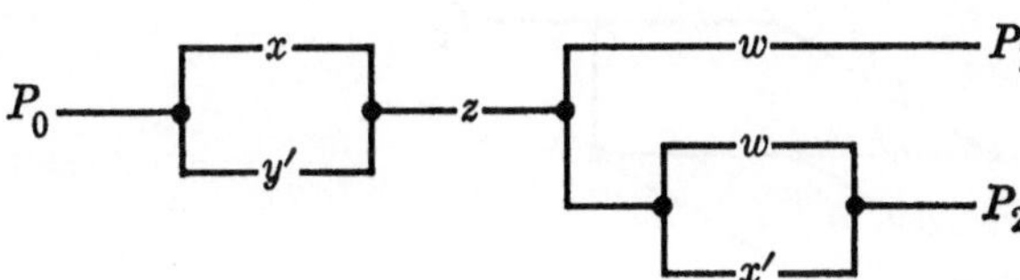

3.

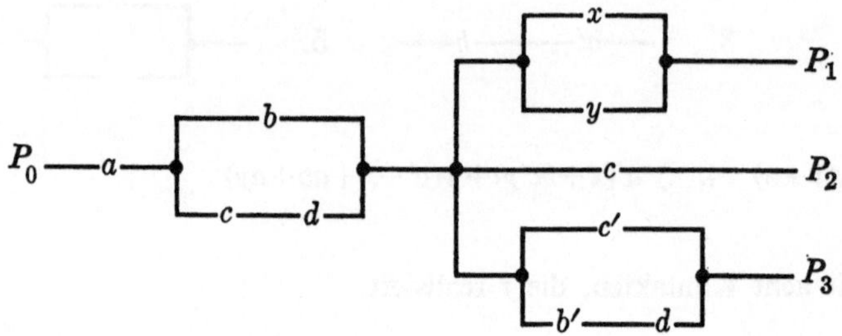

4. a)

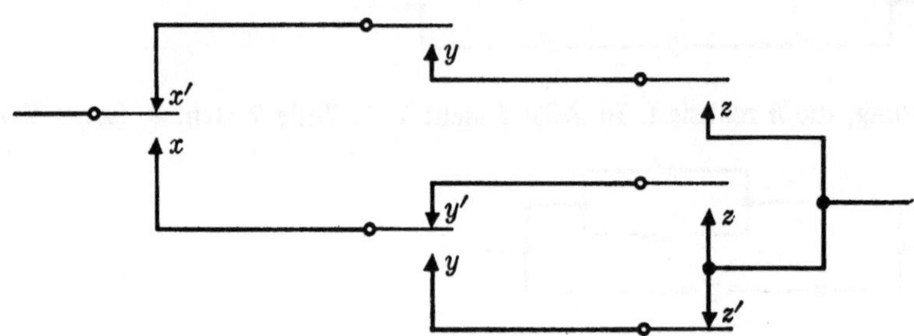

Abschnitt 4.7

1.

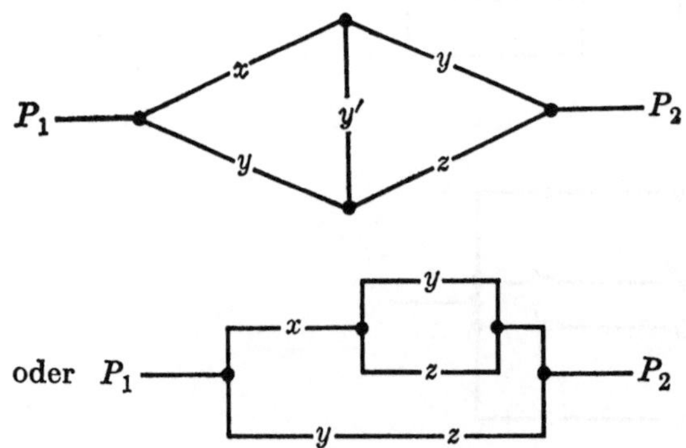

3.

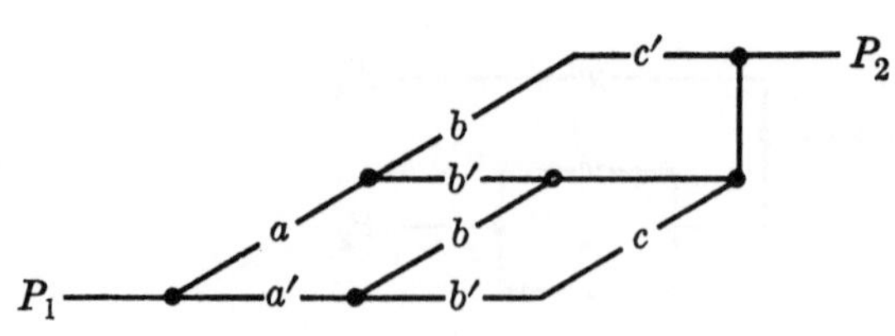

5.

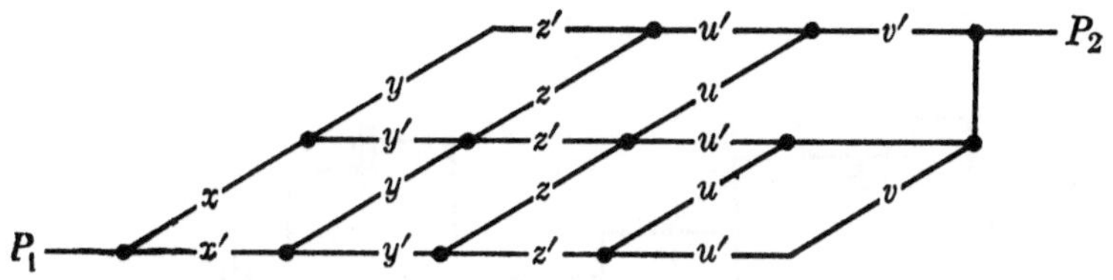

7.

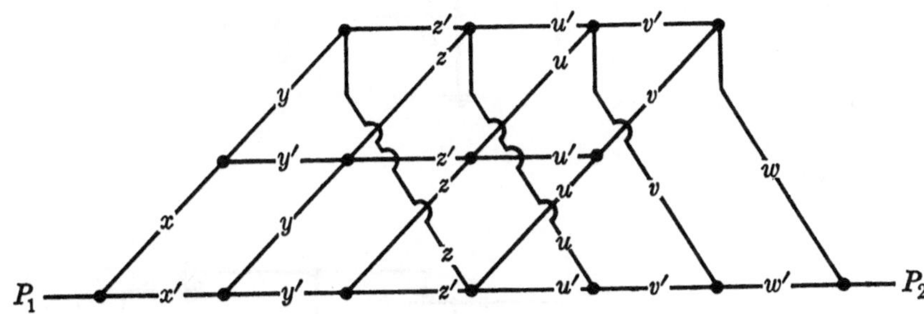

Abschnitt 5.2

1.

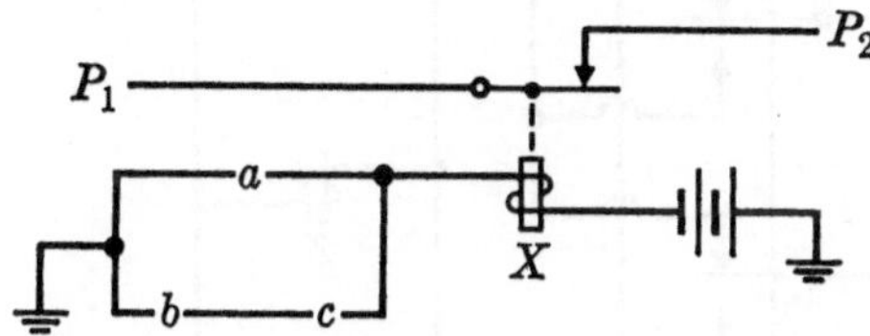

3.

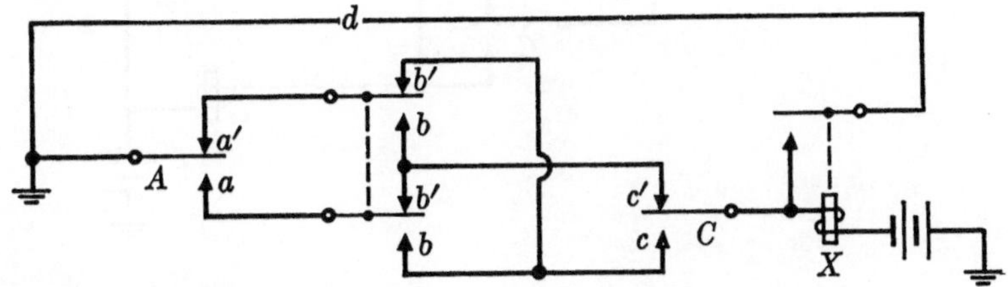

5. Dieselbe Schaltung wie in 3, jedoch ohne Schalter *d*.

7.

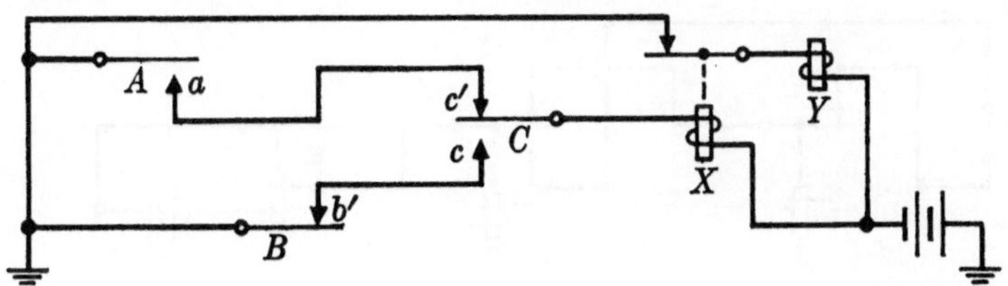

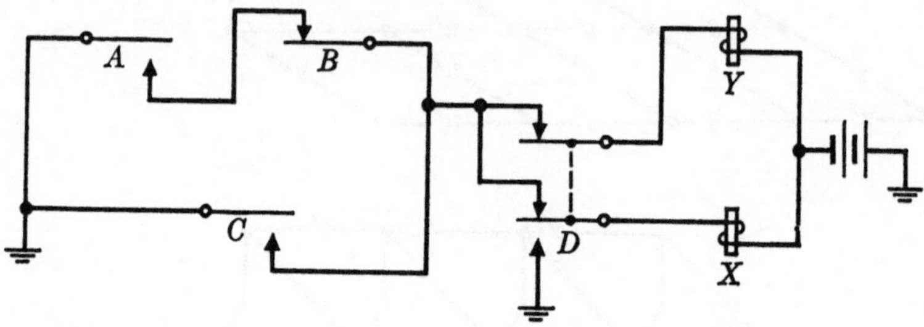

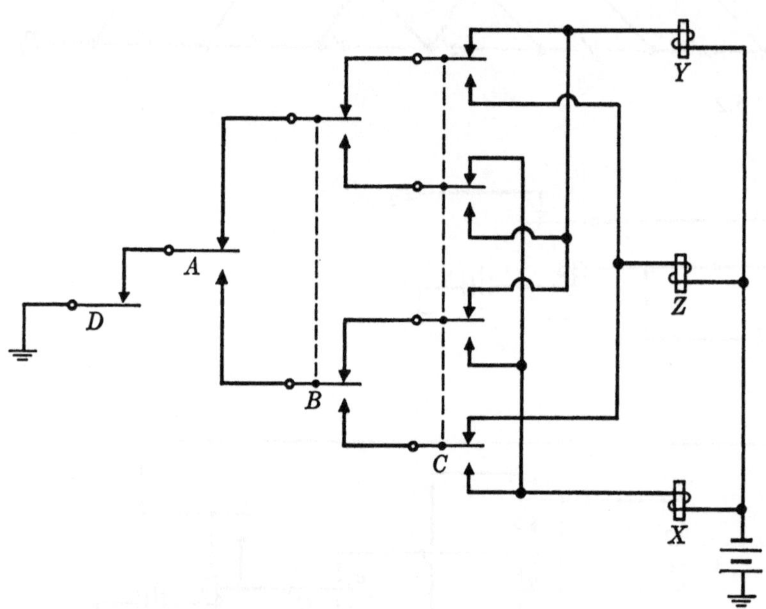

Abschnitt 5.4

1. $F_x = b'c + a'bc' + x$ mit folgender Schaltung:

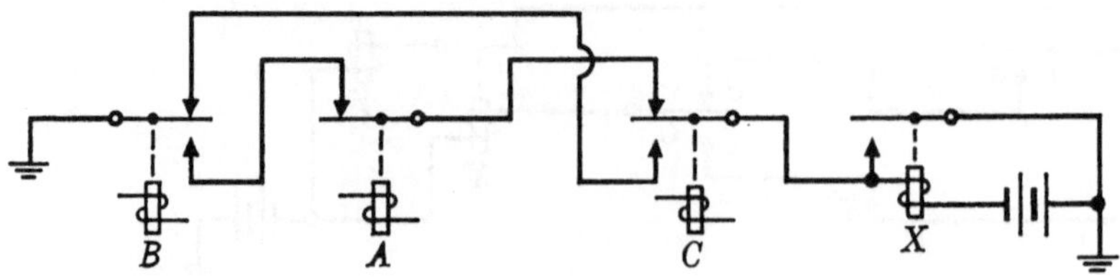

3.

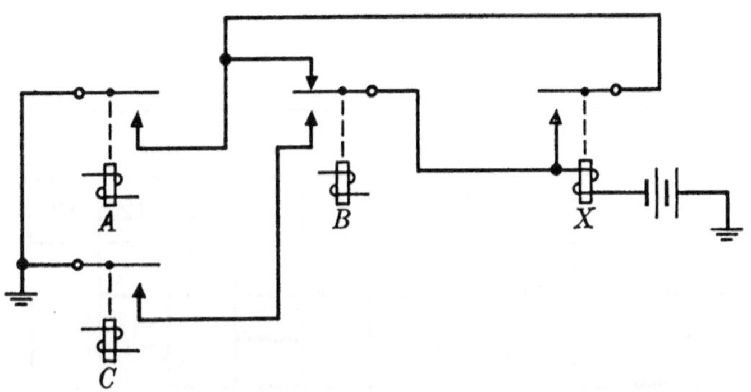

Abschnitt 5.6

2. a)

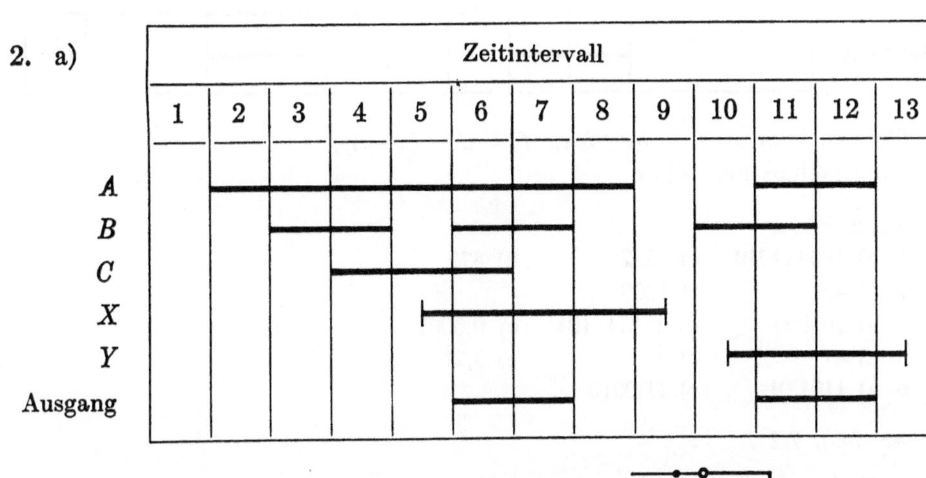

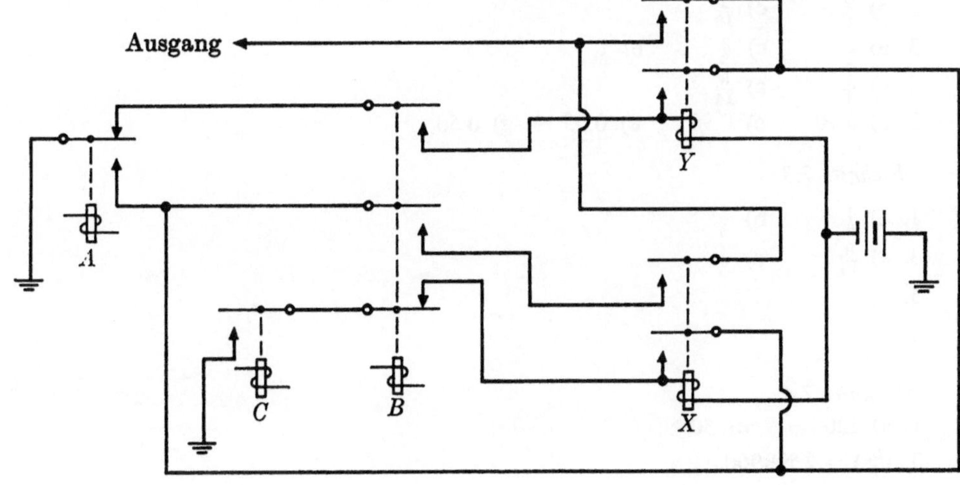

199

Steuerfunktionen: $_Jx = cb'+ax$, $fy = ba'+ay$,
Ausgangsfunktion: $bx+ay$.
Der Ausgang wird als Endschluß dargestellt.

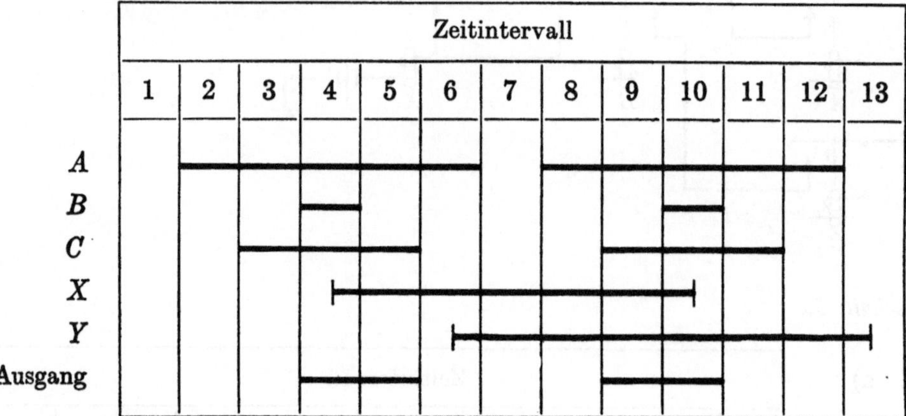

Steuerfunktionen: $f_x = by'+b'x$, $f_y = c'x+(x+a)y$.
Ausgangsfunktion: $b+cx$

Abschnitt 6.2

1. a) 100 111 101   c) 2232   e) 475
2. a) 45   c) 1200
4. a) 100000   c) 1 111 101   e) 0,0001
5. a) 47   c) 33   e) 3,25
6. a) 1101,01   c) 11,0010

Abschnitt 7.2

1. a) $\frac{2}{5}$ c) $\frac{1}{10}$
3. a) $\frac{1}{2}$ c) $\frac{2}{3}$ e) $\frac{1}{6}$
4. a) $\frac{1}{4}$ c) $\frac{3}{14}$
7. a) 0,70   c) 0,90   e) 0,05   g) 0,50

Abschnitt 7.3

1. a) $\frac{1}{6}$ b) $\frac{1}{3}$
3. a) $\frac{8}{19}$ c) $\frac{1}{5}$
5. $\frac{7}{20}$
7. $\frac{3}{4}$

Abschnitt 7.4

1. a) 120   c) 30
3. $\binom{52}{5} = 2\,598\,960$

5. 1200

6. a) $\binom{48}{3}\binom{4}{2}/\binom{52}{5}$ b) $\binom{4}{2}\binom{47}{2}/\binom{51}{4}$

7. a) $4/\binom{52}{5}$ c) $3744/\binom{52}{5}$

10. $\binom{10}{8}2^8/\binom{20}{8}$

Abschnitt 7.5

1. $b(2;\ 6,\ \frac{1}{6}) = \binom{6}{2}(\frac{1}{6})^2(\frac{5}{6})^4$

d. $1 - (\frac{5}{6})^5$

ε. a) $b(3;10,\ \frac{1}{6}) = \binom{10}{3}(\frac{1}{6})^3(\frac{5}{6})^7$

Literatur

Asser, G., Einführung in die mathematische Logik, Leipzig, Teubner (1959).

Booth, A. D. and *Booth, K. H. V.*, Automatic Digital Computers, Butterworth Scientific Publications, London (1953).

Bruck, R. H., A Survey of Binary Systems, Springer (1958).

Caldwell, S., Der logische Entwurf von Schaltkreisen, München, R. Oldenbourg (1964).

Carnap, R., Einführung in die symbolische Logik, Springer (1954).

Fisz, M., Wahrscheinlichkeitsrechnung und Mathematische Statistik, VEB Deutscher Verlag der Wissenschaften (1958).

Gericke, H., Theorie der Verbände, Bibliographisches Institut Mannheim (1963).

Gnedenko, Lehrbuch der Wahrscheinlichkeitsrechunng, Akademie-Verlag, Berlin (1958).

Hilbert, D. und *Ackermann, W.*, Grundzüge der Theoretischen Logik, Springer (1959).

Kappos, D. A., Strukturtheorie der Wahrscheinlichkeitsfelder und -räume, Springer (1960).

Kemeny, Snell and *Thompson*; Introduction to Finite Mathematics, Prentice Hall (1957).

Phister, M., Logical Design of Digital Computers, Wiley & Sons, New York (1958).

Richter, H., Wahrscheinlichkeitstheorie, Springer (1956).

Roginskij, W. N., Grundlagen der Struktursynthese von Relaisschaltungen, R. Oldenbourg, München (1962).

Sikorski, R., Boolesche Algebren, Springer (1963).

Speiser, A., Digitale Rechenanlagen, Springer (1961).

Weyh, U., Elemente der Schaltungsalgebra, R. Oldenbourg, München (1960).

Wilks, S. S., Mathematical Statistics, Wiley & Sons, New York (1962).

Näheres zu den in Kap. IV angedeuteten Methoden zum Entwurf und zur Analyse von Brückenschaltungen findet man in:

Seshu-Reed, Linear Graphs and Electrical Networks, Addison-Wesley, Reading (Mass), London (1961).

Theorie geregelter Systeme

Pestel / Kollmann

Grundlagen der Regelungstechnik

Ein Lehrbuch für Studierende und Ingenieure

Von Prof. Dr.-Ing. E. Pestel und Dr.-Ing. E. Kollmann. Reihe „Theorie geregelter Systeme". 2., verbesserte Auflage. Gr. 8°. VII, 322 Seiten mit 396 Abb., 20 Tabellen und 148 Übungsaufgaben. Halbleinen. DM 33,– (Best.-Nr. 4847).

Kollmann / Dirr

Lösungen regelungstechnischer Aufgaben

(zum Band: „Pestel / Kollmann, Grundlagen der Regelungstechnik")

Von Dr.-Ing. E. Kollmann und Dipl.-Ing. B. Dirr. Reihe „Theorie geregelter Systeme". DIN A 5. VIII, 267 Seiten mit 222 Abb. Edelbroschur. DM 16,80 (Best.-Nr. 4848).

Schlitt

Stochastische Vorgänge in linearen und nichtlinearen Regelkreisen

Von Prof. Dr. phil. nat. H. Schlitt. Reihe „Theorie geregelter Systeme". XII, 328 Seiten und 223 Abb. Halbleinen. DM 64,– (Best.-Nr. 4849).

Schwarz

Systemtheorie der Regelungstechnik

Von Prof. Dr. Helmut Schwarz. Reihe „Theorie geregelter Systeme". VIII, 246 Seiten, mit 82 Abb. DIN C 5. 1968. DM 48,– (Best.-Nr. 4851).

---

elektronische datenverarbeitung

Fachberichte über programmgesteuerte Maschinen und ihre Anwendung

12 Hefte jährlich (etwa 600 Seiten) DM 126,–, zuzüglich Versandkosten. Einzelheft DM 15,–.

Diese Zeitschrift bringt Berichte über die Situation auf dem Gebiet der Büro-Automation und des elektronischen Rechnens, über Betriebsautomatisierung, über Möglichkeiten, Einsatz und Installierung neuer Rechenanlagen, über die Praxis der Programmierung mit konkreten Beispielen aus Wirtschaft und Verwaltung, über Neuentwicklungen der Grundlagenforschung. Ferner werden Tagungs- und Ausstellungsberichte sowie Buchbesprechungen veröffentlicht. Zusammenfassungen in deutscher und englischer Sprache.

VIEWEG PAPERBACKS

Sachgruppe Mathematik

WTB – Wissenschaftliche Taschenbücher

Elementare Methoden zur Lösung von Differentialgleichungsprobleme
von H. Goering   DM 6,80

Mathematische Hilfsmittel in der Physik I
von G. Heber   DM 6,80

Mathematische Hilfsmittel in der Physik II
von G. Heber   DM 6,80

Varianzanalyse
von H. Ahrens   DM 9,80

Ostwalds Klassiker der exakten Wissenschaften

De Thiende (Dezimalbruchrechnung)
von S. Stevin   DM 7,80

Neun Bücher arithmetischer Technik
    DM 16,80

uni-texte

Einführung in die höhere Mathematik
von H. Dallmann / K. H. Elster
    DM 39,50

Grundlagen der Funktionentheorie
von W. Tutschke   DM 13,80

Gruppentheorie
von K. Mathiak / P. Stingl
    DM 9,80

Methoden der Fehler- und Ausgleichsrechnung
von R. Ludwig   DM 18,50

Rechenseminar in physikalischer Chemie
von K. Torkar / H. Krischner
    DM 9,80

Vorstufe zur höheren Mathematik
von S. G. Krein / V. N. Uschakowa
    DM 7,80

Studienausgaben

Abriß der Geschichte der Mathematik
von D. J. Struik   DM 12,80

Aufgabensammlung zur Vektorrechnung
von A. Wittig   DM 6,80

Denkweisen großer Mathematiker
von H. Meschkowski   DM 7,80

Differentialgeometrie in Vektorräumen
von D. Laugwitz   DM 16,00

Einführung in die Vektorrechnung
von A. Wittig   DM 6,80

Erscheinungsformen und Gesetze des Zufalls
von W. Böhme   DM 9,80

Klassische Wahrscheinlichkeitsrechnung
von K. Wellnitz   DM 5,40

Kombinatorik
von K. Wellnitz   DM 4,80

Mathematische Leckerbissen
von C. S. Ogilvy   DM 9,80

Mathematische Rätsel und Probleme
von M. Gardner   DM 11,80

Moderne Wahrscheinlichkeitsrechnung
von K. Wellnitz   DM 7,80

Nichteuklidische Geometrie
von H. Meschkowski   DM 5,80

Unterhaltsame Mathematik
von R. Sprague   DM 7,80

Vektoren in der analytischen Geometrie
von A. Wittig   DM 6,80

Was sind und was sollen die Zahlen?
von R. Dedekind   DM 6,80

Weiterhin sind als Paperbacks lieferbar:

Boolesche Algebra und ihre Anwendung
von J. E. Whitesitt   DM 11,80

Boolesche Funktionen und Postsche Klassen
von S. W. Jablonski / G. P. Gawrilow / W. B. Kudrjawzew   DM 12,80

Einführung in die moderne Mathematik
von A. Monjallon   DM 14,80

Neue Elementargeometrie
von G. Choquet   DM 16,80

Über mehrwertige Logik
von A. A. Sinowjew   DM 10,80

Programmierte Einführung in die Wahrscheinlichkeitsrechnung
von D. Stempell   DM 16,50

Friedr. Vieweg + Sohn · 3300 Braunschweig